KB142927

우리의 국방,
무엇을 어떻게 해야 하나

우리의 국방,
무엇을 어떻게 해야 하나

| **정홍용** 지음 |

■ 추천의 글

특정 전문 분야에 오랫동안 종사했던 사람이 재임 중에 취득한 정보와 지식을 포함한 각종 경험적인 데이터들을 체계적으로 정리해서 후대에 물려주는 것은 매우 소중하고 의미 있는 일이다. 그것은 자신이 속했던 조직의 지적 자산을 확대하고, 그 조직이 성장할 토양에 자양분을 제공하는 것과도 같은 것이다. 그런 뜻에서 이 책의 출간을 환영하며 저자의 노고에 치하를 보내는 바이다.

저자 정홍용 장군은 현역 시절 자주국방 건설의 현장에서 군사전략 기획과 전력증강의 중추적인 역할을 담당해온 사람이다. 전역 후에는 국방과학연구소장으로 국방 연구개발을 이끌기도 했다. 경력으로 보아 알 수 있듯이 그는 군 내외적으로 몇 안 되는 군사이론과 군사력 건설, 무기체계 분야의 전문가이다. 국가안보의 현실과 국방태세의 문제점, 군의 강점과 취약점을 종합적으로 평가할 수 있는 안목을 지닌 사람이다.

이 책은 우리의 안보가 지니고 있는 지정학적이고 근원적인 문제들을 포함해서 현재와 미래에 우리가 당면할 위협요인을 평가하고 장기적인 대응전략 방향을 모색하고 있다. 그리고 전체적인 국가안보의 틀 속에서 군의 역할과 군이 갖추어나가야 할 유·무형의 요건에 관해서 많은 지면을 할애하고 있다.

특히 민주화 과정과 정치적인 변환기를 거듭하면서 군이 그 정체성과 가치관에 혼돈을 겪고 있는 현상에 우려를 표하고, 군 스스로 부단한 자기성찰과 혁신을 통해서 내부의 결속과 본연의 위상을 바로 세워나갈 것을 당부하고 있다. 합리적인 인력관리를 통해 군의 발전을 주도해갈 전문 인력 육성의 중요성에 대한 주의를 환기시키고 있음도 시의에 맞는 지적이라 할 수 있다.

과학기술의 발달과 전장 환경의 급속한 변화에 부응해서 장기 군사력 건설 방향을 재설정하고, 방위산업과 국방 연구개발의 기반을 재정비해야 한다는 주장은 뜻있는 사람들의 공감을 불러일으키게 될 것이다. 특히 성급한 개혁 몰아가기 속에서 그 기능적 체계가 와해되어버린 '국방기획관리제도'를 바로잡아야 한다는 문제제기도 중요한 의미를 내포하고 있다.

기획관리제도란 군의 모든 부서가 참여해서 군의 전략, 정책과 군사력의 미래를 설계하는 개방적인 집단의사결정 시스템이다. 이 시스템이 정상적으로 작동하지 않으면 군의 중대한 의사결정이 독선과 편견에 지배되던 구시대적 행태로 회귀할 수밖에 없는 것이다. "기획이 없는 조직에는 미래가 없다"는 경구가 그 위험을 함축하고 있다고 말할 수 있다.

이 책은 비교적 넓은 분야에 걸쳐서 군이 당면한 문제의 인식과 나름대로의 개선 방향을 제시하고 있다. 저자의 장기간에 걸친 고심과 노력의 흔적이 역력하다. 그러나 그것만으로 문제가 해결될 수는 없다. 군을 이끌어가는 지도계층의 폭넓은 공감과 현실적인 보완 방안이 뒤따를 때 실제로 개선이 이루어질 수 있는 것이다. 그런 맥락에서 뜻있는 군 간부들의 일독을 권하는 바이다.

전前 국방부장관 조영길

■ 들어가는 글

과거 우리는 한반도 주변 지역에서 기존의 왕조가 붕괴하거나 새로운 세력이 등장하는 등 권력 구조가 재편될 때마다 외침에 시달려왔다. 나라를 지키고자 하는 의지가 강한 선조들이 통치했던 시기에는 당당하게 국권과 국가의 자존自尊[1]을 지켜나가면서 국체國體를 보존해왔다. 그러나 내부적으로 사분오열四分五裂되거나 국가를 수호할 의지가 부족한 통치자가 군림하던 시대에는 영락없이 굴욕의 시절을 겪으면서 우리 국민은 고통을 온몸으로 감내堪耐할 수밖에 없었다. 역사는 우리 스스로가 나라를 지킬 능력을 갖추지 못했을 때 얼마나 심각한 어려움에 봉착할 수 있는지를 일깨워주고 있다.

우리는 스스로 국가안보를 감당해내려는 각오가 얼마만큼 되어 있는가를 곰곰이 되씹어볼 필요가 있다. 우리는 국가를 어떻게 해서든 자신의 능력으로 지켜내려 하기보다는 적당한 양보를 통해 타협하거나 동맹에 의존하려는 안일한 생각을 가지고 있는 것은 아닌지 되돌아보아

1 자존(自尊)은 스스로의 품위를 높이고 지켜나가는 것이다.

야 한다. 동맹은 자국의 이익에 따라 언제든지 변할 수 있는 것이다. 동맹은 어디까지나 우리 자신의 능력을 돕는 보완재에 불과할 뿐이며, 동맹에 전적으로 의존하는 것은 바람직하지 않다. 우리의 근·현대사를 돌아보면 국가안보에 대한 편견과 부정적 경험의 누적, 장기간의 이념 대립으로 인한 분단의 고착, 개인 또는 집단의 이익에 매몰된 왜곡된 인식 등으로 인해 국민적 지지를 받는 국방업무 수행이 대단히 어려운 실정이다.

국가안보는 경제와 더불어 국가를 지탱하는 가장 중요한 요소이며, 번영과 발전을 지속하기 위한 기반이다. 역사를 통해 알 수 있듯이, 지도층은 투철한 국가수호 의지를 갖추고 국민을 이끌어야 한다. 지도층의 안보의식이 올바르게 정립되어 있지 않으면 국가의 존립이 위태롭고, 국민은 극심한 고초를 당할 수밖에 없다. 어느 시대를 막론하고 국민을 고난에 빠뜨린 지도층은 역사를 통해 비난을 받아왔으며, 두고두고 비난을 받아 마땅하다.

국가안보는 지도층과 국민이 올바른 가치관과 애국심, 수호 의지가 확고할 때 제대로 지켜낼 수 있는 것이다. 국가의 주인은 국민이며, 고난을 겪지 않으려면 국민 스스로가 국가안보에 대해 깊은 관심을 가져야 한다. 국민이 정치와 안보에 무관심해지면 개인의 이익과 영달을 우선시하는 소수에 의해 국가와 자신의 운명이 맡겨지는 어려운 상황에 부딪히게 된다. 국민이 올바른 가치관과 국가수호 의지를 갖추고 목소리를 낼 때, 국민에 의해 선출된 권력이 국가를 올바른 방향으로 이끌게 되는 것이다. 그뿐만 아니라 국가안보가 개인 또는 특정 집단의 이익에 따라 좌지우지되거나 소수에 의해 독점되고 오용되는 것을 방지할 수 있다. 국민이 국가안보에 관심을 가져야 하는 이유도 바로 이 때문이다.

중국이 부상하고 일본이 국제사회에서 자국의 위상을 더욱 공고히 하기 위해 노력하고 있는 지금의 상황에서 쓰라린 과거의 역사를 떠올리는 것은 지나친 것일까? 오늘날 중국이 우리가 동맹과 방어적 목적에서 추진하고 있는 사드THAAD, Terminal High Altitute Area Defense 배치와 관련해서 내정간섭 수준의 억지抑止를 부리고 있는 것은 중국의 국가전략과 무관하지 않다. 시몬 페레스Shimon Peres 이스라엘 대통령은 자서전 『작은 꿈을 위한 방은 없다No Room for Small Dreams』에서 국가안보를 스스로 지켜나가고 평화를 이뤄내려면 "평화를 구축할 수 있을 정도로 충분히 강해야 하며, 반드시 힘을 가진 위치에서 평화를 이뤄야 함을 이해하지 않으면 안 된다"는 것을 강조하고 있다. 역사적으로 주변국의 부침浮沈은 우리의 국가안보에 커다란 영향을 끼쳐왔으며, 오늘날 주변국의 군사적 영향력 또한 우리의 예상을 훨씬 뛰어넘고 있다. 뿐만 아니라 북한이 핵과 미사일, 사이버 등 고강도의 복합적 위협 능력을 키워가고 있는 현 시점에서 그 어느 때보다 강한 군사적 능력과 정교한 정치·외교·군사적 대응책의 강구가 필요함에도 불구하고, 우리는 스스로의 힘이 뒷받침되지 않는 감상적 평화에 매몰되어 단합된 목소리조차 제대로 이끌어내지 못하고 있다.

국가안보는 국내외 정치 상황이 어떻게 변하더라도 흔들림 없이 유지되어야 한다. 향후 남북관계가 획기적으로 개선된다고 하더라도 국가안보를 책임지는 위치에 있는 조직이나 사람들은 본연의 임무 완수를 위해 더욱 정진精進해야 하는 것이다. 우리는 지난 70여 년간 북한의 위협에 대처해오면서도 세계적으로 모범이 될 만큼 괄목할 만한 성장을 이룩해왔다. 유비무환有備無患이라고 했다. 안보 위기 상황에서 지혜를 모으고 국력을 키워나가면서 지혜롭게 대처하지 않으면 과거의 뼈아픈 치욕을 또다시 되풀이할 수 있다. 후회는 아무리 빨라도 늦은 것이다. 어쩌면 지금 우리는 우리 역사상 가장 풍요로우면서도 가장 위태로운 시기에 있는지도 모른다.

국가의 정체성과 국가가 지향하는 기본 가치를 국민이 함께 공감하고 공유할 수 있을 때, 국민의 애국심이 발현되고 나라가 나라답게 존속할 수 있는 것이다. 국가안보는 국민 모두에게 생존의 문제이며, 경제와 함께 그 무엇보다도 먼저 다루어져야 할 핵심 과제이다. 국가안보라는 과제를 풀어나감에 있어서 안보를 떠받치고 있는 '군軍'이라는 존재를 연계해서 생각하지 않을 수 없다. 국가안보와 군은 함께 다루어야 할 다양한 구성요소와 과제들이 직·간접적으로 연결되어 있다. 그러므로 국가안보에 관한 관점과 국가가 지향하는 가치 실현을 위한 전략적 접근방법, 그리고 군을 운영하는 데 필요한 모든 요소를 복합적으로 생각해볼 필요가 있는 것이다.

국가안보를 공고히 하려면 국가안보와 군을 연결하는 다양한 요소와 과제들에 대해 현상을 진단하고 문제를 식별한 후에, 이를 극복하기 위한 발전적 대안을 찾아나가야 한다. 현상 진단을 통해 문제점을 찾아내는 것은 잘못된 부분을 치유하기 위한 노력의 첫걸음이다. 드러난 문제들을 어떻게 고쳐나갈 것인가를 고민하고 대안을 찾는 것은 문제를 해결하기 위한 본격적인 활동이다. 문제 해결을 위한 추진 과정에서는 지속적인 점검과 평가를 통해 해결 방안을 보완해나감으로써 다듬어진 정책이 내실 있게 추진될 수 있어야 한다. 문제 해결의 성공 여부는 앞서의 노력이 방향성을 잃지 않고 얼마나 충실하게 결실을 맺어가느냐에 따라 결정된다. 이와 같은 노력의 과정과 결과에 대한 책임은 위정자들과 현직에 있는 사람들만의 몫이 아니다. 국가 안위에 관한 책임을 맡은 위정자와 책임자들이 소임 완수에 실패할 경우, 국민은 그 환란을 온몸으로 겪어내야만 하기 때문에 국가안보에 관심을 가져야 하는 것이다.

이를 살펴보는 과정에서 국가안보와 관련한 주제들과 과거 추진했던 국방개혁, 국방을 지원하는 방위산업과 국방 연구개발 등에 대한 개인적 경험들을 함께 다루려 한다. 우리는 지난 2006년 이래 10여 년 이상 국방개혁을 추진해오면서 많은 우여곡절을 겪어왔다. 국방개혁은 과거에도 새로운 정부가 출범할 때마다 강조되고 추진되어왔으나, 그 결과에 대해서는 긍정적인 평가를 내리기 어렵다. 2005년 후반기부터 추진되고 있는 지금의 국방개혁은 '06~'20 국방개혁, '09~'20 국방개혁 등 여러 차례의 계획 검토와 보완 과정을 거쳐왔다. 2018년 현시점에서도 국방개혁은 여전히 진행형이나, 추진 방향 설정의 잘못과 국방개혁을 이끌어갈 전문성 있는 리더십의 부재 등으로 인해 표류하고 있다. 이 책에 기술된 모든 내용은 대부분 군의 혁신과 밀접하게 연관되어 있다. 안보와 전략[2], 군의 정체성 회복, 군의 내부 역량 강화, 정예군 육성 등은 군의 운용 기반 정비와 내실화에 관한 것이며, 전력증강과 방위산업, 연구개발 등은 군을 뒷받침하는 국방 기반의 구축에 관한 것

---

2 전략이란 전쟁 또는 정치, 경제 등의 사회적 활동을 함에 있어서 필요한 일을 꾸미고 이루어나가는 방법이다.

이다. 따라서 이 책이 국방개혁에 관한 방향을 설정하고 방법론을 찾고자 하는 사람들에게 참고가 되었으면 한다.

또 하나의 주제인 우리나라의 방위산업은 지난 1970년대부터 힘들여 육성해온 소중한 국가자산이다. 그러나 작금昨今에 들어 매우 어려운 국면에 처해 있다. 방위산업은 그릇된 정책과 전문성 부족, 무기체계와 연구개발에 관한 이해 부족과 무지無知, 그로부터 비롯된 의혹의 눈초리 등으로 인해 발전은커녕, 현상 유지냐 또는 쇠퇴냐의 갈림길에 서 있다. 아니 이미 쇠퇴의 길을 걷고 있다고 보는 것이 더 정확한 진단일 것이다. 국방 연구개발 역시 1970년부터 시작되었으나 여러 차례 위기를 겪어왔으며, 변화된 환경에 제대로 적응하지 못하면서 회의적인 시각으로 바라보는 사람들이 점차 늘어가고 있다. 국방 연구개발 역시 방위산업과 같은 연장선에서 매우 어려운 상황에 놓여 있다. 따라서 이들 과제도 함께 개괄적으로 살펴보려 한다.

우리는 사회를 발전시켜나가면서 안고 있는 문제를 해결해나가는 과정에서 우리가 가지고 있는 자산을 최대한 활용하고, 지혜를 모아야 한다. 먼저 고민해본 사람들의 경험은 소중한 자산이며, 문제를 해결해나가는 과정에서 충분히 참고할 가치가 있다. 자신의 경험을 잘 정리해서 후학들이 참고할 수 있는 자료를 남기는 것은 앞서 경험한 사람들의 책무責務라고 생각한다. 지난 경험을 돌아보며 국가안보와 군에 대한 필자의 생각을 정리한 이 글이 후학들에게 작은 도움이라도 되기를 소망한다.

| 차례 |

| 그림 차례 |

CHAPTER 1

군은
왜 존재하는가?

1. 바람직한 군의 역할

역사 이래 인류가 만든 가장 강한 조직이 '군軍'이라는 데에는 이론異論의 여지가 없을 것이다. 군의 구성원은 국민이며, 군인은 제복을 입은 국민이다. '군'은 국가에 의해 육성되고 유지되며, 국가의 공공 안녕이라는 공적 목적만을 위해 활용되어야 하는 공공재公共材이다. '군'이 본연의 임무에서 일탈하거나 공공의 목적에서 벗어나 특정 집단에 의해 사사로이 운용된다면 군으로서의 의미와 존재 가치를 부여할 수 없다. 국가를 수호하고 국민의 안위를 지키기 위해 군이 필요한 것이며, 국민을 떠난 군은 존재할 이유가 없다. 군은 국가를 보위하고 국민의 생명과 재산을 지켜내기 위해 임무 수행 능력을 충실히 갖추는 것을 무엇보다 우선시해야 한다.

국가안보는 정치권력이 올바른 안보관과 강한 의지, 결연한 의기를 가지고 있고, 군이 그것을 실행할 수 있는 능력을 갖추고 있을 때 비로소 가능해지는 것이다. 이를 실천하는 과정에서 국민의 지지와 단결이 절대적으로 필요하며, 정치권력은 국민의 의지를 결집하는 노력을 평상시부터 꾸준히 모색해야 한다. 평화는 구걸한다고 해서 얻어지는 것이 아니며, 또 내가 일방적으로 주장한다고 해서 지켜지는 것도 아니다. 평화를 지키고자 하는 강한 의지와 결연한 의기를 바탕으로 제대로 된 능력을 갖추었을 때만 비로소 가능해지는 것이다.

역사적으로 "국민을 보호하고 국가이익을 수호한다"라는 군의 근본적 역할에는 변함이 없었으나, 시대적 상황과 여건에 따라 국가로부터 군의 임무와 기능이 새롭게 부여되고 수정되는 과정을 반복해왔다. 과거로부터 '군'의 역할은 국가의 생존과 자존감自尊感을 지키는 과업이 주를 이루어왔다. 국가 간의 경계나 이익의 영역이 분명하지 않았던 시기에는 정복 전쟁을 통해 국가의 영토와 영역을 확장하는 임무를 수행하기도 했다. 또한, 정복 욕구征服 欲求가 강한 독재자가 등장하면 자국의 이익을 관철하거나 확대하기 위한 침략의 수단으로 군을 이용하기도 했다.

우리 군은 역사를 통해 여러 가지 모습으로 우리에게 각인되어 있다. 그것이 좋은 모습이든 좋지 않은 모습이든 우리 모두의 유산遺産이다. 우리는 긍정적이고 바람직한 군사 유산을 후손들에게 물려줄 수 있도록 노력해야 한다. 우리 후손들은 선조들로부터 물려받은 군사 유산 중에서 계승·발전시켜야 할 것들을 추려서 정리하고 잘 다듬을 줄 알아야 한다. 군사 유산에는 긍정적인 부분과 부정적인 부분이 모두 포함되어 있다. 군이 바람직한 방향으로 나아가려면 긍정적인 부분은 극대화해야 하고, 부정적인 부분은 제거하거나 최소화하여 긍정적 부분과 통합해야 한다. 그러한 노력은 군에 종사하는 사람들에게만 필요한 것이 아니다. 국가 차원에서도 군을 바로 세우기 위한 노력은 꾸준히 이루어져야 하고, 국가와 국민이 원하는 군으로 거듭날 수 있도록 격려하고 이끌어주는 것도 매우 중요하다. 지도층이 군에 대해 편견을 가지거나 매도 또는 폄하하는 것은 바람직하지 않다. 우리 군은 현대사를 거쳐오면서 한미동맹체제의 틀 안에서 안주해온 측면이 있음을 부정하기 어렵다. 동맹은 당연히 굳건해야 하고 마땅히 유지되어야 하지만, 그 가운데에서도 우리 고유의 시스템을 발전시키려는 노력을 게을리하지 말았어야 했다. 이제부터라도 우리가 함께 힘을 모아나간다면 충분히 이루어낼 수 있다.

독일이 제2차 세계대전에서 발생한 모든 문제점을 극복하고 오늘날과 같은 번영의 길을 걷게 된 것은 그저 우연히 만들어진 것이 아니다. 독일의 정치지도자들은 제2차 세계대전의 후유증을 극복하는 과정에서 과거의 잘못에 대한 철저한 반성과 미래로 나아가기 위한 방향을 설정한 이후, 이를 실천하고자 수많은 노력을 기울였다. 독일군의 지도부도 정치지도자들이 수립한 국가정책을 바탕으로 국가의 요구에 부응하고 국민의 신뢰를 회복하기 위한 노력을 함께 경주해왔다. 그 결과, 독일군은 1970년대에 들어서면서부터 국민의 신뢰를 회복했으며, 제복을 입은 시민으로서 국가로부터 부여받은 소임所任을 효과적으로 구현해낼 수 있는 군으로 성장할 수 있었다고 한다.

2. 국가의 이익을 구현하기 위한 군

제2차 세계대전 이후, 냉전기를 지나오면서 국가 간의 이해관계에 따라 다양한 집단안보체제가 형성되었다. 지금에 이르러서는 유명무실해진 집단안보 협의체들이 여럿 있지만, 지리적·이념적·민족적 이해관계에 따라 다양한 집단안보협의체들이 형성되었다. 그런데 오늘날 국가의 안전을 위협하는 주체는 이해관계를 달리하는 국가로부터 형태나 정체성이 분명치 않은 비非정부단체로까지 확장되고 있다. 이에 따라 군의 역할도 제4세대 전쟁이라고 하는 고강도高強度 분쟁과 저강도低強度 분쟁을 망라하는 보다 복합적인 스펙트럼의 전쟁 양상에 대한 대응으로 확장되고 있다. 따라서 군은 과거보다 더욱더 다재다능한 능력을 요구받고 있다.

집단안보체제는 이해관계를 같이하는 국가끼리 집단을 이루어 공동의 위협에 대처하기 위한 것이다. 집단안보체제는 제1차 세계대전과 제2차 세계대전을 치르면서 전쟁의 참혹함을 경험한 국가들 사이에서 전략적 이익을 같이하는 국가 간의 협력과 약소국가를 보호할 수 있는 국제적 안전장치의 필요성이 요구됨에 따라 등장하게 되었다. 그 첫 번째 사례가 제1차 세계대전의 결과로 탄생한 '국제연맹League of Nations'이다.

최근에는 이해를 달리하는 국가 대 국가 간의 적대적 위협보다는 종교나 정치적 이해를 달리하는 비非정부단체와의 충돌 내지는 테러 위협이 증가하고 있다. 이러한 경향은 이해를 달리하는 사회적 계층과 정치적 집단 간 분쟁을 촉발함으로써 지역 내 불안정성을 높이고 있으며, 여기에 종교 문제, 민족 문제, 영토 및 자원 문제 등이 결합하여 한층 더 복잡한 양상을 띠고 있다. 이처럼 변화하는 사회 문제와 갈등 구조 사이에서 군의 임무와 역할을 어떻게 정립해야 할 것인가 하는 것은 미래 군의 임무 영역 및 역할을 결정짓는 또 하나의 요소가 되고 있다.

군사력은 국제정치 구도 속에서 상대국가에 자국의 이익을 강제하는 수단으로 종종 사용되고 있다. 수많은 국가가 세계 평화와 공존, 공영을 주장하고 있으나, 자국의 이익을 기본 전제로 하지 않는 국가는 없다. 국가의 이익은 이해관계가 있는 상대국가를 군사력으로 강제하거나, 관련 국가들에 대가를 지불하거나, 이익 공유를 통해 동참하게 하는 등의 방법으로 구현된다. 강대국일수록 힘에 의한 강제가 더욱 쉬울 것이며, 약소국일수록 대가를 치러야 하는 비율이 높아질 것이다.

이익을 공유할 수 있는 국가 간의 협력을 통한 문제 해결은 공유할 수 있는 이익이 크면 클수록 원만하게 이루어질 수 있다. 설사 공유할 수 있는 이익이 크지 않더라도 지향하는 공통의 가치가 클 경우에는 국가 간의 협력을 통한 문제 해결이 훨씬 수월하고 보다 바람직한 결과를 가져올 수 있다. 그러나 문제 해결 과정에서 이익을 달리하는 국가 간의 이해가 충돌하고 타협에 실패하게 되면 전쟁으로 발전하게 되는 것이다. 군은 무력집단으로서 국가의 정책을 실현하기 위해 국가로부터 부여받은 임무를 수행하게 된다. 그러므로 군은 그러한 상황에 대비하여 잘 편성되고 훈련되어야 하며, 지속적인 혁신을 통해 최상의 능력을 갖추고 있어야 한다.

3. 강군이 되려면

(1) 강군의 조건

군은 국가의 이익을 수호하고 국민을 보호하기 위한 무력수단으로서 제 역할을 할 수 있어야 한다. 군은 국가로부터 부여받은 임무 수행을 통해 그 능력이 현시顯示되었을 때 비로소 그 존재 가치를 평가받는다. 이 과정에서 군이 주어진 임무를 제대로 수행할 수 있느냐의 여부는 매우 중요하다. 군사력이란 국가를 지켜내는 수단임과 동시에 국가정책을 수행하는 중요한 동력動力이기 때문이다.

그러므로 군은 예상한 상황은 물론이고 예상치 못한 모든 상황까지도 대비할 수 있도록 잘 편성되고 높은 수준으로 훈련되어야 하며, 언제, 어느 곳에서 어떠한 임무를 부여받더라도 즉각 수행할 수 있도록 준비하고 있어야 한다. 이를 위해 군은 어느 조직보다도 더 유연하고 효율적으로 편성되고 준비되어야 하며, 창의적인 사고를 할 수 있도록 훈련되어야 한다. 전쟁사에서 배울 수 있는 중요한 교훈인 전승불복戰勝不服의 원칙을 들먹이지 않더라도 적 또한 끊임없이 변화하고 노력하기 때문에 현실에 안주하거나 타성에 빠지게 되면 승리를 도모하기 어렵다. 군의 규모는 국가의 가용 자원과 운영유지 능력에 따라 결정되는 것이므로 크고 작음은 부차적인 것이며, 어떠한 능력을 갖추고 얼마만큼 준비가 잘 되어 있느냐의 여부가 가장 중요하다.

군인은 제복을 입은 국민이며, 평생 자신의 목숨을 희생해서 국가를 지키겠노라고 서약한 사람들이다. 국가는 그들이 최적의 무장과 충만한 자신감을 가지고 적과 싸움에 임할 수 있도록 여건을 보장해주어야 한다. 그러나 어느 나라도 군이 만족할 만큼 충분한 재정 지원을 보장할 수가 없다. 그러므로 정치지도자들은 적절한 규모의 국가자산이 군에 할당되도록 노력함으로써 군이 효율적으로 기능할 수 있도록 지원해야 한다. 그리고 군은 국가로부터 주어진 조건 속에서 최상의 군사적 능력을 갖춤으로써 국가의 요구에 부응할 수 있어야 한다. 군 지도층은 강군으로 발전하기 위해 탁월한 전문성을 갖출 수 있도록 끊임없이 노력해야 하며, 직업군인은 월급을 받는 직장인이 아닌 고도의 전문성을 갖춘 프로가 되어야 한다. 그런 간부들로 가득한 군대만이 강군이 될 수 있는 것이다.

통상 군에 대한 복지는 직업군인들의 봉급과 수당을 인상하고 정년을 연장하며, 전역 군인들의 사회 적응과 취업 여건을 개선하겠다는 선에서 논의가 이루어진다. 그런데 국가가 군인에게 진정으로 베풀어야 하는 복지는 무엇일까? 편안한 숙소와 영양가 높은 식사, 질 높은 복무 여건을 만들어주는 것이 최선일까? 그것보다는 군인들이 전쟁

터에 나가 무의미한 죽임을 당하지 않도록 해주는 것이야말로 최상의 복지가 아니겠는가. 국가는 언제, 어느 곳, 어떤 상황에서든 간에 도발해오는 적 앞에 당당하게 맞설 수 있도록 군에게 최선의 무장을 갖추어주고, 최상의 훈련 수준을 유지할 수 있도록 지원해야 한다. 그리고 평소 실전과 같은 훈련을 할 수 있도록 훈련 여건을 제대로 갖추어주는 것이 더 바람직하고 올바른 복지이다. 즉, 군인들이 전쟁터에서 무의미한 죽음이나 부상을 당하지 않도록 철저하게 준비할 수 있게 해주고, 군인들의 헌신 가치에 대해 인정해주는 것이 가장 바람직한 복지라는 것이다.

군인은 국가안위를 수호한다는 대명제 아래, 예측하기조차 어려운 여건에서 위험하고도 힘든 임무를 수행해야 한다. 물론, 편안한 주둔 환경은 차후 임무 수행을 위한 충분한 휴식과 재충전의 기회를 보장하기도 한다. 군인의 정년을 늘리고 제대군인들의 재취업을 보장하는 등의 복지 개선 방안도 검토할 수 있다. 모두가 필요한 것이기는 하지만, 무엇보다도 군인에게 진정한 복지는 국가의 부름을 받아 고난도高難度의 임무를 수행할 때 최적의 능력을 갖출 수 있도록 지원하고 보장하는 것이다. 즉, 어떠한 상황에서도 무의미하고 가치 없는 죽음이나 부상을 당하지 않게 하고, 설사 부상을 당한다 하더라도 국가로부터 합당한 치료와 보살핌을 받을 수 있다는 확신을 갖도록 하는 것이 중요하다. 이것은 임무 수행을 위한 적합한 무장과 실전적 훈련으로 뒷받침될 때 가능해진다.

그런데 우리의 현실은 어떠한가? 시속 70km를 기동할 수 있는 최신형 전차와 초음속 고등훈련기를 개발하고도 마음껏 훈련할 수 있는 훈련장이 없고, 소음 민원 등으로 인해 제대로 훈련할 수 없다면 첨단장비가 무슨 소용이란 말인가? 군사 장비는 성능을 충분히 발휘할 수 있도록 훈련할 수 있는 훈련장이 장비 도입과 함께 고려되어야 한다. 아무리 우수한 장비로 무장했다 하더라도 그 능력을 발휘할 수 없다면 무의미한 것이다. 우수한 장비의 도입보다 더 중요한 것은 실전적 훈련을 통해 그 장비의 능력을 전투력으로 전환하고 내재화하는 일이다. 실전적 훈련 여건을 갖추는 것은 장비의 도입 못지않게 중요하고도 시급한 과제이다.

(2) 정치지도자와 군의 관계

정치지도자들은 국민의 대표로서 민의를 대변하며, 국민의 신뢰를 바탕으로 국가정책을 수립하고 집행하는 역할을 한다. 올바른 안보관은 정치지도자가 반드시 갖추어야 할 덕목이다. 특히, 국군통수권자는 국가생존과 발전에 대한 깊은 성찰과 더불어 끊임없이 고민하지 않으면 안 된다. 정치지도자들은 군이 올바른 방향으로 발전해나갈 수 있도록 지도하고 관리할 수 있어야 한다. 군사력은 국가의 이념과 가치, 이익 수호를 위해 국민이 선택한 통수권자를 중심으로 결집해야 하며, 정치지도자는 국가가 지향하는 가치에 맞는 목표를 설정하여 군에게 적법한 임무를 부여해야 한다. 정치지도자들이 안보 위기에 봉착했을 때 남탓이나 하고 책임을 회피하려는 모습을 보인다면 그를 선출한 국민은 절망하게 된다. 정치지도자들이 군을 제대로 이해하지 못하고 유사시 운용할 줄 모른다면 예기치 못한 재앙을 불러일으키게 될 것이다.

18세기 말부터 추진되었던 독일군의 개혁은 보불전쟁을 통해 드러난 문제점들을 보완하기 위한 것으로서, 샤른호르스트Gerhard von Scharnhorst

장군으로부터 몰트케Helmuth Kari Barnhard Moltke 장군에 이르기까지 수십 년에 걸쳐 꾸준히 추진되었다. 또한, 1920년대의 독일군은 베르사유 조약Treaty of Versailles에 의해 10만 명으로 제한된 상태에서 제2차 세계대전을 준비했다. 그 과정에서 폰 젝트Hans von Seeckt 장군이 주도한 개혁은 그 바탕이 되었다.[3] 이와 같은 오랜 준비와 노력을 바탕으로 독일군은 제2차 세계대전을 통해 유럽과 소련 서부를 석권하는 군사적 대과업을 달성할 수 있었다. 당시 독일이 군 개혁을 성공적으로 달성할 수 있었던 것은 정치지도자들이 군을 잘 이해하고 있었을 뿐만 아니라 군 지도층을 신뢰하고 군에 관한 일은 전적으로 이들에게 일임했기 때문에 가능했던 것이다. 그러나 독일은 잘 준비된 군사력을 히틀러라는 위정자가 잘못 사용함으로써 역사에 커다란 오점을 남기고야 말았다. 그것은 바이마르공화국의 실패 교훈을 제대로 반영하지 못하고, 급조된 제3제국의 정치체제가 선전宣傳 · 선동煽動에 취약한 데서 비롯된 예고된 재앙이었다.

그런데 우리나라는 어떠한가? 불과 몇 해 전인 2010년에 천안함 폭침과 연평도 포격 도발이 연이어 일어났을 때 위기 대응 역량의 한계를 여실히 드러냈다. 당시 정치지도자의 지침이 명확하지 않았고, 군이 전투를 수행할 준비가 제대로 되어 있지 않아 적절한 대처를 하지 못한 것으로 알려져 있다. 그러한 결과가 도출될 수밖에 없었던 원인에 대해서는 여러 가지로 분석할 수 있다. 우리 사회의 오피니언 리더들도 다양한 언

---

3 한스 폰 젝트(Hans von Seeckt, 1866~1936)는 베르사유 조약의 제한에 묶인 재군비 선언 이전의 독일군의 군비를 급격히 확장할 수 있는 초석을 놓음으로써 제2차 세계대전 독일 육군의 아버지라고 불린다. 폰 젝트 장군의 후배들은 그의 유산을 가지고 후에 프랑스와 영국과의 전투에서 크게 승리를 거두었으나, 히틀러는 폰 젝트 장군이 그토록 우려했던 소련과의 전쟁을 무모하게 일으켰다가 패망하고 말았다.

론 매체를 통해 유감을 거듭 표명했으나, 중요한 것은 사후약방문死後藥方文식의 비난이 아니라 재발을 방지할 수 있는 효과적인 대응방책을 마련하기 위해 함께 힘을 모으는 일이다. 이미 벌어진 결과에 대해서는 누구나 비평이나 비난을 할 수 있고 다양한 의견을 말할 수 있지만, 유효한 대책을 마련하기 위한 진지한 논의 과정 없이 그저 기억에서 잊히기만을 바란다면 어떠한 교훈도 얻을 수 없다. 이스라엘이 국가의 위기가 종식될 때마다 국가 차원의 위원회를 구성하여 철저한 원인 분석과 실질적인 대응책 마련을 위해 고심하는 것도 유사한 실패를 되풀이하지 않고 보다 강고한 대응책을 발전시키기 위함이다. 우리도 어떠한 사건이 발생하면 '누가 책임질 것인가?'를 먼저 따지기보다는 '무슨 일이 발생했고, 무엇이 문제였는가? 어떻게 하면 되풀이하지 않을 것인가?'에 초점을 두고 분석해야 한다. 그래야만 우리가 직면했던 위기 또는 실패로부터 교훈을 도출하여 재발 방지책을 발전시켜나갈 수 있으며, 실패를 되풀이하지 않게 될 것이다.

국군통수권자는 유사시 대응의 결과 때문에 유발될 수 있는 영향까지도 함께 고려한 명확한 통수지침을 내릴 줄 알아야 한다. 국군통수권자가 여러 가지로 해석될 수 있는 모호한 지침을 하달하는 것은 군을 지도하는 정치지도자로서 책임 있는 자세가 아니다. 우리 군은 유엔사령부 정전협정, 연합방위체제 등 여러 가지 요인으로 인해 군사적 대응을 하기 이전에 많은 사항을 고려해야만 한다. 그래서 국군통수권자는 더욱더 군에게 명확한 대응지침을 부여해야만 하는 것이다. 그뿐만 아니라 군사적 대응 이후에 발생할 수 있는 가능한 상황을 상정하여 상황 발전과 후속 조치에 필요한 모든 사항을 검토하고 우방국과 협조하는 모습을 국민에게 보여줘야 한다. 군 또한 정치지도자 및 유관부서 간의 사전 검토된 대응방안을 공유해야만 유사시 신속하고도 긴밀하게 협조된 대응이 가능하다는 것을 알아야 한다. 그래야만 정·군 지도자들이 국민으로부터 신뢰를 받을 수 있다. 이스라엘은 정치지도자와 유관부서, 군이 함께 사전 협의를 통해 준비된 매우 정교한 사전 대응체제를 가지고 있다.[4] 우리가 배워야 할 부분이다.

국군통수권자는 정치적 판단에 기초해 명확한 지침을 군에 부여해야 하며, 군은 군사행동을 통해 국군통수권자의 지시와 지침에 부응해야 한다. 정치지도자들이 위기 시 군사행동을 군의 몫으로 치부하고, 군이 알아서 하는 교전 결과를 사후에 보고받고 군사작전을 추인하는 정도의 역할에 만족하는 수준이라면 정치지도자로서 자격이 없는 것이다. 국군통수권자는 국가 차원의 큰 그림을 보면서 현재의 대응과 그 결과가 미칠 파장까지도 함께 고려한 대응지침을 군에 하달할 수 있어야 한다. 군은 하달된 지침 범위 내에서 군사적 목적을 달성할 수 있는 방책을 구상하고 실행해야 한다. 그래서 정치는 국가에서 사람의 두뇌와 같은 역할을 한다고 하는 것이다. 두뇌가 결정하고 수행한 결과에 대해서는 두뇌뿐만 아니라 온몸으로, 즉 국민 모두가 함께 감당해야만 하는 것이다. "머리가 나쁘면 몸이 고생한다"는 말과 크게 다르지 않다.

---

4 이스라엘은 적의 도발에 대해 Immediately response, In context response, Delayed response 등의 3단계 대응 개념을 가지고 있다. Immediately response는 해당 부대가 즉각 대응하는 개념이며, In context response는 지역사령부 차원에서 대응하는 개념이다. 또한, Delayed response는 앞서 공격받은 부대나 지역사령부 차원에서 수행한 대응이 부족하다고 판단될 때 총사령부 차원에서 대응하는 것을 말한다. 이스라엘군은 위의 3단계 대응 개념에 기초하여 정부 관료, 외교부서, 언론 매체 등과의 사전 협의를 통해 정교한 대응책을 발전시키고, 실제 상황이 발생하면 정해진 절차에 따라 신속하고 체계적으로 대응한다.

정치지도자야말로 전쟁에 대해 깊은 이해를 하고 정치에 임하지 않으면 안 된다. 클라우제비츠Carl von Clausewitz가 그의 저서 『전쟁론Vom Kriege』에서 언급한 "전쟁은 다른 수단에 의한 정치의 연속"이라는 의미를 진정으로 이해한다면 많은 경우 그 선택은 달라질 것이다. 전쟁은 정치의 수단 중에서 가장 폭력적이면서도 가장 극단적인 수단이다. 정치지도자가 전쟁을 올바르게 이해하지 못한다면 나라를 온전히 지켜낼 수 없다. 정치지도자는 국가의 존립을 스스로 지켜나가기 위해서는 전쟁도 결심할 수 있어야 한다. 전쟁을 그저 피한다고 해서 평화가 지켜지는 것이 아니다. 나쁜 평화가 전쟁보다 낫다는 말은 궤변이다. 나쁜 평화를 선택하면 국민은 자신의 권리와 자유, 이익 등 많은 것들을 양보하고 고통을 감내해야만 한다. 노력과 희생 없이 거저 얻어지는 평화란 없다. 전쟁은 국가의 생존과 이익을 지키기 위해 불가피하게 이루어지는 정치적 행위의 마지막 선택이다. 정치와 전쟁의 상관관계를 이해하지 못하거나 전쟁을 결심해야 할 때가 언제인지를 판단할 줄 모른다면 적대 세력에게 끌려다닐 수밖에 없다. 협상과 전쟁은 국가의 이익과 밀접하게 연관되어 있다. 전쟁은 주고받는 것의 균형이 깨지거나 자국의 이익, 특히 국가생존과 관련된 사활적 이익이 심각하게 손상될 때 협상이 결렬되면서 발발勃發하는 것이다.

이스라엘은 약 75%의 유대인과 약 20%의 아랍인으로 구성되어 있으며, 역사적으로도 깊은 갈등관계를 맺고 있는 적대 세력들에 의해 둘러싸여 있다. 그들은 1948년 독립 이래 끊임없이 전쟁의 위험에 시달려왔으며, 수차례에 걸친 전쟁을 치르면서 모두 승리를 거두었다. 이러한 결과는 거저 얻어진 것이 아니다. 지난 2010년 11월 23일 연평도 포격 도발 이후, 이스라엘 관계자들과 그들의 경험을 함께 공유하면서 많은 의견을 나누었다. 그들은 정치, 외교, 언론 등과의 긴밀한 협력을 바탕으로 적대 세력의 어떠한 군사적 도발도 결코 용납하지 않겠다는 단호하고도 충분한 메시지를 전달하기 위해 많은 노력을 경주해왔음을 확인할 수 있었다.

국가 지도자들은 국민의 대표로서 국가이익을 수호하고 국가의 지속적인 성장을 이끌어낼 수 있는 올바른 정책을 수립하고 추진해야 한다. 군은 이를 뒷받침할 수 있는 능력을 갖추기 위해 철저하게 준비하고 각고의 노력을 기울여야 한다. 특히, 국가의 경제 역량은 군사 문제에 직접적인 영향을 끼친다. 군이 첨단장비로 무장하고, 실전과 같은 훈련을 할 수 있는 조건을 갖추며, 최상의 대우를 받을 수 있다면 가장 바람직할 것이다. 그러나 그것이 정답正答은 아니다. 물론 그렇게 할 수 있다면 가장 바람직하겠지만, 국가의 자원은 국가의 지속적인 발전을 위해 합리적으로 배분되고 운영되어야 한다. 국방을 위해 배분된 자원 범위 안에서 최상의 결과를 만들어내기 위해 노력하는 것이 군이 지향해야 하는 목표인 동시에 군 지도층의 책무인 것이다.

(3) 군사전략을 세우고 실행하는 군대

군사전략[5]은 국가전략의 일부이며, 군사적 수단을 운용하여 국가전략과 국가정책을 지원한다. 군사전략은 군사적 수단을 운용하여 전·평시 설

---

5 '군사전략'이란 전쟁을 전반적으로 이끌어가는 방법이나 책략, 또는 전쟁에서의 승리를 위해 여러 전투를 계획·조직·수행하는 방책을 다루는 것으로서, 전술보다 상위의 개념이다.

정된 군사전략 목표를 달성하기 위한 군사적 책략으로서 목표, 수단, 방법 등의 3가지 요소로 구성된다. 군사전략은 평시 전쟁의 억제와 군사력 건설을 통한 전쟁 수행 능력의 발전 및 고도화, 그리고 군사적 교류·협력을 통해 전쟁을 예방하기 위한 노력에 중점을 둔다. 그러나 전시에는 전쟁기획 및 계획의 수립과 전쟁목표 달성을 위한 전쟁지도에 중점을 두게 된다.

통상 강자는 자신의 전략을 드러내놓고 실행하지만, 약자는 발표하지 않고 모호한 태도를 보이는 것도 전략 실행의 일반적인 방식이다. 또한, 전략은 상황 변화에 따라 지속적인 수정과 보완이 필요하다. 지금까지 수많은 전략이 수립되고 실행되었지만, 자신이 어떤 전략을 사용했는지에 대해 명확히 밝히는 경우는 많지 않다. 대부분은 사후에 분석가나 학자들에 의해 그들의 관점에서 분석되고 요약 정리된 결과를 우리가 접하고 있다.

군사전략은 합동전략기획체계JSPS, Joint Strategy Planning System 운용 절차에 따라 수립되며, 이를 구현하기 위해 발굴된 다양한 방책들이 구상되고 정책 집행을 통해 실행된다. 실행은 반드시 능력에 의해 뒷받침되어야 한다. 그 능력에는 유형적인 요소와 무형적인 요소가 모두 포함된다. 군사전략은 목표가 설정되면 가용 수단을 검토하고 수행 방법을 결정한 다음에 세부 방책을 수립하여 실행하게 된다. 수립된 세부 방책들은 평가와 분석 과정을 거치는데, 그중 유효하다고 판단되는 방책은 지속적인 보완 과정을 거쳐가면서 실행된다. 반면에, 유효하지 않다고 판단되는 방책은 수정·보완하여 적용하거나 폐기한 후 새로운 방책으로 대체해야 한다. 세부 방책들은 목표 달성 가능성과 목표 수렴 여부에 대한 재평가를 반복하게 되며, 달성된 성과는 피드백feedback 과정에서 기존의 방책을 수정·보완하거나 새로운 방책을 수립하는 데 활용된다. 전략은 수립하는 것보다 실행하는 것이 더 어렵다. 정교하게 실행되지 않는 전략은 전략이 아닌 탁상공론卓上空論에 불과하다.

군사전략을 실행하기 위한 능력, 즉 수단은 평시 군사력 건설 과정을 통해 만들어지며, 수단이 적절하지 않다면 목표를 수정하거나 방법을 바꾸어야 한다. 전략에서 달성되어야 할 목표와 전략을 실행하기 위한 수단, 방법은 잘 조화되지 않으면 좋은 전략이 될 수 없다. 따라서 주어진 전략의 목표와 수단, 방법은 불가분의 관계에 있으며, 실행 과정에서 세부 실행방책들은 지속해서 보완되어야 한다. 군사전략은 설정된 목표에 도달하기 위한 지속적인 과정이며, 목표를 달성할 때까지 목표에 집중하는 군 지도층의 리더십을 필요로 한다. 군 지도자는 전략의 실행 과정을 주도적으로 이끌어가면서 상황을 평가하고, 단계마다 필요한 조치를 구상하고 보완하며, 반복적으로 수행할 수 있어야 한다.

군사전략의 기조는 평시와 전시가 분명히 다르며, 차별화되어야 한다. 평시에는 능력을 발전시키고 위기관리와 유리한 전략 상황 조성에 초점이 맞추어져야 하지만, 전시에는 전쟁목표 달성에 초점이 맞추어져야 하기 때문이다. 이처럼 평시의 전략과 전시의 전략은 차이가 있다. 설정된 전략목표는 수단과 방법을 결합하여 전략 개념을 수립하고, 이를 실행하기 위한 여러 가지 방책들을 구상하며, 구상된 방책을 실행하여 성과를 축적해나감으로써 달성되는 것이다. 군사전략 구현을 위한 수단은 직접적인 수단인 군사력의 운용 이외에도 군사력의 배치 및 능력 시현示顯, 군사협력 및 군사외교, 무기 수출과 공동개발 등과 같은 방산교류와 협력, 군사교육, 국제평화 활동에의 참여 등 참으로 다양하다.

전략은 매우 많은 요소의 결합과 상호작용 때문에 다양한 결과를 만들어낸다. 그러므로 전략의 수립은 많은 요소를 분석하고 평가하는 과정을 거친다. 전략은 환경 분석과 위협 평가, 피아彼我 능력 분석 등의 과정을 통해 발전되고 수립되며, 실행, 평가 등의 과정을 거쳐 피드백된다. 이 과정에서 전략 환경 분석과 위협의 식별, 피아 능력 분석 등에 30~40%, 수립에 10~20%, 수립된 방책의 실행과 평가에 50~60%의 노력을 투입하는 것이 바람직하지 않을까 생각한다. 이러한 비율을 제시하는 것은 전략의 수립보다는 전략 수립을 위한 관련 사항 분석이, 전략 수립을 위한 관련 사항 분석보다는 실행이 더 중요하다는 것을 강조하기 위함이다.

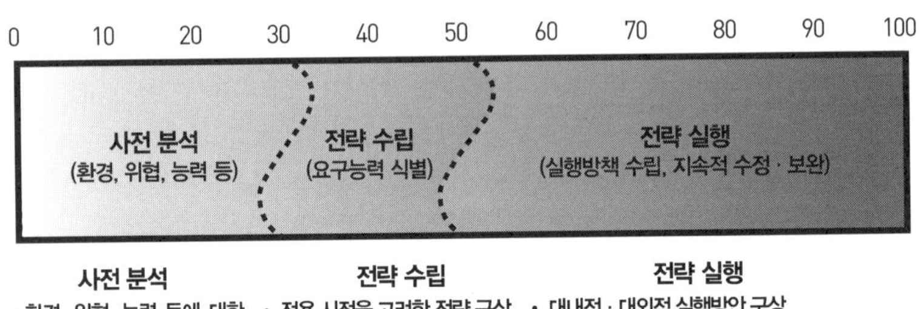

<그림 1> 전략 수립을 위한 노력의 배분

일반적으로 전략 수립 단계에서는 많은 국가나 기업들이 많은 노력과 관심을 기울이고 자원을 투입하지만, 애써 수립한 전략이 실행하는 단계에 들어서면 집중력을 잃어버리곤 한다. 즉, 전략의 실행 단계에서는 수립된 전략과 상관없이 직감에 의존하거나 사안별로 단편적으로 대응하는 일이 흔히 일어난다는 것이다. 이 과정에서 국가적으로 적잖은 인적·물적 손실이 되풀이되고 있음은 안타까운 일이다. 전략을 실행하기 위한 모든 노력은 세부 방책들이 지속적인 재평가를 거쳐 수정·보완되는 과정을 통해 목표에 수렴되어야 한다. 수립된 전략은 설정된 목표의 달성 정도에 따라 유효성 여부가 결정된다.

전략은 많은 사람이 잘 아는 것처럼 이야기하지만, 사실 전략을 제대로 이해하고 실행할 줄 아는 사람은 그리 많지 않다. 그렇기 때문에 능력 있는 전략가가 필요한 것이다. 아무나 할 수 있다면 유능한 전략가가 필요할 이유가 없지 않은가. 통상 수단을 고려하지 않거나 불충분한 근거를 갖고 전략을 말하는 경우가 대부분이다. 혹자들은 자신들의 주장이 전략목표와 수단, 방법이 명확하지 않고 대부분 내용이 수사적 표현의 나열 수준에 그침에도 불구하고 전략이라고 주장한다. 전략은 목표, 수단, 방법이 조화롭고 짜임새 있게 논리적으로 연결되어야 하며, 실행으로 목표가 달성되어야 비로소 전략이라고 할 수 있는 것이다. 전략을 구성하는 3대 요소가 함께 조직화하지 않은 전략은 전략이라기보다는 공허한 담론談論에 불과한 것이다.

우리도 지난 70여 년 동안 수차례에 걸쳐 군사전략을 수립해왔다. 특히, 한미연합사령부가 창설된 1978년 이후에는 한미동맹의 틀 속에서 미군과 긴밀히 협조해왔으나, 전시 작전계획은 미군 주도로 이루어져왔다. 한미동맹은 우리나라를 지탱하는 중요한 안보체제인 것만은 틀림없으나, 그 역시 긍정적인 측면과 부정적인 측면이 공존하는 것 또한, 사실이다. 그런데도 우리의 선배들은 군사전략을 발전시키고자 많은 노력을 기울여왔다. 전략의 3요소 중에서 달성해야 할 전쟁목표와 방법은 한미 공동으로 논의하고 추진해왔으나, 수단은 미군 자산에 의존해왔기 때문에 목표와 방법과 수단이 정교하게 결합된 군사전략을 수립하는 데 한계가 있었다. 즉, 우리가 수립한 군사전략은 우리가 관리할 수 없는 미군 자산에 의존하는 경우가 많았기 때문에 목표와 방법의 적절성 여부를 논외로 치더라도 수단과의 연계가 매우 취약할 수밖에 없었던 것이다. 전략은 목표와 수단, 방법을 정교하게 결합하고 다양한 방책의 실행을 통해 달성되어야 한다. 전략은 아무리 이상적인 목표가 설정되고 창의적인 방법이 구상되었다고 해도 수단, 즉 능력으로 뒷받침되지 않으면 소용없는 것이다. 롬멜Erwin Rommel 장군이 "탁상 위의 전략은 믿지 않는다"고 주장한 이유를 우리는 잘 이해해야 한다.

우리는 군사전략 전반에 대해 새롭게 되짚어보아야 할 필요가 있다. 군사전략 전반에 대해 검토하려면 전략에 대한 올바른 이해가 전제되어야 하며, 그 후에 업무수행체계와 조직을 함께 들여다보아야 한다. 그 중에서도 군사전략을 담당하는 부서의 편성과 배치 인원, 교육의 적절성, 전략의 수립, 전략의 운용 등은 주요 검토대상이 되어야 한다. 조직의 구성에는 업무수행체계가 함께 녹아 있어야 하기 때문이다. 우리 군의 전략 업무는 그동안 여러 차례 변화를 거쳐왔으나, 근본적인 변화는 없었다. 우리의 군사전략 업무는 합동참모본부 예하의 과課 단위 부서에서 소규모 인원들이 수행하고 있다. 군사전략 부서에서는 대북對北, 대미對美, 대중對中, 대일對日, 대러對露 등 모든 문제를 다루고 있다. 그러나 국가별 전략을 담당하는 인원은 실무급 중·소령 한 명 또는 두 명에 불과하다. 이러한 편성은 심도 있는 전략 업무 수행 자체가 불가능한 구조이다.

전략 업무를 수행하는 부서를 어떻게 편성할 것인가? 그리고 어떤 문제를 중점적으로 다룰 것인가? 하는 것은 선택의 문제이다. 그러나 분명한 것은 전략을 다루려면 상대방을 철저히 분석하고 이해할 수 있는 능력을 갖추어야 한다는 것이다. 상대의 언어는 물론, 생활습성과 사고체계, 인맥, 의사결정 구조 등 상대의 머릿속에 깊숙이 들어가 있지 않으면 전략을 제대로 수립할 수도 없고, 실행 과정에서 천변만화千變萬化하는 사건들을 제대로 분석하고 대처할 수 없다. 불과 한두 명의 실무자가 그런 일을 감당해낸다는 것은 애초부터 불가능한 일이다. 물론 전략 업무를 관리하는 대령급 과장과 이들을 이끌어나가는 소수의 장군이 편성되어 있기는 하다. 그러나 순환보직, 군별 할당 등에 의한 자리 메우기 식의 업무 운영으로는 전략에 대해 체계적으로 관련 지식을 쌓거나 감각 있는 자원을 선발하여 배치할 수도 없다. 양성된 전문가도 없지만, 그나마 영관급領官級 장교들에게 경험을 쌓게 하거나 다시 담당 업무를 부여할 수 있는 여건도 되지 않아 깊이 있는 전략 업무를 수행할 수 없는 실정이다.

통상 보직자는 당면한 업무처리에 치중하다 보면 하루가 가고, 일 년이 가며, 임기가 만료되면 또 다른 부서로 옮겨가서 전혀 다른 업무를 수행하게 된다. 이들은 전략부서에 보직되기 전에 다른 전략부서나 유관부서에 근무한 경험이 없을 뿐만 아니라 체계적인 교육을 받아본 경험도 거의 없다. 그저 개인적인 관심과 호기심으로 전략과 관련된 서적을 여러 권 읽어본 장교들이 가끔 눈에 띄는 정도이다. 이렇게 해서는 전문성을 기대할 수도 없을 뿐만 아니라 제대로 된 전략 업무를 수행해내기도 어렵다. 그뿐만 아니라 특정 국가를 상대로 하는 전략 업무를 해당 국가에 대한 아무런 경험도 없고 어학 능력이 부족한 실무자 한두 사람이 감당하도록 한다는 것은 하지 않겠다는 것과 다를 바 없다.

우리가 전략 업무를 제대로 수행하려면 전략 업무를 수행하는 부서는 반드시 보완해야 한다. 우선 전략 조직은 우리가 다루어야 할 국가 또는 지역별로 최소한 대령급 과장과 다수의 경험 있는 실무자들로 구성해야 한다. 전략부서에 배치되는 자원들은 전략 분야의 이론적 배경과 해당 국가의 언어와 습성, 사고체계 등을 이해할 수 있도록 현지에서 경험을 쌓은 사람이라면 더욱 바람직할 것이다. 그러려면 담당자들은 해당 언어교육과 전략 분야 교육과정 이수, 국외 파견업무 등을 통한 현지 상황에 대한 이해 등 필요한 경험을 쌓게 함으로써 상대의 속내를 읽어낼 수 있는 식견을 길러야 한다. 그래야만 흘러 지나가는 아주 작은 힌트만을 가지고도 상대의 의도를 읽어내고 유용한 자료를 만들어내며, 상황을 유리하게 발전시킬 수 있는 것이다. 그러나 이를 모두 교육을 통해서 충당하기에는 자원도 부족하고 비효율적이며, 설혹 가능하다고 하더라도 오랜 훈련 시간이 필요하다.

그에 대한 대안으로 국외 무관 업무를 수행한 인원들을 활용하여 전략부서에 순환배치함으로써 더욱 효율성 있게 업무를 수행하는 방안을 적극적으로 검토할 필요가 있다. 특히, 해외정보부서와 전략부서의 통합은 심각하게 고려해야 한다. 미국, 독일, 일본 등은 지역 전문가 과정을 공부하거나 경험한 우수한 자원들을 무관으로 선발하여 각국에 파견하고 있다. 스웨덴, 이스라엘 등은 무관을 전략부서에서 파견하고 관리한다. 무관을 관련 국가에 대한 정보수집과 함께 군사외교와 국제협력 등 전략적 대응을 위한 창구로 활용하는 것이다. 특히, 이스라엘은 각국에서 파견된 군사 문제에 정통한 무관들을 대상으로 자신들의 군사행동 정당성을 전파하는 데 적극적으로 활용하기도 한다. 그저 어학 자원을 선발하여 외국에 파견하는 것만으로 무관의 효율적인 임무 수행을 기대해서는 안 된다. 무관은 해당 국가 언어에 능통하고 지역 사정에 밝은 우수한 자원을 선발해 파견해야 하며, 임무 수행에 필요한 직무지식을 충분히 가르쳐야 한다. 그러려면 장교들에게 다양한 어학 능력을 갖출 수 있도록 권장하고 기회를 부여해야 하며, 대학 또는 대학원의 관련 전공 과정을 이수하게 하는 등 지역 전문가를 양성하기 위해 노력해야 한다. 과거 극소수에 해당하는 사례이지만, 무관이 국내에서 적절한 위치를 찾지 못한 자원들의 탈출구로 이용되어서는 안 된다.

무관들은 해당 국가에서 생활하면서 어학 능력도 키울 수 있고 인맥도 파악할 수 있는 등 상대국가에 대해 좀 더 깊이 이해할 수 있다. 그뿐만 아니라 이를 바탕으로 파견 국가 사람들의 사고방식과 의사결정 구조에 대한 이해와 더 깊이 있는 분석 등이 가능해진다. 물론 그들에게 전략과 정보에 대한 인식을 높이기 위해 교육도 병행한다면 더욱더 효율적일 것이다. 한국에 파견되는 외국의 무관들을 살펴보면 군별, 병종별로 다양하게 바뀌는 것을 쉽게 관찰할 수 있다. 우리나라에 무관을 파견하는 대부분 국가가 가장 적합한 인원을 선발하여 파견하려 노력하고 있다. 그러나 우리는 암묵적으로 파견 국가를 군별로 할당하거나, 파견되는 자원의 전문성과 능력을 고려하지 않고 각 군별 나눠먹기식 안배按配를 통해 파견하고 있다. 현재의 제도는 분명히 문제가 있으며, 이것 또한, 군별 이기주의의 한 단면이다. 무관은 육군이든, 해군이든, 공군이든 간에 가장 우수한 장교를 선발해 파견해야 한다. 파견 대상국 무관의 군종軍種이 수시로 바뀐다고 해서 무엇이 문제란 말인가. 우리는 군별 배려를 통한 지나친 형평을 강조하고 있는데, 이는 정상이 아니며 효율성을 심각하게 훼손하는 행위이다. 무관은 군종과 무관하게 경쟁을 통해 우수한 자원을 선발해 파견해야 한다. 무관은 지역 전문가를 꾸준히 양성해서 우수한 자원을 선별해 파견함으로써 목표하는 파견 목적을 달성하면 되는 것이다.

전략부서에서 근무할 인원들은 군사전략에 대한 이해를 높일 수 있도록 대학의 경영전략 과정이나 각 군 대학의 교육과정을 이수하도록 하고, 해당 국가 언어를 습득할 수 있도록 지도해야 한다. 그러려면 무엇보다 각 군 대학의 전략교육에 대한 보완이 시급하게 이루어져야 한다. 그리고 소정의 교육과정을 우수하게 마친 자원 중에서 경쟁을 통해 선발하고, 국외에 파견하여 현장에서 업무와 병행한 훈련 과정을 거치도록 한다면 보다 효율적인 전략 업무를 수행할 수 있게 될 것이다. 이것은 짧은 기간 내에 이뤄낼 수 없는 것이며, 중·장기적으로 추진해야 의미 있는 성과를 거둘 수 있다.

전략의 수립은 정교한 논리적 절차와 세밀한 분석 과정이 필요하다. 지금의 전략 수립 절차는 나름대로 논리적이고 정립되어 있기는 하나, 전략 수립 절차가 논리적이라고 해서 좋은 전략이 수립되는 것은 아니다. 민간 분야에서 발전하고 있는 경영전략 논리체계는 군의 군사전략 논리체계와 크게 다르지 않다. 민간에서 다루는 경영전략 분야에서는 더욱 분석적이고 체계적인 기법들이 계속 발전되고 있으며, 새로운 기법의 개발이나 학문을 도입하는 데 주저하지 않는다. 전략은 논리적인 수립 절차도 필요하지만, 발전하는 새로운 기법의 도입 노력과 함께 발전적 운용방안을 적극적으로 연구·발전시켜나갈 필요가 있다.

몇 해 전, 합참의 전략 분야에 근무하면서 실무자들에게 전략의 개념과 수립 절차에 대한 이해를 돕기 위한 윤독회輪讀會, 사례 교육, 전문가 초청 등의 과정을 통해 더 나은 교육기회를 제공하고자 노력했다. 그 당시 경영전략 분야에서 적용하고 있던 SWOTStrength, Weakness, Opportunity, Threat 분석기법을 도입하여 교육도 하고, 훈련을 통해 시범적으로 적용해보기도 했다.

전략은 수립 과정에서 전략의 수립과 실행에 미치는 영향요소를 식별하고, 각 요소의 영향과 요소 간의 상호작용에 대해 분석하는 절차를 거치게 된다. 이와 같은 분석을 얼마나 충실하게 수행했느냐에 따라 수립되는 전략의 질은 달라진다. 따라서 전략에 영향을 미치는 요소의 식별과 분석은 전략 수립의 첫 과정으로서 매우 중요한 작업이다. 이러한 초기 과정이 잘 이루어지면 그 다음 과정은 비교적 원활하게 진행될 수 있다.

군사전략과 경영전략을 수립하는 과정은 매우 유사한 논리적 절차와 흐름을 가지고 있다. 전략 수립 절차는 통상적으로 전략 환경 분석(거시환경 분석, 구조 분석, 내부 환경 분석)과 SWOT 분석을 통해 전략 수립과 실행을 위한 격차gap를 식별한 후, 차별화 전략을 수립하며, 핵심역량을 구축하는 흐름을 따른다. 최근 경영전략 분야에서는 각각의 분석 과정과 전략을 수립하는 과정에서 새로이 개발된 다양한 학문적 접근방법을 적용하고 있다. 거시환경 분석 단계에서는 TEPS 모형, 구조 분석 과정에서는 포터의 산업구조 분석 모형, 내부 환경 분석 과정에서 가치사슬 모형 등을 적용하고 있는 것이 대표적인 사례이다. 최근 발전되고 있는 기법들은 군사전략 수립 과정에서 누락을 방지하고 논리를 보강하여 객관성을 높이는 방법으로 유용하게 활용할 수 있을 것이다. SWOT 분석 역시 이러한 접근 노력 중 하나이다.

전략이 수립되면 다음 단계는 실행이다. 전략의 실행은 대단히 어렵다. 전략을 실행하는 일은 전략 담당 부서가 홀로 수행하는 것이 아니라 조직의 리더가 종합적인 관점에서 지속해서 관리하면서 수시로 결심을 하고 이끌어가야 하는 중요한 임무이다. 민간 분야에서 흔히 수립하는 경영전략도 실행이 제대로 이루어지지 않아 엉뚱한 결과를 초래하는 경우가 많다. 『전략 실행Making Strategy Work』을 저술한 레비니악Lawrence G. Hrebiniak 교수[6]가 지적했듯이, 전략의 실행을 방해하는 요소는 참으로 많다. 실행에 필요한 오랜 시간, 실행 과정에서 많은 사람을 개입시켜야 할 필요성, 허술하거나 모호한 전략, 조직 내 갈등, 허술하거나 부정확한 정보 교환, 실행 과정상의 불분명한 책임 소재, 조직문화, 변화관리 능력의 부재 등이 대표적이다.[7] 이러한 문제들을 하나하나 제대로 점검하고 실행한다고 해도 쉽지 않은 것이 전략의 실행이다.

우리의 군사전략 역시 이와 크게 다르지 않다. 시간과 노력을 들여서 전략을 수립하고 나면 정작 실행을 위한 고민과 노력은 매우 부족하다. 전략이 수립되면 관련 부서는 전략목표 달성을 위한 다양한 방책을 수

---

6 레비니악(Lawrence G. Hrebiniak) 교수는 펜실베이니아(Pennsylvania) 대학교 와튼 스쿨(Wharton school)의 경영학 교수이며, 전략 분야의 저명한 학자로 인정받고 있다. 그의 이름 Hrebiniak은 히레비니액, 흐레비니악 등 여러 가지로 발음하기도 하나, H가 묵음(默音)으로 '레비니악'이라고 발음하는 것이 맞지 않을까 생각한다.

7 Lawrence G. Hrebiniak, *Making Strategy Work: Leading Effective Execution and Change* (New Jersey: Pearson FT Press, 2013). 이 책은 "전략실행–CEO의 새로운 도전"이라는 제목으로 2006년 AT커니 코리아 이재욱 대표가 번역하여 럭스미디어에서 발간, 국내에서 소개되었다.

립하고 자신들이 운용하는 정책 수단의 집행을 통해 전략을 실행한다. 우리 군의 모습은 어떨까? 일반적으로 전략의 실행에 실패하는 조직의 모습과 크게 다르지 않다. 우리가 전략서를 발간하고 난 후, 과연 얼마나 자주 읽어보고 수립된 전략의 실행을 위해 얼마나 고심苦心하고 있는가를 되새겨보면 쉽게 진단할 수 있다. 전략서는 발간하고 나면 캐비닛의 장식품으로 전락하는 경우가 허다하다.

군 임무 수행의 근간이 되는 군사전략은 치밀한 분석 과정을 거쳐 수립되어야 하고, 집념을 가지고 실행하기 위해 노력을 기울여야 한다. 군사 지도자들은 군사전략을 담당하는 부서의 편성 및 교육과 전략의 수립부터 실행, 평가에 이르기까지 좀 더 정교하게 발전시켜나갈 수 있도록 책임 있는 노력을 끊임없이 기울여야 한다. 가장 중요한 것은 전략 분야 인재를 양성하기 위한 노력이다. 이러한 노력은 지금부터라도 늦지 않다. 지금까지 충분한 경험과 시행착오 과정을 거쳤다고 생각한다. 그렇다면 누가 해야 할 것인가? 군 지도부가 스스로 착안해서 추진해나가는 것이 가장 바람직하다. 군 지도부가 대승적 차원에서 조직 이기주의를 배제하고 리더십을 발휘하여 이끌어나간다면 결코 불가능한 일이 아니다.

그러나 간과해서는 안 될 것 중 하나는 군의 최고 책임자 자신이 전략가가 되어야 한다는 것이다. 그저 자리 메우기식의 보직 및 인재 운영으로는 달성할 수 없는 것이다. 모든 조직의 리더는 조직의 성패에 대해 무한 책임을 져야만 한다. 조직의 목적 달성을 위해 전략을 실행하는 과정에서 불확실한 상황을 바탕으로 연속적인 결심을 하면서 조직을 이끄는 것은 바로 조직의 리더이기 때문이다. 헬무트 폰 몰트케 장군이 "베일에 가려진 듯 불확실한 상황에서 현상을 평가하고, 명확하지 않은 것을 분명하게 정리하고, 빠르게 결정을 내린 다음 그 결정을 강력하고도 꾸준히 실행하는가에 의해 모든 것이 좌우된다"라고 지적한 것처럼, 전략은 불확실성 속에서 연속적으로 어려운 결정을 해나가는 과정이기 때문에 군의 최고 책임자는 전략가가 지녀야 할 자질과 능력을 갖춰야 한다.

(4) 독자적 군사사상을 발전시킬 수 있는 군대

우수한 군과 우수하지 않은 군, 즉 강한 군대와 강하지 않은 군대의 차이는 무기체계의 차이에서 나타나는 것이 아니다. 병력의 규모에 의해 결정되는 것도 아니다. 전쟁이 발발勃發하면 어느 군대나 초기에는 수많은 시행착오와 잘못을 범하고 극심한 혼란을 겪기 마련이다. 잘 편성되고 훈련된 우수한 군은 짧은 시간 안에 과오로부터 벗어나서 초기의 혼란을 수습하고 본연의 임무를 성공적으로 수행할 수 있다. 그러나 우수하지 않은 군은 초기의 혼란을 극복하지 못하고 또 다른 수많은 잘못을 반복적으로 불러일으키며, 종국終局에는 불필요한 피해를 키우거나 자멸하게 된다. 초기의 혼란과 잘못의 수습 능력은 평소 잘 편제된 부대와 합리적으로 정립된 교리, 철저하게 훈련된 결과에 따라 발현되는 것이다. 이스라엘 군대가 하루의 작전을 끝낸 후에 그날 작전에 대해 되짚어보고 반성을 통해 결함을 찾아내어서 다음 작전에서 잘못을 되풀이하지 않으려고 노력하는 것도 바로 이러한 연유 때문이다.

군을 혁신하는 과정에서 운용체계를 다듬는 일은 매우 중차대하고도 어려운 일이다. 근래에 들어 'How to Fight'에 대해 여러 차례 논의가 이루어졌으나, 결국 'How to Fight'라는 용어를 쓰지 않기로 했다고 한다. 문제는 그러한 개념의 용어가 있고 없고에 있지 않다. 무엇보다 중요한 것은 우리가 군사 문제 전반에 대해 올바르게 이해하고, 우리의 현실과 잘 조화되도록 다듬어가는 일이다. 이를 위해서는 지도 능력을 갖춘 우수한 군 지도자와 운용교리에 정통한 인재를 키워나가는 노력이 함께 뒷받침되어야 한다. 우리는 독자적인 군사사상이 있다고 말하기 어렵다. 물론 우리의 선조들은 독자적인 군사사상을 발전시켜왔으나, 지금은 외국군 교리의 무분별한 도입과 접목, 다듬어지지 않은 비체계적인 교리의 혼용 등으로 인해 상당히 혼란스러운 상황에 빠져 있다.

미국이나 독일의 경우, 교리를 개발하고 작성하는 인력들은 해당 계급과 분야에서 최고의 인재들을 엄선하여 책임을 맡긴다. 그들은 교리를 작성하는 과정에서 군 최고 지도자의 지침에 따라 수직·수평적으로 연결되는 체계적이고 탄탄한 논리로 구성된 교범을 작성한다. 우리는 어떠한가? 우리는 전·후방 각지에서 근무하다가 순환보직원칙에 의해 교리 작성 부서에 모여든 장교들이 아주 작은 예산과 제한된 짧은 시간에 교범을 작성해야만 한다. 이미 작성된 다른 교범과의 연계성, 논리적 타당성, 적용 가능성 등을 제대로 살펴볼 여건도 되지 않는다. 참으로 어려운 여건에서 군 운용과 편성의 논리적 기초가 되는 교리를 만들고 있다. 이렇게 해서는 올바른 교리업무를 수행할 수가 없다. 창의적인 아이디어까지 기대하지는 않더라도 논리적으로 흐름이 맞고 부대에 편성된 능력으로 실행에 옮길 수 있는 짜임새 있는 교리를 만들어야 한다.

과거 교범을 보면서 교범의 앞뒤 부분이 서로 상치되는 문제가 발견되어 교리 작성 부서의 담당자에게 문의한 적이 있었다. 그 당시 담당 장교는 나름의 고충을 토로했고, 그렇게 될 수밖에 없었던 이유를 설명했다. 교범 작성 당사자는 해당 부서에 보직될 때까지 해당 교리를 운용하는 부대에서 단 한 번도 근무한 경험이 없었기 때문에 교리를 살펴보거나 적용해볼 기회가 없었다고 한다. 또한, 상급자로부터 지침다운 지침도 부여받은 적이 없음은 물론이다. 결국, 본인도 잘 모르는 임무를 부여받아 그저 관련 자료를 찾아서 짜깁기하는 형식으로 교리를 작성했다는 하소연 형식의 답변만을 들을 수 있었다.

이순신 장군이 임진왜란에서 거둔 승리도 잘 분석해보면 많은 교훈을 얻을 수 있다. 과거 우리의 선조들이 이룩한 군사적 업적이나 실패를 분석하여 잘 정리하면 우리의 환경과 여건에 맞는 군사사상을 발전시키는 것도 불가능하지 않다. 이순신 장군이 임진왜란 당시 해전에서 거둔 23전 23승의 비결은 다름 아닌 충분한 사전 준비와 탁월한 전략에서 기인한 것이며, 명확한 목표 설정과 잘 준비된 수단, 그리고 효율적인 전술 운용이 조화된 결과이다. 베트남전에서 보응우옌잡Võ Nguyên Giáp 장군이 프랑스군과 미군을 상대로 승리를 거두는 데 기초가 되었던 전략도 이순신 장군의 전략과 크게 다르지 않다. 이순신 장군과 보응우옌잡 장군이 구사한 전략은 "원하는 시간과 장소에서 자신이 원하는 만큼 준비되지 않으면 싸우지 않는다"는 것이다. 마오쩌둥毛澤東의 16자 전법[8] 역시 이 틀에서 벗어나지 않는다. 물론 이러한 방법론은 모든

---

8 마오쩌둥의 16자 전법은 국민당 정부와 싸울 때 사용했던 게릴라 전법으로서, 적이 공격하면 후퇴하고(敵進我退), 적이 멈추면 교란하고(敵駐我擾), 적이 피로하면 공격하고(敵疲我打), 적이 퇴각하면 추격한다(敵退我追)는 것이다.

상황에서 공통으로 적용될 수 있는 것이 아니지만, 충분히 숙고해볼 가치가 있다. 모든 군사적 대응은 시간과 공간, 그리고 가용 자원, 피아 분석 결과 등을 종합적으로 검토해서 결론에 도달할 수 있어야 한다.

조선 후기 1809년, 이정집과 그의 아들인 이적은 당시 무사武士들이 병서의 본뜻을 제대로 이해하고 응용하려 하지 않음을 개탄하고, 그 병폐를 바로잡고자 『무경칠서武經七書』 등 여러 병서를 발췌하여 정리한 『무신수지武臣須知』라는 병학서를 발간했다. 이정집은 장재將才, 경권經權, 진법陣法 등으로 나누어 편집하면서 여러 병법에서 우리 실정에 맞는 내용을 고루 수용할 것을 주장하고, 주해 부분에서 많은 개선책을 제시했다. 이정집이 완성하지 못하고 죽자, 주해註解의 상당 부분은 그의 아들 이적이 17년 만에 완성했다고 한다. 지금 우리는 군사 문제를 다룸에 있어서 이정집이 개탄했던 그 당시의 무관들과 같이 병서와 교리의 본뜻을 제대로 이해하지 못하고 군사 문제를 다루고 있는 것은 아닌지 한 번쯤 되짚어볼 필요가 있다.

6·25전쟁이 끝난 이후, 우리 한국군은 미군의 지도指導에 따라 군을 재건했으며, 많은 선배가 미국과 독일 등지에서 선진 군사사상과 군사제도를 배워왔다. 그러나 그러한 경험과 노력은 충실한 논의 과정을 거쳐 체계적으로 발전시키려 하기보다는 자신이 배워온 지식을 단편적으로 전파하고 적용하려는 시도에 그친 경우가 대부분이었다. 만약 일본이나 이스라엘, 싱가포르처럼 외국으로부터 선진 군사사상과 군사제도를 도입하여 내재화하는 과정을 충실히 거쳤다면 우리 고유의 현대식 군사제도를 발전시킬 수 있었을 것이다. 자국 고유의 군사사상과 군사제도를 발전시키는 것은 결코 쉬운 일이 아니다. 그것은 근본적인 문

제에 대해 질문을 던져가면서 깊은 사고와 치열한 논쟁 등을 통해 합의에 이르는 힘든 과정을 거쳐야만 하는 매우 어려운 일이다. 그런 과정을 충실하게 거쳐야만 이해를 공유하기 쉽고, 합리적인 결론을 끌어냄으로써 강요나 일방적 지시가 아닌 자발적 합의合意를 도출해낼 수 있기 때문이다. 우리는 근대적 군대를 보유한 기간도 짧고, 운용해본 경험도 많지 않다. 베트남전 등을 통해 많은 실전 경험도 쌓았으나, 그 소중한 경험을 충분히 활용하지 못했다. 과거 우리가 겪은 경험은 우리에게 매우 소중한 자산이다. 우리는 적지 않은 직접 경험과 타국으로부터 배울 수 있는 간접 경험, 그리고 우수한 인적 자원을 가지고 있다. 즉, 우리는 우리에게 맞는 군사제도를 만들 수 있는 능력을 갖추고 있는 것이다. 문제는 올바르게 방향을 제시하고 후배들을 이끌어주며 지도해줄 수 있는 훌륭한 리더가 보이지 않는다는 것이다. 그러나 지금이라도 중지를 모아 충실한 논의 과정을 거친다면 불가능하지 않다. 늦었다는 생각이 들더라도 될 수 있는 대로 빨리 다시 시작하는 것만큼 좋은 것은 없다.

미군도 현재 'How to Fight'라는 용어나 개념을 쓰지 않고 있다고 한다. 미군이 사용하지 않는 이유는 '어떻게 싸울 것인가'에 대한 견해가 이미 충분히 공유되어 있고, 그들의 군사체계 속에 녹아 있으므로 더 논의할 필요성이 없는 것이다. 우리는 미군이 사용하지 않는다고 해서 왜 그러한 용어나 개념이 없어졌다고 단정하고 우리도 쓸 필요가 없다고 생각하는 걸까? 과연 'How to Fight'라는 용어나 개념은 불필요한 것일까? 아니면 우리가 미군만큼 개념 형성 과정을 충분히 거쳤기 때문에 이제는 논의가 필요 없는 것인가? 1990년대 후반에 미군에서 활발히 논의되었던 Find - Fix - Finish 개념과 네트워크 중심전NCW, Network Centric Warfare 개념은 How to Fight가 아니라면 무엇이란 말인가?

미군은 베트남전에서의 좌절을 극복하기 위해 1970년대 초반부터 'How to Fight' 개념 정립을 위해 Active Defence → Deep Attack → Extended Battlefield → Integrated Battlefield → Air Land Battle → Air Land Operation 등 여러 가지 개념의 적용과 논의 과정을 거쳐왔다. 미군은 오랫동안 베트남전에서의 실패를 되새기고 4차 중동전쟁의 원인과 진행 경과, 결과 등에서 교훈을 도출하면서 향후 나아갈 방향을 모색하기 위한 다양한 노력을 꾸준히 기울여왔다. 4차 중동전쟁에서 시리아의 수도인 다마스쿠스Damascus를 겨냥하는 쿠네이트라Quneitra 통로에서 결정적 임무를 수행한 펠레드Peled 사단의 전술적 운용은 미군의 교리 발전에 커다란 영감을 주었다. 당시 미군의 교리 발전을 이끌었던 윌리엄 드퓨이William Eugene DePuy 장군, 돈 스태리Donn A. Starry 장군과 돈 모렐리Don Morelli 장군 등의 노력에 힘입어 1977년 이후 적용되고 있는 새로운 제병협동 교리를 정립할 수 있었다.

1970년대 미 육군은 훈련교리사령부TRADOC, TRAining & DOctrine Command가 중심이 되어 위에서 열거한 'How to Fight' 개념들을 공유하며 발전시켜왔다. 그러한 노력은 1977년 교리의 대대적인 변화를 끌어냈으며, 공지전투Airland Battle과 86 Army Division으로 귀결되었다. 그 후, 1991년에 이루어진 쿠웨이트 해방작전은 미군이 오랫동안 추진해온 결과를 종합하여 수행한 최초의 전쟁이었다. 걸프전이 끝나자, 미군은 예상하지 못했던 전쟁의 진행과 결과에 대해 자신들도 놀랐다. 그 후, 2년여의 연구 과정을 거쳐 오늘날 군사혁신RMA, Revolution in Military Affairs으로 알려진 또 하나의 변혁을 추구하기에 이르렀다.

공지전투 개념과 1986년 제정된 골드워터-니콜스 법안Goldwater-Nichols Act에 의해 추진된 합동성 강화는 지금도 미군 운용 개념의 바탕을 이루고 있다. 걸프전이 끝나고 분석 과정을 거친 다음, 1994년 이후부터 군사혁신이 본격적으로 추진되면서 미군은 또 한 번 변화의 과정을 맞이하게 되었다. 그 이후에는 여건조성작전SO, Shaping Operations, 신속결정적작전RDO, Rapid Decisive Operations, 효과중심작전EBO, Effect Based Operations 등의 개념이 발전되었다. 1998년에 등장한 네트워크중심전Network Centric Warfare을 기반으로 전장을 구성하는 각 기능이 효율적으로 작동하도록 함으로써 시너지 효과를 극대화하고자 하는 NECNetwork Enabled Capability, Power to the Edge, 중국의 반접근지역거부A2AD, Anti-Access Area Denial에 대응하기 위한 공해전투Air-Sea Battle, 그리고 공해전투에서 지상전 개념을 보다 강조한 공역접근 및 기동을 위한 합동 개념JAM-GC, Joint Concept for Access and Maneuver-Global Commons 등 다양한 개념들을 발전시켜왔다. 그러나 그 근간에는 엄호와 기동, 제병협동, 합동, 연합 등 군사력 운용을 위한 기본 개념들이 자리 잡고 있다. 오늘날과 같은 세계 최강의 미군은 거저 얻어진 것이 아니다. 개념의 정립과 발전 과정에서 논의되었던 주제들은 새로운 개념이 등장했다고 해서 기존의 개념이 완전히 없어지거나 대체되는 것이 아니라, 기존의 개념과 통합 또는 융화되어서 발전되는 과정을 거친 것이다.

그렇다면 미군이 과연 'How to Fight' 개념을 사용하지 않는다고 단정할 수 있는가? 'How to Fight'는 모든 단계에서 필요한 것이다. 다만 그것을 표현하는 방법과 적용이 다를 뿐이다. 'How to Fight'는 군사력의 구성과 운용의 기초를 제공하기 위해 개념 단계에서도 필요한 것이고, 전략, 작전술[9], 전술[10] 등 운용 차원에서도 군사력 운용의 구체화를 위해서 필요한 것이다. 'How to Fight'는 군사력의 구성과 운용의 기초를 제공하기 위한 개념 구상 단계에서는 운용 개념으로, 전략 차원에서는 전략 개념으로, 작전술과 전술 차원에서는 작전 개념으로 표현되고 기술된다. 그 차이를 이해하는 것은 군사력의 구성과 운용을 결정하는 데 있어 매우 중요한 기초가 된다.

---

9 '작전술'은 전략지침으로 제시된 군사전략 목표를 달성하기 위한 유리한 상황을 조성하는 방향으로 일련의 작전을 계획하고 지시하며, 전술적 수단들을 결합 또는 연계시키는 활동이다.

10 '전술'은 작전 목적을 달성하기 위해 부대나 병력을 배치·기동하거나 상황에 맞게 운용하는 방법과 기술이며, 전략이나 작전술에 비해 국부적이고 단기적인 성격을 띤다.

CHAPTER 2

우리의 전략환경과 방어 기조

1. 우리의 태생적 환경

우리나라는 지구촌 면적의 3분의 1이나 차지하는 유라시아 대륙의 동쪽 끝에 있다. 또한, 지구촌 전체 해양의 절반을 차지하는 태평양에 연해 있는 반도국가이다. 우리의 경제력이 세계 10위권에 이를 정도로 비약적 발전을 해왔으나, 워낙 커다란 강대국들에 둘러싸여 있기 때문에 국가적 위상의 차이를 극복하기란 좀처럼 쉽지 않다. '일본日本'이라는 해양세력이 세계사의 무대에 본격적으로 등장하기 이전에는 '중국中國'이라는 대륙세력만을 고려한 전략적 관계를 설정해나가면서 생존과 번영을 모색하면 되었다. 하지만 일본이 150여 년의 전국시대를 끝내고 통일된 세력으로서 세계사 무대에 등장한 16세기 후반부터 한반도에 직접적인 영향을 미치기 시작했다. 이로 인해 우리는 대륙세력인 중국과 해양세력인 일본을 동시에 고려하지 않으면 안 되는 전략적 상황에 직면하게 되었다.

동북아 3국의 운명은 19세기 후반에 크게 갈렸다. 중국은 청나라가 지배하면서 서태후가 실권을 장악하고 국가의 안위와 장래를 생각하기보다는 독일 회사로부터 뇌물을 받고 전력 배선을 맡기는 등 사사로운 개인의 이익에 집착執着했다. 조선은 영조英祖의 계비인 정순왕후 등 외척세력이 자기 일가의 영화를 위해 정조 시대를 거치면서 싹트고 있던 실용주의와 혁신의 조짐마저 말살시켜버렸다. 특히, 조선의 22대 왕인 정조正祖가 갑자기 세상을 뜨자, 약 20여 년간 왕권 강화를 위해 추진해왔던 장용영壯勇營 설치 등 국방개혁이 물거품이 되어버리고 불과 100여 년 뒤에 국권國權을 상실하는 뼈아픈 일을 겪게 되었다.

그러나 일본은 국력 신장의 필요성과 서양 문물을 받아들이지 않으면 국가생존이 위태로워질 수 있다는 절박한 인식에 기초하여 유럽의 문명을 적극적으로 받아들였다. 당시 일본만이 기술과 지식을 흡수하는 데 집중할 수 있었던 이유에 대해 일부 일본의 학자들은 다음과 같이 요약하고 있다.[11] 첫째, 산업을 일으키고자 하는 욕구가 컸고, 둘째, 일본은 국가생존이라는 목적을 달성하기 위해 사활을 걸어야만 했다. 셋째, 일본의 권력 구조가 중국과 조선과는 달리, 메이지明治 천황과 번벌藩閥이 같은 제도 속에서 공존하는 유기적 구조를 이루었으며, 넷째, 중국과 조선의 왕조가 유교에 속박되어 있었다면 일본은 15세기 중반부터 17세기 초까지 이어졌던 전국시대를 지나오면서 전쟁에서 승리하기 위한 실효적인 판단을 내리는 데 이미 익숙해져 있었기 때문이라는 것이다. 특히, 네 번째 항목은 일본이 오랜 전쟁 경험을 통해 생존에 관한 학습 과정을 거치면서 외세로부터 나라를 지켜나가야 한다는 지식층의 목표 지향적 사고를 형성하게 만든 근본적인 원인이 아닌가 생각된다. 19세기 중반에 들어서자 일본은 고유의 전통과 정신을 지키면서 서양의 기술을 받아들인다는 '화혼양재和魂洋才'와 왕을 높이고 서양 오랑캐를 배척한다는 '존왕양이尊王攘夷'라는 가치 기준을 설정하고 국민을 결집해나갔다. 그 결과, 1600년대 초 일본의 국부國富는 조선의 2배 정도 수준이었으나, 구한말舊韓末에 이르러서 4배 이상으로 성장할 수 있었다.

19세기 조선과 중국, 일본 세 나라의 선택은 당시 국가의 운명과 장래에 커다란 영향을 끼쳤다. 우리는 잘못된 선택으로 인해 지난 20세기는

---

11 고토 히데키, 허태성 옮김, 『천재와 괴짜들의 일본 과학사』(서울: 부키, 2016), pp. 25~26.

물론, 지금까지도 극심한 질곡의 과정을 거쳐야만 했다. 시대 변화에 부응하는 현명한 선택을 했던 일본은 오늘날과 같은 국제적 위상과 번영의 기초를 이룰 수 있었다. 그중에서도 메르켈Klemens Wilhelm Jacob Mekel 소령[12]을 통한 독일 군사제도의 도입과 아키야마 요시후루秋山好古[13]의 프랑스식 기병제도 도입, 사쓰마薩摩를 중심으로 한 영국식 해군 건설 등 메이지明治 시대 군의 쇄신은 19세기 말과 20세기 초에 일본이 국제사회에 강국으로 등장하는 데 커다란 밑거름이 되었다. 그러나 1920년대에 들어서면서 조슈長州와 사쓰마 등 번藩 중심의 파벌주의, 적의 허虛를 찌르는 야습 등 기습공격 우선주의, 병사에게 정신력과 죽음을 강요하는 정신제일주의, 핵심 간부의 잘못에 대한 과도한 감싸주기 등이 만연하면서 치명적인 과오들이 확대·재생산되었다. 결국에는 그러한 폐해들이 쌓여 극단적 실패에 이르는 결과를 초래하고 말았던 것이다.

국제사회에서 힘으로 뒷받침되지 않는 정의는 정의가 아니다. 더욱이 상대방의 선의善意에 의존해서 국가의 생존과 이익을 추구하는 것은 순진하다 못해 어리석고도 치졸한 자기중심적 사고이다. 국가안보를 적대적인 상대방의 선의에 기대하는 것이 얼마나 어리석은 행위인가는 역사를 통해서 많은 사례를 찾아볼 수 있다. 국제사회에서 강대국

---

12 메르켈(Klemens Wilhelm Jacob Mekel, 1842~1906)은 독일의 몰트케 참모총장의 추천으로 일본 육군대학 교관으로 부임하여 1885년부터 1888년까지 일본군의 참모장교 양성을 맡았다. 또한 1886년 독일군의 경험을 토대로 기동력 있는 일본의 상비군제도 확립에 이바지했다. 특히 중대, 대대, 연대, 사단 등의 편제 도입과 보급체계, 위생시설 등을 갖춘 근대적 체계를 갖춘 군대를 만드는 데 결정적인 역할을 했다.

13 아키야마 요시후루는 독일 유학을 희망했으나, 프랑스 유학을 결정한 번주(藩主)를 수행하여 프랑스식 양마(養馬) 및 조련술을 도입하여 일본에 적용했다. 그는 본인이 양성한 기병대를 이끌고 봉천회전에서 러시아의 코사크 기병대와 접전을 벌였으며, 일본 기병의 아버지로 불린다.

의 일방적인 양보나 강요되는 책임 부담 없이 약소국의 자존自存[14]과 이익을 온전히 지킬 수 있는 타협이란 있을 수 없다. 동맹 역시 자기 국가의 이익을 실현하는 방편에 불과할 뿐이다. 정의와 평화, 인류의 보편적 가치를 내세우는 국가라 하더라도 자국의 이익과 상치相馳되는 상황에서 일방적인 양보는 하지 않는다. 국가를 스스로 지켜낼 수 없다는 것은 자신의 운명을 스스로 결정할 수 없다는 것을 의미한다. 국제사회에서 스스로 지킬 의지와 능력을 갖추지 못하면 멸시받고 자유조차 누릴 권리마저 무시당하기에 십상이며, 자신의 운명을 스스로 결정할 수 있는 권리도 인정받을 수 없는 것이다. 자주와 자유를 누리면서 발전을 지속해나가기 위해서는 자신의 운명을 스스로 결정할 수 있는 능력을 갖추는 것 이외에 다른 방법은 없다. 국제사회에서 능력이 뒷받침되지 않는 주장은 공허한 메아리에 불과하며, 자신의 운명을 결정하는 자리에도 참여할 수 없음은 물론이다.

카터Jimmy Carter 행정부에서 국가안보보좌관을 역임한 브레진스키Zbigniew K. Brzezinski 박사는 그의 저서著書에서 미래 한국이 동북아 환경에서 생존하기 위해서는 중국의 영향권에 들어가거나, 일본과의 전략적 연대를 통한 안보 협력을 강화해나가거나, 독자적 핵무장을 통해 생존을 모색하는 방안 이외에는 없다고 지적한 바 있다.[15] 브레진스키 박사의

---

14 자존(自存)은 자기 자신의 힘으로 생존하는 것이다.

15 즈비그뉴 브레진스키(Zbigniew K. Brzezinski)는 폴란드계 미국인 정치학자로서, 1977년부터 1981년까지 백악관 안보담당 보좌관으로 일했다. 그는 2017년 5월 26일 서거(逝去)했다. Zbigniew K. Brzezinski, *Strategic Vision: America and the Crisis of Global Power*(New York: Basic Books, 2013).

지적은 지금 우리가 미국과 '상호방위조약'이라는 안보동맹에 우리 국가의 안위를 의존하고 있으나, "한미동맹은 영원할 수 없다"라는 명제命題를 지적한 것이 아닌가 생각된다. 동맹은 영원불변永遠不變한 것이 아니며, 국제사회의 이해관계 변화에 따라 언제든지 바뀔 수 있는 것이다. 그러므로 자국自國의 안보를 스스로 지켜낼 수 있는 능력을 갖추기 위해 끊임없이 노력해야만 하는 것이다. 동맹은 부족한 능력을 보완해줄 수 있을 뿐 영원한 것이 아니며, 국가안보는 국방부와 군이 전담하는 전유물도 아니다. 이 땅에서 살아가는 우리 모두의 책임이자, 의무인 것이다.

최근 미국의 안보정책 기조는 자국의 본토 방어에 주력하면서 국제분쟁에 대한 개입을 최소화하고, 동맹 및 우방과의 협력을 통한 공동 대응의 필요성을 강조하고 있다. 한반도에서 전쟁이 발발한다고 하더라도 6·25 당시와 같이 미국이 지상군을 대규모로 투입할 가능성은 거의 없다. 한국에서 전쟁이 발발할 경우, 미국 국민이 직접 피를 흘려야 하는 지상군의 파견은 최소화하고 해·공군력 위주로 지원할 것이라는 조짐은 이미 오래전부터 여러 군데에서 감지되었다. 한반도에서 전쟁이 발발하면 수십만 명의 미군이 증원되어 함께 싸워줄 것이라는 기대는 우리의 희망이며, 서류상으로 존재하는 계획일 뿐이다. 자국의 안보는 스스로 지켜내야 하고, 우방국의 도움은 항상 가변적일 수밖에 없다는 것을 우리가 잊어서는 안 된다. 독립국이라면 자신의 안위安危는 자기의 능력에 기초하여 스스로 감당해낼 수 있어야 한다. 즉, 자신의 안위를 외부에 의존해서는 안 되는 것이다.

2005년 미국의 배우 니콜라스 케이지Nicolas Cage가 무기상으로 주연한 〈로드 오브 워Lord of War〉는 1992년 우크라이나에서 4조 원 규모의 무기가 감쪽같이 사라진 사건을 배경으로 하고 있다. 이 영화는 소련의 해체로 독립을 얻은 우크라이나에서 벌어진 국제 무기밀매 실태를 고발하기 위해 실화를 바탕으로 제작된 것이다. 우크라이나가 강국 간의 안전보장각서에 자국의 안보를 맡긴 1994년은 그들에게는 매우 어려운 시기였다. 우크라이나는 소련이 붕괴한 이후인 1991년 전략 및 전술 핵무기를 러시아에 이관하기로 합의했고, 미국과 러시아, 우크라이나 3국은 핵무기 이관과 우크라이나 안전에 관한 협상을 추진했다. 우크라이나는 1994년 12월 부다페스트Budapest에서 열린 유럽안보협력기구OSCE, Organization for Security and Cooperation in Europe 정상회의에서 핵확산금지조약 주도 국가인 미국과 영국, 러시아의 '우크라이나 안전보장 각서'를 받는 조건으로 핵무기 이양에 동의했다. 이 협정에 따라 1995년 5월 핵무기 전량을 러시아로 이관했으며, 우크라이나가 보유하고 있던 미사일 관련 기술 또한 러시아로 이관했다. 그 후, 좀처럼 정국의 안정을 되찾지 못한 우크라이나의 군비軍備는 부패 관료들에 의해 내부에서부터 처참하게 무너져 내렸다. 그뿐만 아니라 자국의 안보를 국제협약에 의존하려는 천진난만하고도 안일한 사고思考가 불과 20년도 채 되지 않은 2014년에 이르러서 크림반도의 상실, 그리고 내부적 분열과 첨예한 대립, 내전으로 점철된 국가위기를 유발하게 된 것이다. 결국, 강대국들이 우크라이나의 안전을 보장한다는 '우크라이나 안전보장각서'는 휴지 조각에 불과했다.

우리는 지정학적地政學的으로 강대국에 둘러싸여 살아갈 수밖에 없다. 우리는 제한된 틀 안에서 국가생존과 번영을 모색해야 하며, 주어진 상황에서 지혜롭게 국력을 결집하고 운용할 줄 아는 혜안慧眼을 키워나가지 않으면 안 된다. 가장 쉬운 방법은 강대국에 적당히 양보하고, 비굴

하지만 그들의 비위를 맞춰가면서 생존하는 것이다. 우리의 역사를 되돌아보면 '조선朝鮮'이 그러했다. 그러나 외세에 의존하는 것은 옳은 답이 아니다. 조선은 우리에게 훌륭한 전통과 유산을 물려주었으나, 안보 문제에 있어서는 많은 문제점과 후유증을 남겼다. 우크라이나 사태에서도 알 수 있듯이 국제협약이나 협정은 국제정치 상황 변화에 따라 언제든지 휴지 조각이 될 수 있는 것이다. 한미동맹이 우리에게 매우 소중하지만, 그것 역시 가변적인 것이며, 영원하지 않을 것이다. 우리가 이를 자각하고 제대로 준비해나갈 때 비로소 우리는 자주 독립국이라는 자존감과 국가의 정체성을 이어갈 수 있는 것이다. 그렇다면 우리는 국가생존의 기틀을 마련하기 위해 무엇부터 어떻게 해야 할 것인가? 그 해답은 참으로 단순하고도 명약관화明若觀火하다.

2. 전략기조: '강소국' 지향

우리나라는 장차 어떠한 국가를 지향해야 할 것인가? 우리가 더 나은 미래를 준비하려면 미국과의 동맹체제 변화에 대비하면서 '강소국强小國'을 지향해나가는 것이 가장 올바른 노력의 지향점이다. 여기서 '강소국'[16]이

16 '강소국'이라는 개념 제시는 국가가 지향하는 가치와 이익을 지켜내고 지속 발전할 수 있는 핵심 역량을 갖추어야 함을 강조하기 위한 것이다. 강소국이 갖추어야 할 핵심 역량은 인구의 규모와 국토의 넓이, 각 국가가 처한 환경 등에 따라 다양하게 규정할 수 있으며, 상대적인 것이다. 강소국은 국가의 생존과 자존을 지켜나가면서 국가의 지속 발전을 추구할 수 있는 수준의 핵심 역량을 갖추어야 하며, 이를 위해 국방력, 경제력, 기술력 분야에서 자생 능력을 갖추는 것이 중요하다. 이 3가지 분야에서 스스로 자립할 수 없다면 강소국은 지향할 수 없다.

란 '작지만 강한 군사력을 토대로 경제적 자립과 기술적 독자성을 갖춤으로써 위기가 닥쳤을 때 스스로 지켜낼 수 있는 국가체제'를 의미한다. 자국의 이익을 최우선시하는 국제무대에서 자주 독립국으로서의 자존自尊을 지키고 발전을 지속해나가기 위해서는 그에 필요한 능력을 반드시 스스로 갖추어야 한다. 여기서 능력이란 앞서 언급한 일정 수준의 군사력과 경제력, 과학 기술력을 의미한다. 비록 작은 나라일지라도 전략적 선택과 집중을 통해 얼마든지 생존과 번영을 추구할 수 있다. 국가가 스스로 지킬 수 있는 능력을 갖추지 못하면 많은 것들을 감내해야만 하며, 결정적인 순간에는 뼈아픈 굴욕을 당할 수도 있음을 명심해야 한다.

임진왜란과 병자호란이 일어났던 1500년대 전후 동북아 3국의 국력은 커다란 차이가 있었다. 학자들의 연구결과에 의하면, 인구 규모만 보더라도 임진왜란 시점에 중국의 인구는 1억 5,000만, 일본의 인구는 3,200만, 조선의 인구는 500만~600만 명에 불과했고, 당시 조선의 수도인 한양의 인구는 13만 명이었다고 한다. 그러나 임진왜란이 끝나고 난 뒤 조선의 인구는 65만 호, 즉 250만 명 수준으로, 수도인 한양漢陽의 인구는 6만 명으로 줄어들었다고 한다. 이 수치數値는 임진왜란이 우리 민족에게 얼마나 큰 수난을 겪게 했는지를 짐작케 하고도 남는다. 임진왜란을 통해 약 10만여 명의 조선인이 일본으로 끌려갔으며, 돌아온 사람은 6,000여 명에 불과했다. 40여 년 후에 일어난 병자호란에서는 50만~60만 명 정도가 끌려갔다고 한다. 그러나 돌아온 사람은 얼마나 되는지 파악조차 되지 않았다.[17] 당시 북경의 인구가 60만 명 수

---

17 한명기, 『역사평설 – 병자호란 2』(서울: 푸른역사, 2013), pp. 284~287.

준임을 고려한다면 얼마나 많은 인원이 끌려가는 수모를 당했는지 알 수 있다. 일본의 식민지 지배를 받으면서도 징용이나 위안부 등으로 수많은 사람이 끌려갔고, 그 많은 고초를 겪지 않았는가. 또한, 6·25전쟁에서 남한의 희생자는 군인과 남측 민간인 모두 합쳐 160여만 명이 넘었으며, 북한군까지 더하면 240여만 명, 북측 민간인은 통계조차 없다. 이런 수모를 도대체 언제까지 되풀이할 것인가. 이처럼 엄청난 수의 사람들이 얼마나 험한 고초를 겪었는지에 대해 헤아릴 수 없이 많은 기록이 남아 있음에도 불구하고, 오늘날 우리는 그런 사실조차 까맣게 잊고 있다.

오늘날 지구촌은 다양한 네트워크와 이해관계로 얽힌 국제화 시대를 맞이하고 있으며, 어느 나라든 간에 완전한 자립自立은 가능하지 않다. 그러므로 상호 의존적인 관계를 맺고 선린우호善隣友好 차원에서 협력은 하되, 일방적으로 끌려다니지 않을 수 있는 정도의 국가 역량은 반드시 갖추어야만 한다. 우리가 주변 강국들의 의지대로 휘둘리지 않고 독자적인 목소리를 내려면 상대적으로 '작지만 강한 대한민국大韓民國'으로 나아가지 않으면 안 되는 것이다. 강대국들의 일방적인 통상보호주의, 일부 패권국들의 자원선점주의 등에 맞서야 하는 경제 환경 속에서도 우리의 군사력은 국가의 정책을 힘으로 뒷받침할 수 있는 능력이 있어야 한다. 그러므로 군 또한 '작지만 효율성이 높은 군'을 지향하지 않으면 안 된다. 작다는 것은 상대적인 개념이다. 이러한 관점에서 스스로 지켜낼 수 있는 적정 규모의 강한 군사력을 보유하는 것은 매우 중요하다.

여기에서 '강한 군사력'은 규모가 큰 군사력을 의미하는 것이 아니다. 규모와는 상관없이 유사시 제 역할을 해낼 수 있는 능력 있는 군을 말한다. 즉, 적대 국가나 적대 세력들이 우리나라를 침범할 경우 얻는 것보다 잃는 것이 더 많다는 것을 인식하게 만들고, 우리나라를 자국의 이익에 부응하도록 강제하려면 그만한 대가를 치러야 함을 깨닫고 포기하게 만들 수 있는 군사적 능력을 의미한다. 우리나라를 무시하고 자국의 의도대로 좌지우지左之右之할 수 없도록 국력을 키워나가지 않으면 우리는 항상 주변국의 눈치를 보면서 살아가야 할 것이다. 지금까지 우리가 우리 스스로의 운명을 결정하지 못했다 하더라도 우리 후손들까지 강대국의 눈치를 보며 살아가게 하는 것은 올바른 선택이 아니다.

우리가 추구해야 하는 '강소국'의 모습은 이스라엘과 스웨덴, 싱가포르를 결합한 새로운 모델에 기초해야 할 것이다. 이스라엘은 AD 70년경 발생한 '디아스포라Diaspora' 이후 세계 각지를 떠돌게 되었으며, 제2차 세계대전 이후 신생국가로 탄생했다. 이스라엘은 역사적으로 오랫동안 팔레스타인 거주민들과 갈등을 빚어왔으며, 수차례 전쟁을 치렀다. 이 과정에서 이스라엘은 철저히 자신의 능력으로 국방력과 과학기술력을 육성해가면서 국가의 생존을 지켜왔다. 이스라엘은 우리와 많은 전략적 공통점을 가지고 있다. 스웨덴은 17세기 중반 구스타브 2세 아돌프 Gustav II Adolf[18] 치세에 유럽의 군사강국으로 국세國勢를 떨치기도 했으나, 제2차 세계대전을 겪은 이후에는 '전시 중립戰時 中立을 목표로 한 평화 시의 비동맹非同盟'이라는 외교정책을 추구하고 있다. 이들은 유사시에 대비하여 총력방위 개념의 전시대비 체제를 갖추고 있으며,

---

18 구스타브 2세 아돌프(Gustav Ⅱ Adolf, 1594~1632)는 17세에 왕위에 올라 사이가 좋지 않았던 귀족들과의 관계를 개선하고 동맹을 맺은 뒤 정치개혁과 군사개혁을 통해 30년 전쟁에서 승리하는 등 혁혁한 업적을 쌓았다. 그는 뛰어난 책략가이자 혁신적인 전략가라는 명성을 쌓았으며, 스웨덴을 유럽 대륙에서 가장 강력한 국가로 성장시켰다.

불과 1,000만이 안 되는 인구에도 불구하고 한때 80만여 명의 대규모 군사력을 유지하기도 했다. 스웨덴은 독자적 기술에 기반한 국방력 육성을 꾸준히 추진했으며 지금도 상당한 수준의 독자적 기술력을 보유하고 있다. 싱가포르는 인구 460만, 제주도 면적의 40%에 불과한 작은 나라이다. 싱가포르는 자국의 현실을 누구보다도 깊이 인식하고 있으며, 국가생존을 위한 핵심 가치를 국제관계, 금융체계, 인재 등 3가지 요소에 두고 발전시켜왔다. 특히, 인재 육성은 작은 나라가 지향할 수 있는 가장 바람직한 접근법 중 하나로, 싱가포르는 육성된 엘리트 중심의 국가 운영에 초점을 맞추고 있다. 싱가포르는 국토가 매우 비좁아서 다수의 국외 기지를 운영하고 있으며, 국외 기지와 국가안보를 연결하는 특이한 안보체제를 유지하고 있다.

3. 전략적 억제력, 어떻게 얻어지는가?

'전략적 억제력戰略的 抑制力'이란 무엇인가? 사전적으로 명확히 정의된 것은 없지만, 적의 전략 실행에 직접적인 영향을 끼치거나 제한을 줄 수 있는 능력과 수단을 포괄적으로 의미한다고 볼 수 있다. 전략은 상대적인 것으로, 적으로부터 보호해야 할 자국의 이익은 침해하지 않으면서 적을 억제할 수 있어야 한다. 그것을 압도적인 수단으로 달성할 수 있다면 가장 바람직하겠지만, 최소한 균형을 이루거나 적의 행동을 제어할 수 있는 수준은 되어야 한다. 만약 적의 의도를 억제할 수 있는 능력이나 수단을 갖추고 있지 않다면 적에게 끌려다닐 수밖에 없다. 따라서 우리가 전략의 수립과 실행을 통해 적의 행동을 제어하고, 나아가 우리의 의지를 관철하려면 전략을 실행할 수 있는 억제 능력을 갖추어야 한다.

과거 냉전 시대에 미국은 지상에서 발사하는 대륙간탄도미사일ICBM, InterContinental Ballistic Missile, 핵잠수함에서 발사하는 대륙간탄도미사일SLBM, Submarine Launched Ballistic Missile, 전략폭격기에 의해 투발되는 핵탄두 및 공중 발사 순항미사일ALCM, Air-Launched Cruise Missile 등 전략핵무기를 운반할 수 있는 3가지 수단을 기반으로 하는 이른바 3축 체계를 구축하여 소련에 대한 전략적 억제를 달성했다. 전략적 억제는 상대적 성격을 지니므로 상대에 따라 그 억제 수단이 달라야 한다. 따라서 국력이 큰 나라와 작은 나라를 대적對敵함에 있어서도 분명히 억제 수단의 차이가 있을 수밖에 없다. 즉, 우리가 북한을 상대하는가, 아니면 주변국을 상대하는가에 따라 전략적 억제 수단은 달라져야 한다.

한미동맹은 북한 핵 위협에 대비하기 위해 확장억제擴張抑制 개념을 도입했다. 확장억제란 북한의 핵 위협에 대처하기 위해 핵무기뿐만 아니라 비핵 수단에 이르기까지 미국이 보유하고 있는 군사적 수단을 모두 활용하겠다는 것을 의미한다. 미국의 확장억제 공약公約은 신뢰할 만하고, 관련한 이행 체제도 발전하고 있다. 한미연합방위체제가 작동되는 동안에는 확장억제 개념으로 대응하는 데는 부족함이 없을 것이다. 그러나 이 역시 미국의 이익에 기초하게 될 것이며, 한미 간의 관계가 아무리 좋다고 하더라도 실제 위기가 닥쳤을 때 우리 자신의 힘만큼 믿을 수 있는 것은 없다. 미국은 자국의 국가이익과 세계 전략에 기초하여 위기 대응 방안을 모색할 것이고, 우리의 안전과 이익을 최우선으로 보호하는 것이 그들의 판단 기준은 아닐 것이기 때문이다. 그러므로 억제는 자신의 능력으로 달성해야만 하는 것이다. 그런 연장선에서 보면 전술핵의 재배치나 핵 공유 등의 논의는 사실상 무의미한 것이다. 특히, 핵 공유는 가능하지 않은 공허한 논쟁에 불과할 뿐이다.

전시에 미군이 증원계획을 가지고 있다 하더라도 계획은 계획일 뿐이고, 당시 상황과 미군의 준비상태 등 미국의 사정에 따라 얼마든지 바뀔 수가 있는 것이다. 그러므로 독자적으로 적을 제어할 수 있는 유효한 억제 수단을 스스로 보유하고 운용할 수 있는 능력을 갖추는 것은 매우 중요하다.

그런데 문제는 적의 핵 위협을 억제하려면 핵 이외의 다른 수단을 찾아보기 힘들다는 데 있다. 미국은 한때 가파르게 발전하는 정밀유도무기의 파괴적이고도 혁신적인 효과를 활용하여 전술핵무기를 대처할 수 있다고도 보았다. 그러나 유도무기의 효과가 모든 지형과 상황에서 공통으로 적용될 수 없다는 데 문제가 있다. 대표적인 사례가 이라크와 아프가니스탄에서의 군사력 운용이다. 이라크는 북쪽 산간지대를 제외한 국토의 5분의 2가 항공작전과 유도무기 운용을 위한 지형적 영향을 거의 받지 않는 전형적인 사막지형이다. 반면, 아프가니스탄은 국토 대부분이 해발고도 1,000m를 넘는 고원지대로서 지형 굴곡이 심하고 많은 산지와 삼림, 사막 등 다양한 지형적 특성을 가지고 있다.[19] 예상하는

---

19 이라크와 아프가니스탄은 지형적인 차이가 있다. 이라크는 대부분이 광활한 사막인 반면, 아프가니스탄은 지형 굴곡이 심하고 산지, 삼림, 사막 등이 뒤섞여 있다. 200m/sec의 속도로 비행하는 전투기는 광활한 사막 지형에서 20~30초의 표적 탐색 시간을 사용할 수 있지만, 지형 굴곡이 심하고 산지와 산림, 사막이 뒤섞인 지형에서는 불과 10초 미만의 표적 탐색 시간만을 사용할 수 있을 뿐이다. 이것은 한반도 지형에서 표적을 탐지하고 식별하며, 정밀유도무기를 운용하는 것이 얼마나 어려운가를 단적으로 나타낸다.

미래의 전장에서 유도무기를 효과적으로 운용하려면 지형과 기상, 일조日照 조건 등 다양한 여건에서 어떤 효과를 낼 수 있을 것인가에 대해 면밀한 검토를 하고 숙지해야 한다. 분석해보면 유도무기의 효과가 제한적일 수밖에 없는 상황이 의외로 많이 발생할 수 있음을 깨닫게 될 것이다. 왜냐하면, 정밀유도무기의 운용은 정확한 정보가 전제되어야 하고, 지형과 기상의 영향을 받으며, 핵무기만큼 파괴적인 효과를 기대할 수 없기 때문이다.

오늘날 과학기술의 발달은 외과 수술과 같은 정밀타격Surgical Strike을 가능케 하고 있다. 군사적 목적과 의도에 부합되도록 필요한 부분만을 정확하게 제거할 수 있게 된 것이다. 그런데 비핵 수단에 의한 억제는 매우 정교한 방책과 정확한 정보를 지원할 수 있는 고도의 정보 운용 능력, 충분한 수량의 파괴 수단을 확보할 수 있을 때만 기대할 수 있다. 이를 구현하는 것은 정치·군사 지도자들에게는 커다란 부담이며, 그 능력을 현시顯示하는 데에도 한계가 있다. 억제는 능력의 현시를 통해 적이 알고 직접 느껴야만 효과적으로 구현될 수 있는 것이기 때문이다.

미국이 발전시키고 있는 킬체인Kill Chain 절차는 정밀유도무기의 효과를 보다 정교하게 활용하기 위한 노력의 하나이다. 정보통신 기술은 정밀유도무기의 발달을 촉발했고, 그 덕분에 정밀유도무기는 전술핵무기에 필적할 만한 작전 효과를 거둘 수 있게 되었다. 미국은 대테러 작전을 수행하면서 유도무기 운용 능력을 계속 발전시키고 있으며, 무인항공기 운용이라고 하는 새로운 영역을 개척하고 있다. 이러한 노력은 이미 확보된 수단의 활용성을 높이고 새로운 능력을 발전시켜나감으로써 적에 대한 비대칭 능력을 확대하고 새로운 억제 수단을 개발하기 위한 것이다. 적에 대한 억제 능력은 적이 예상하지 못한 새로운 수단을 확보하거나 동일 수단이라도 압도적 우위를 점유할 수 있을 때 확보할 수 있다.

정밀타격 능력은 다양한 형태와 능력의 정밀유도무기를 발전시켜나감으로써 갖출 수 있다. 정밀타격 수단 중에서 탄도미사일Ballistic Missile은 탄도미사일대로, 순항미사일Cruise Missile은 순항미사일대로의 장·단점을 가지고 있다. 또한, 이들은 각각 쓰임새가 다르다. 지금까지 탄도미사일은 위력과 속도 면에서 분명한 장점이 있으며, 순항미사일은 정확도 면에서 우수한 장점이 있다. 그러나 최근의 기술은 탄도미사일의 장점과 순항미사일의 장점을 결합하는 방향으로 발전하고 있다. 탄도미사일도 순항미사일처럼 다양한 탐색기를 탑재하여 정밀도를 높이고 공격 방법을 다양화하는 방향으로 발전되고 있으며, 앞으로도 다양한 능력을 갖춘 탄도미사일과 순항미사일이 지속해서 출현할 것이다.

미사일은 공격 대상, 발사 플랫폼, 사거리, 비행 방식, 운용 목적 등에 따라 다양하게 분류할 수 있다. 이 중에서 탄도미사일과 순항미사일의 구분은 비행 방식에 따른 분류이다. 탄도미사일은 로켓엔진을 사용하며, 순항미사일은 공기흡입 엔진을 사용한다. 또한, 로켓엔진은 고체로켓엔진과 액체로켓엔진으로 나눌 수 있으며, 공기흡입 엔진은 가스터빈Gas Turbine 엔진과 램제트Ramjet 엔진, 스크램제트Scramjet 엔진 등이 있다. 로켓엔진을 사용하는 탄도미사일은 외기권外氣圈 비행이 가능하고, 긴 사거리, 다탄두, 초고속 비행, 짧은 반응시간 등의 특성이 있다. 또한, 탄도미사일은 다양한 형태의 대형 탄두를 탑재할 수 있고, 하나의 운반체로 여러 목표물을 동시에 타격할 수 있어 억제 구현을 위한 상호

확증 파괴수단으로 주로 사용된다. 반면에, 공기흡입 엔진을 사용하는 순항미사일은 대기권을 비행하므로 다양한 플랫폼을 발사체로 활용할 수 있으며, 운용목적에 따라 카메라, IR, RF, GPS 등 다양한 탐색기를 탑재하여 장거리 정밀타격이 가능하다. 순항미사일은 위력은 상대적으로 작으나, 운용목적에 따라 다양한 전략·전술적 효과를 발휘할 수 있다. 따라서 탄도미사일과 순항미사일은 운용목적과 요망하는 효과에 따라 선택적으로 사용된다.

앞서 기술한 바와 같이, 탄도미사일과 순항미사일의 특징도 기술 발전에 따라 점차 그 간격이 좁혀지고 있으며, 두 가지 미사일의 장점을 결합한 새로운 형태의 수단도 개발되고 있다. 따라서 정밀타격은 지상, 해상, 공중 등 다양한 플랫폼에 탑재하여 목표하는 타격 효과를 달성할 수 있는 적절한 위력과 사거리를 가진 정밀유도무기를 선택적으로 운용함으로써 달성할 수 있다. 정보가 정확하고 유도무기의 정밀도가 우수하면 우수할수록 타격 효과를 높일 수 있으며, 적은 비용으로 위협이 되는 목표물을 효과적으로 제압할 수 있다. 정밀유도무기에 의한 타격은 매우 높은 수준의 정보에 의존해야 하므로 정교한 표적 분석과 실시간 정보 획득, 효과적인 공격 경로와 공격 방법의 선택 등에 따라 성패가 좌우된다. 특히, 표적 정보의 중요성은 아무리 강조해도 지나치지 않는다. 그러나 정보가 부정확하고 정밀도가 낮은 유도무기를 운용한다면 자칫 벌집만 쑤셔놓은 결과가 될 수도 있으며, 그로 인해 엄청난 후유증과 비용 부담을 감수해야 할 것이다.

현대의 복합적인 위협에 대응하기 위해서는 기존의 정보 패러다임에 안주해서는 안 된다. 새로운 위협 환경에 대응하려면 정보에 대한 이해와 접근, 분석 방식 자체를 바꾸는 등 극한의 노력을 기울여야만 한다. 표적 정보를 운용하기 위해서는 기상은 물론, 지형과 토질 등 토목공학적인 접근, 표적의 형태와 구성 등을 함께 고려해야 한다. 정보는 전략, 작전, 전술과 직·간접적으로 연결되지 않으면 무의미하다. 표적을 정확하게 식별하고 위협을 제거하기 위해서는 치밀한 준비가 필요하고 정확한 실시간 정보를 획득해야 한다. 비핵 수단에 의한 억제, 특히 정밀유도무기에 의한 억제는 신뢰할 수 있는 정확한 표적 정보와 높은 정밀도의 정밀타격 능력 등 정교한 수단의 결합에 의해서만 가능하기 때문이다. 이쯤 되면 정보력 또한, 억제력의 핵심 구성 요소 중 하나라고 할 수 있지 않을까?

그런데 적의 핵무기에 대한 억제를 핵무기가 아닌 비핵 수단에 의존해야 한다면 어느 정도의 위험은 감수할 수밖에 없다. 현시점에서 우리에게 한미동맹의 발전적 존속이 필요한 이유이기도 하다. 현실적으로 다양한 제약을 가진 중소국가가 위협에 맞서 독자적인 억제력을 갖추기 위해 타격 수단은 물론, 첨단·고효율의 정보 수단까지 갖추는 것은 쉬운 일이 아니다. 정찰위성 몇 개를 확보한다고 해서 해결될 수 있는 것이 아니다. 우리나라의 경우, 주변국에 대한 억제력은 좀 더 시간을 가지고 점차 갖추어나갈 수밖에 없다. 작은 나라가 큰 나라를 억제하기 위해서는 단순히 몇 가지 군사적 수단만을 갖춘다고 해서 해결되는 것이 아니다. 즉, 강대국에 대한 억제력은 군사적 문제에만 국한된 것이 아니라는 말이다. 물론 독자적으로 일정 수준의 군사적 억제력은 갖추어야 하지만, 자체적인 능력으로 충분한 군사적 억제력을 갖추기는 어려우므로 독자적으로 군사적 억제력을 발전시켜나가면서 다른 한 편으로는 이해를 같이하는 국가들과 협력하여 견제하는 지혜가 필요하다.

그렇다면 우리는 북한에 대해서는 어떤 억제 수단을 가져야 하는가? 그리고 주변국에 대해서는 어떤 수단을 발전시켜나가야 미래 우리가 요망하는 억제 능력을 갖출 수 있을까? 우리가 풀어야 할 숙명과도 같은 과제이다. 우리는 국제사회에 비핵화 선언을 통해 평화적인 핵 이용 이외에 핵무기 관련 기술을 개발하지 않겠다고 약속했기 때문에 정부의 정책이 바뀌지 않는 한, 핵무기를 개발하거나 보유하지 않을 것이다. 그러므로 북한의 핵무기 위협에 대해 핵무기로 대응하는 방안은 선택할 수 없으며, 비핵 수단에 의한 억제 방안을 찾아야 한다. 일례를 들면, 개전 초기 적의 핵심 군사자산에 대해 궤멸적인 타격을 가할 수 있는 미사일 전력의 압도적 확보를 천명하고, 가시적으로 추진하는 것이다. 이러한 방법은 평시 군비경쟁을 통해 적의 자원 소모를 강요하고, 유사시 적의 투발 수단과 핵심 자산 등에 대한 압도적이고 파괴적인 선제타격을 통해 적에게 절망감과 공포심을 불러일으킬 수 있다. 압도적 자산의 확보 여부는 우리 자신의 의사에 따라 추진 여부를 결정하면 되는 것이며, 확보를 대외적으로 천명하는 것만으로도 충분히 효과를 발휘할 수 있다.

4. 국방개혁의 지향 방향

우리는 군사력의 구성과 운용 측면에서 상당한 혼란의 시기를 보내고 있다. 현재의 군사력 구성과 운용의 기본 바탕은 1960년대 미군이 제공한 7-ROKA 편성에 기초해 만들어졌다. 그 후, 우리 군의 편성은 수차례 변화 과정을 거쳤으나, 근본적인 변화는 없었다. 1960년 말부터 군특명검열단의 연구, 1980년대 초반의 백두산 계획, 1980년대 말의 818 계획, 1990년대 중반의 국방선진화위원회 연구, 김대중 정부의 국방개혁, 노무현 정부의 국방개혁 등 국방 분야의 혁신적 발전을 도모하기 위한 여러 차례 시도가 있었다. 또한, 육군은 1970년 초에 이스라엘군의 사례를 조사하고 군을 혁신하고자 다수의 장교를 상당 기간 이스라엘에 출장을 보내기도 했다. 이처럼 국방 분야 혁신을 위한 여러 차례의 시도가 있었으나, 계획된 목표를 과연 얼마나 달성했는가에 대해 되짚어볼 필요가 있다.

국방 분야를 혁신하고자 하는 시도는 여러 가지 이유에서 출발한다. 일반적으로 국방개혁은 기존의 국방 시스템이 효율성이 저하되어 이를 개선하거나 발전된 혁신적인 기술을 수용하기 위한 목적으로 추진하거나, 기존의 국방 시스템으로는 급격히 변화하는 환경에 적응하기 어렵다고 판단될 때, 또는 새로운 군사적 도전에 직면해서 보다 효율적인 대응방안을 모색하기 위해 추진하기도 한다. 드문 경우이기는 하지만 참담한 군사적 실패를 겪은 다음에 쇄신하기 위한 목적으로 시도하기도 한다. 과거 여러 차례 추진되었던 우리의 국방개혁 시도는 대부분 국방 시스템의 효율성을 높이고 변화하는 국방 환경에 능동적으로 대응하기 위한 목적으로 검토되고 추진되었다. 그러나 여러 차례의 시도에도 불구하고 우리의 국방태세가 설정한 목표만큼 개선되었다고 평가할 수 없는 것이 현실이다.

국방개혁을 성공적으로 달성하기 위해서는 새로운 계획의 수립 이전에 과거의 계획이 어떤 것이었고, 어떻게 추진되었으며, 어떠한 성과가 있었는지, 목표에 도달한 것은 무엇이고, 도달하지 못했다면 그 이유가 무엇인지에 대한 냉정한 평가가 선행되어야 한다. 과거를 되돌아보지 않고 현재의 느낌으로만 단편적인 아이디어를 모아서 개혁을 추진한다면 또다시 과거의 행태를 되풀이하는 것에 지나지 않으며, 성공에 이르기도 어렵다. 그리고 우리가 향후 변화하는 국방 환경에 적응하기 위해서 추구해야 할 방향과 목표가 무엇인지 분명하게 설정해야 보다 유의미한 계획을 수립할 수 있는 것이다. 국방개혁을 추진하려면 현재의 국방 기저基底에 대한 올바른 이해와 냉철한 분석을 통해 변화하는 국방 환경에 대한 성찰이 먼저 이루어져야 한다. 계획 수립 후 계획을 실행으로 전환하기 위해서는 국군통수권자를 중심으로 각 정부부서의 책임자가 조치해야 할 사항이 무엇인지 지속적인 관심을 가지고 제대로 실행되도록 독려하고 지원해야 한다. 또한 추진 과정에서 군 지도층이 전문성에 기초한 강력한 조정 능력을 발휘하여 집단별 이기주의를 극복하지 못한다면 국방개혁은 성공에 도달할 수 없다. 더욱이 모호한 지침에 기반하여 실무자들이 아이디어를 모아 작성한 계획을 취사선택하여 승인하고 국방개혁이 이루어지기를 기다리는 방식으로는 국가안보를 보장할 수 있는 건강한 국방태세를 만들어낼 수 없다. 그동안의 개혁이 왜 제대로 추진되지 않았는지에 대한 원인 분석이 제대로 이루어진다면 보다 바람직한 방향의 국방개혁을 추진할 수 있을 것이다. 의사가 환자를 치료할 때 먼저 정확한 진단이 이루어져야만 올바른 처방을 할 수 있는 것과 다르지 않다. 따라서 현시점에서는 계획의 수립과 추진보다는 자신을 되돌아보는 일이 무엇보다 우선되어야 한다. 먼저 과거의 추진 사례를 면밀하게 분석해보고, 앞으로 우리에게 주어질 국방 환경이 어떻게 변화할 것인지에 대한 성찰을 통해 계획을 수립하고 전문성을 갖춘 군 리더십이 중심을 잡고 강력하게 이끌어나가지 않으면 성공할 수 없다.

많은 국가가 국방개혁을 위해 타국의 사례를 비교·분석하고 다양한 혁신 방안을 수립하여 추진하지만, 정작 혁신을 통해 이룩하는 성과는 커다란 차이를 보인다. 그 이유는 계획의 합리성이나 적절성보다는 명확한 비전과 목표, 계획에 대한 이해와 공감, 군 지도층의 리더십과 지도 능력에 따라 다른 결과가 도출되기 때문이다. 특히, 군 지도층의 리더십은 국방개혁의 성공 여부에 결정적인 영향을 미친다. 그러므로 군 지도층이 전문성이 녹아 있는 컨텐츠contents를 가지고 강한 추진력을 발휘할 수 있을 때 개혁을 성공적으로 이끌 수 있는 것이다. 국방개혁은 군사사상과 정치·사회·군사·기술 등의 환경 변화에 대한 이해가 결핍된 상태에서 집단의 이익에 매달리는 소아주의적小我主義的 생각에서 벗어나지 못하면 결코 이루어낼 수 없는 것이다.

앞서 예시한 바와 같이 과거 정부에서도 국방개혁을 추진하기 위한 여러 차례의 시도가 있었다. 특히, 노무현 정부 시절인 2005년부터 국방개혁에 대한 논의가 새롭게 시작되면서 법으로 강제하는 등 변화를 시도했으나, 이 역시 국방과 군사 분야에 대한 이해 부족과 잘못된 방향 설정으로 많은 난관에 부딪혔다. 그럴듯한 아이디어를 모아 나열한다고 해서 국방개혁을 추진할 수 있는 것이 아니다. 국방개혁의 목표는 국방 시스템의 효율성을 높이는 것이어야 한다. 병력이 줄어들거나 여군 비율을 높이고 새로운 무기를 도입하는 것 등은 부수적이고도 지엽적인 요소에 불과한 것이며, 국방개혁의 본류가 아니다. 우리의 국방개혁은 개혁의 본질보다는 보여주기식의 형식에 치우친 면이 강하다. 이명박·박근혜 정부에서도 국방개혁은 추진되었으나, 제대로 된 성찰이나 검토 없이 2005년 출발 당시의 생각과 틀에서 한 발자국도 벗어나지 못하고 외형만 유지하는 데 그치고 말았다. 우리나라의 국방개혁이 미국 등 다른 국가들이 추진하고 있는 군사혁신軍事革新[20]과는 다소 동떨어진 방향으로 가고 있음은 참으로 안타까운 일이다.

우리 국방개혁은 병력 감축에 초점을 두는 데 반해, 다른 국가들은 군 전반에 대한 혁신을 끌어내고자 군의 편성 및 운용, 인재 양성, 훈련 등을 포함한 모든 분야에 걸쳐 폭넓은 변화와 혁신을 시도하고 있다. 즉, 많은 국가가 미래 환경에 적응하기 위한 국방 시스템의 효율성 제고에 역점을 두고 있다. 국방개혁은 군의 효율성 개선, 즉 시대에 뒤떨어진 제도와 누적된 비효율非效率을 걷어내고 새로운 환경에 적응할 수 있도록 변화를 끌어냄으로써 미래 작전 환경에서 싸워 이길 수 있는 능력 있는 군으로 탈바꿈하기 위한 것이어야 한다. 군의 혁신은 미래 전략 환경 변화와 기술 발전 추세를 수용하면서 운용 개념의 혁신, 전략적 배비配備 조정, 부대 구조 개편, 전력의 개선, 훈련 방법의 혁신, 짜임새 있는 자원 관리 등을 통합적 관점에서 관조하면서 추진해야만 한다. 그 과정에서 자원의 가용성可用性을 검토하여 불가피하게 줄일 수밖

---

20 '군사혁신'이란 걸프전 이후, 군사 분야 전반에 걸친 혁신을 통해 군사적 능력을 획기적으로 개선하기 위한 목적으로 등장한 개념이다. 일부에서는 군사 과학기술 분야의 발전에 방점을 찍기도 하지만, 군사혁신은 단순한 기술혁신뿐만 아니라 운용 개념과 조직 편성, 운영 방식, 훈련, 인력 양성 등 모든 분야의 변화와 혁신을 포함하고 있다.

에 없다면, 전투준비태세가 손상損傷되지 않도록 배려하면서 신중하게 추진해야 한다. 이 과정에서 가장 필요한 것은 창의적이고도 혁신적인 사고와 군사 전반에 걸친 깊은 전문성을 갖춘 군사 지도층의 리더십이다. 실무자들이 작성하는 방안들을 검토하고 추인하는 수준으로는 어림없는 일이다.

군사 분야의 혁신은 종합적 관점에서 다루어져야 하고, 현재 가용한 자원의 재자본화再資本化, recapitalization[21]를 추진함으로써 제한되는 가용 자산을 효율적으로 활용하기 위한 노력이 함께 이루어져야 한다. 새로운 첨단장비의 도입은 기술 발전을 수용하고 군사력 효율성을 향상시키기 위해 그 필요성이 분명하거나 기존 가용 자산의 재자본화가 비효율적일 때만 검토해야 한다. 군은 보유하고 있는 기존 군사자산의 올바른 운용과 능력 극대화를 위한 노력을 하지 않으면서 새로운 첨단장비의 도입에 매달려서는 안 된다. 기존의 장비보다 새로이 도입되는 장비는 숙달하기도 어렵고, 운영유지를 하기 위해서는 더 많은 시간과 자원, 노력이 투입되어야 한다. 국방개혁은 각 군 간에 첨단장비를 도입하기 위한 경쟁의 장場이 되어서도 안 된다.

2017년 새로운 정부가 들어서면서 또다시 국방개혁을 추진하고 있다. 이제는 제대로 된 성과를 거두지 못했던 과거의 전철前轍을 반복해서는 안 될 것이다. 그동안의 국방개혁이 기대했던 성과를 거두지 못한 이유는 무엇일까? 국방개혁이 추진되지 못한 이유를 제대로 식별해내

---

21 군사 분야에서 '재자본화'란 운용 중인 군사 장비를 효율적으로 사용할 수 있도록 수명을 연장하고 성능을 개량하는 것으로, 기술적 수명이 한계에 도달한 군사 장비를 단순 도태보다는 적은 예산으로 신형 장비에 버금가는 능력을 갖추도록 하기 위한 것이다.

지 못한다면 또다시 실패를 반복하게 될 것이다. 우리는 국방개혁을 통해 현대화된 첨단장비로 교체하기만 하면 병력 규모와 국방예산을 줄일 수 있고, 군의 전투력은 오히려 향상될 것으로 착각하는 경향이 있다. 국방개혁은 그렇게 단편적인 생각과 접근으로 달성할 수 있는 만만한 과제가 아니다. 또한, 다른 사람의 생각은 잘못된 것이고 자기 생각만이 옳다는 식의 일방적이고 왜곡된 생각으로 추진해서도 성과를 달성할 수 없다. 지금까지 국방개혁이 제대로 추진되지 않은 원인을 정확히 분석해내는 일이 우선되어야 한다.

국방개혁의 성패는 국가안보와 직결되어 있다. 국가의 안전보장에 관한 문제는 정권과 무관하게 일관성 있게 관리하고, 꾸준히 개선해나가지 않으면 안 된다. 안보에는 여야가 따로 없다는 말도 이와 다름없다. 현시점에서는 국방개혁에 대한 근본적 재조명과 아울러 향후 어떻게 추진할 것인가에 대한 통수권 차원의 보다 명확한 지침指針과 군사리더십의 성찰省察이 있어야 한다. 우리의 안보 환경은 주변국 간의 첨예한 이해 대립이 함께 얽혀 있으며, 가용한 자원의 제한과 출산율 저하 등 새로운 환경 변화로 인해 가까운 미래에 조성될 우리의 내부 여건도 그리 녹록하지 않다. 단순히 기존의 계획을 손질하는 수준이나 아이디어를 더하는 것으로는 극복해나갈 수가 없다. 가급적 빠른 시일 안에 중지를 모아 바로잡는 노력을 기울이지 않는다면 우리의 국방태세는 소리 없이 붕괴해버리고 말 것이다. 그렇게 되면 우리는 또다시 역사의 한 과정에서 피눈물을 흘리게 될지도 모른다.

개혁改革은 개혁다워야 하며, 군에 대한 깊은 이해와 애정이 없는 사람이 섣부른 군 개혁을 추진해서도 안 된다. 특정 집단이나 개인의 생각을 일방적으로 밀어붙이려고 해서도 안 된다. 다른 나라에서 추진하고 있는 사례를 벤치마킹하는 것은 필요한 일이나, 아무리 좋다고 생각되더라도 함부로 적용하려 해서도 안 된다. 각 나라의 제도는 겉으로 보이는 것 이외에도 해당 국가 고유의 사고와 습관, 시스템 등 많은 것들이 담겨 있기 때문이다. 개혁은 지나치게 오래 끌면 피로감疲勞感으로 인해 제대로 추진할 수 없게 된다. 특히, 군을 잘 모르는 사람들이 편향된 생각과 군에 대한 편견을 가지고 개혁을 추진하게 되면 국방태세가 심각하게 왜곡될 우려가 있으며, 그나마 안정되어 있던 전투준비태세를 개선하기는커녕 오히려 망가뜨리는 결과를 초래하게 될 것이다. 국방개혁은 한정된 시간 내에 분명한 목표를 설정해 추진해야만 성공할 수 있다.

국방개혁이 방향을 잃고 혼란의 과정을 겪고 있는 것은 여러 가지 이유가 있다. 지금의 시점에서 국방개혁은 군사 문제에 대한 이해 부족과 전문성의 결여, 집단이기주의, 지도층의 편협한 생각, 지혜롭게 이끌어 가는 리더십의 결여 등이 어우러진 결과가 아닌가 생각된다. 그중에서도 가장 중요한 원인은 전문성이 녹아 있는 컨텐츠를 가진 리더십의 결여일 것이다. 군 지도층이 국방개혁에 관해 전문성 있는 소신은 없고, 아랫사람이 작성한 개혁안을 검토하고 선별하여 추인하는 수준이라면 그런 개혁은 성공할 수 없다. 국방개혁은 많은 사항을 함께 검토해야만 한다. 우리의 안보 환경에 대한 심도 있는 분석은 물론, 2020년대 우리의 국방 환경과 여건이 어떻게 변화될 것인지, 전쟁 양상은 어떻게 변화될 것인지, 운용 개념과 기술은 어떻게 발전될 것인지 등에 대한 분석도 함께 이루어져야 한다. 그리고 난 후에 우리의 국방 전반을 이해하고 보완해야 할 부분이 무엇인가를 식별한다면 우리가 나아갈 방향을 좀 더 구체적으로 설정할 수 있다. 이러한 분석 과정을 거치다 보면 국방개혁과 관련된 여러 가지 사실들을 좀 더 일목요연하게 정리할 수 있다. 그런 다음에 국방개혁의 목표를 설정하고, 현재의 국방 기반으로부터 설정한 목표에 도달하기 위한 방책들을 구상해서 우선순위에 따라 단계적으로 추진해나가야 한다. 각각의 방책들은 적용 과정에서의 효과와 부작용을 자세히 관찰해가면서 수정·보완하는 과정을 거친다면 준비태세에 저촉하지 않는 범위 내에서 혼란을 줄이고 더욱 효율적으로 추진할 수 있을 것이다. 방향과 결론을 미리 정해놓고 추진하면 국방개혁을 그르치기 십상이다. 우리보다도 더 오랫동안 근대적 군대를 운영해본 경험과 노하우knowhow를 가진 국가들도 국방개혁을 추진하는 과정에서 상반되는 이해와 의견의 충돌, 준비태세 저하와 혼란의 과정을 겪어야만 했다. 우리나라와 같이 남북이 분단되어 대치 중이고 주변 강대국들과의 이해관계가 복잡하게 얽혀 있는 위중한 안보 상황에서 추진하는 국방개혁은 신중하고도 치밀하게 다루지 않으면 안 된다.

국방개혁을 이끌어나가려면 고도의 전문성이 필요하다. 국방개혁은 군사력의 구성과 운용에 대한 깊은 이해가 전제되어야 하며, 정치적 목적을 앞세우거나 여론몰이, 혹은 보여주기식의 국방개혁을 추진한다면 필연적으로 실패하게 될 것이다. 잘못된 국방개혁의 추진은 군에 심각한 후유증後遺症을 유발할 것이며, 국가방위에도 치명적인 결과를 초래할 것이다. 국방개혁과 관련된 연관요소는 수를 셀 수 없을 만큼 많다. 그러나 핵심적인 요소는 몇 가지로 정리할 수 있다. 그러한 요소들을 잘 정리한 가운데 군사적 과제의 본질을 왜곡하지 않으면서 지향하고자 하는 목표에 집중할 수 있어야 성공할 수 있다. 국방개혁의 필요성에 대해서는 모든 사람이 공감할 것이므로 구체적인 방향 설정과 실행방법은 전문가 집단을 중심으로 중지衆智를 모으면서 만들어가면 되는 것이다. 여기서 전문가란 남의 말을 경청할 줄 모르면서 자신의 주장만 강하고 화술話術에 능통한 사람이 아닌 국방개혁의 본질을 이해하고 안보와 군사 문제에 대해 정통한 사람을 말한다. 특정인이나 집단의 일방적인 주장이나 화려한 화술에 현혹되면 그럴듯한 논쟁에 빠져 방향을 잃어버리기 십상이다.

우리의 미래 국방 환경은 향후 징집 인력의 감소로 인해 군 병력의 감축減縮이 불가피할 것이다. 군 병력 감축을 하지 않으려면 복무기간을 연장하는 것뿐이다. 그러나 그것은 현실적으로 가능하지 않다. 결국, 군 병력 감축은 국방태세의 변화를 가져올 것이고, 감축 환경에 적합한 국방태세의 재조정再調整을 필연적으로 추구할 수밖에 없다. 그러나 그것은 미래 국방 환경에 영향을 미치는 여러 가지 요소 중의 하나일 뿐이다. 현재의 계획대로 추진된다면 전방의 배비配備 간격間隔은 넓어지고 종심縱深에서의 배치 밀도와 폭은 더욱 엷어질 것이다. 그렇게 되면 돌파突破의 가능성은 커지게 될 것이므로 짧은 반응시간과 강력한 전투력 발휘가 요구되는 부대의 종심 배비를 필요로 하게 될 것이며, 매우 수준 높은 운용 능력이 요구될 것이다. 그러한 환경에서는 예비전력豫備戰力의 중요성이 더욱 증대될 것이다. 그러한 조건에서 적절한 국방태세를 유지하려면 편성과 배비, 운용 개념, 운용 능력, 지원체제, 인력 양성, 훈련 방식 등 모든 문제를 종합적으로 재검토하고 개선해나가지 않으면 안 된다. 이처럼 우리의 미래 국방 환경은 군사 문제와 관련된 많은 요소를 함께 고려해야만 한다. 우리나라를 둘러싸고 있는 주변국인 중국, 일본, 러시아는 우리보다 군사력의 규모가 클 뿐 아니라 질적으로도 수준 높은 군사력을 보유하고 있다. 그러므로 우리는 주변국보다 상대적으로 작지만 효율성 높은 군을 추구하지 않을 수 없다. 효율성을 높이려면 우수한 무기로 무장하는 것도 필요하지만, 뛰어난 운용 능력을 갖추는 것이 더 중요하다.

현대의 과학기술은 놀라울 정도로 빠른 속도로 발전하고 있다. 정보통신 기술Information and Communication Technology, 컴퓨터 기술Computer Technology, 바이오 기술Bio Technology, 나노 기술Nano Technology 등으로 대표되는 현대의 기술은 우리 생활의 전반에 걸쳐 다양한 발전을 이끌어가고 있다. 이 중에서도 정보통신 기술과 컴퓨터 기술의 발전은 군사 분야 전반에 걸쳐 커다란 영향을 주고 있으며, 다양한 변화를 유발시키고 있다. 기술의 진보로 인해 군사 영역에서 운용되는 무기체계나 장비 역시 많은 발전이 이루어지고 있으며, 특히 소프트웨어의 중요성과 그 비중이 점차 확대되고 있다. 이로 인한 군사 분야의 변화는 군의 편성 조직에서부터 무기체계의 설계, 전력의 운용 방식, 교육 훈련, 군수지원에 이르기까지 모든 분야에 걸쳐 심대한 영향을 미치고 있다. 최근 화두가 되고 있는 4차 산업혁명 또한 우리에게 새로운 기회를 부여하고 있다. 그러나 그것이 기회가 될지, 아닐지의 여부는 오로지 우리의 선택에 달려 있다.

오늘날 군사력은 과학기술의 괄목할 만한 진보에 힘입어 표적을 원하는 시간과 장소에서 타격할 수 있을 뿐만 아니라 원하는 만큼 파괴할 수 있다. 이렇게 새롭게 획득되는 군사적 역량은 '정밀타격Surgical

Strike', '표적정밀공격Pin-Point Attack', '참수전략Decapitation Strike' 등 다양한 용어로 표현되고 있다. 이러한 변화가 내포하고 있는 의미는 무기의 정밀도가 비약적으로 발전됨에 따라 최소 자원을 사용하면서도 의도하는 바를 달성할 수 있게 되었다는 것이다. 미군의 경우, 1990년대 후반부터 예상되는 적을 찾아 원하는 장소에서 정지시킨 뒤 원하는 만큼의 파괴를 통해 적을 격멸함으로써 적의 의지를 분쇄한다는 'Find-Fix-Finish' 개념을 도입했다. 이를 실행하기 위해 조직, 무기체계, 운용 개념, 지원체제 등의 혁신을 추진했으며, 전투 실험과 검토를 통해 지속적으로 보완해왔다. 동시에 네트워크중심전NCW, Network Centric Warfare이라는 새로운 운용 개념을 도입했다. 이를 구현하기 위해 정찰체계sensor와 타격체계shooter를 연결하여 실시간 감시-결심-타격이 가능한 체제를 발전시켜나가고 있다.[22] 이러한 노력은 발전된 기술을 활용하여 전장에 널리 분산된 전투력을 네트워크로 연결함으로써 작전속도를 증가시키고, 동시 병렬적인 노력의 통합을 통해 효과를 극대화하기 위한 것이다. 그러나 네트워크중심전 개념은 기존의 운용 개념 중 하나인 편조編造 개념과 충돌하는 측면이 있다. 편조 개념에 의한 빈번한 부대 구성의 변경은 네트워크의 안정성을 해침은 물론, 부대 운용 자료의 정확성을 저하시키고 불안정성을 높이는 직접적인 요인이 된다. 따라서 미국은 여단급 이하 제대에서 이루어지는 제병협동 개념을 임시 편성되는 제병협

---

22 '네트워크중심전' 개념은 미 해군의 아서 세브로스키(Arthur Cebrowski) 제독과 존 가르스트카(John Garstka)가 1998년 미 해군연구소의 《프로시딩스(Proceedings)》라는 잡지에 공동으로 기고한 논문을 통해 처음으로 제안했다. 영국, 오스트레일리아 등 여러 국가에서 NEW(Network Enabled Warfare), NEO(Network Enabled Operations), NEC(Network Enabled Capabilities) 등 다양한 용어로 정의하여 사용하고 있으나, NCW와 유사한 범주의 개념이다.

동 개념에서 고정 편성되는 제병협동 개념으로 변경했다. 또한, 최근에는 여기에 로봇이나 무인항공기無人航空機 등 무인체계의 운용을 확대함으로써 위험하고 난도難度가 높은 임무에 병력을 직접 투입하는 기회를 줄여나가는 등 인명손실을 최소화하려는 노력이 병행하여 이루어지고 있다. 이와 같이, 과학기술의 발전, 새로운 개념의 등장, 기존 개념과의 상충 등은 운용 개념을 새롭게 정립해야 하는 이유이기도 하다. 이러한 변화도 국방개혁에 많은 변수를 더하고 있으므로, 국방개혁의 목표와 계획을 수립하는 과정에서 함께 고려해야 할 요소이다.

국방개혁은 전문성이 녹아 있는 컨텐츠를 가진 군 지도층의 지도 하에 군사 문제를 깊이 이해하고 있는 전문가 그룹이 참여해야만 성공할 수 있다. 국방개혁이 단순히 아이디어를 늘어놓은 것이고, 각 군 간 타협의 산물이라면 그런 개혁은 필연코 실패할 수밖에 없다. 그뿐만 아니라 힘 있는 소수가 본인들이 원하는 방향 또는 자신들만의 생각을 일방적으로 밀어붙이는 것은 더없이 위험천만한 일이다. 국방개혁을 추진하는 주체는 국방 문제에 대해 얼마나 알고 있고, 얼마나 고심하고 있는지를 끝없이 자문自問하면서 신중하게 추진해야 한다. 국방개혁은 전투발전 7대 요소를 망라한 종합적인 관점에서 각 분야별 실천 방안을 결합해야 성과를 기대할 수 있다. 전투발전 7대 요소 중에서도 가장 역점을 두어야 할 분야는 '인재 양성'과 '교육 훈련'이다. 능력 있는 인재를 양성하고 새로운 전투 양상에 적응하기 위한 실전적 교육 훈련을 하는 것은 구조를 개편하고 장비를 도입하는 것보다 더 많은 시간과 노력이 소요되기 때문이다. 인재 양성은 기존의 인력양성체계와 병역특례제도를 종합적으로 재정비하여 국가와 군이 필요로 하는 능력 있는 인재를 맞춤식으로 양성할 수 있도록 바뀌어야 한다. 또한, 교육 훈련은 군의 전문성 향상과 실전 상황에 근접한 전투 양상을 체험하고 숙달할 수 있도록 개선해야 한다. 이러한 노력은 전력 증강이나 부대 구조 개편보다 적은 비용으로 군의 효율성을 대폭 개선할 수 있다는 장점이 있는 반면에, 많은 시간과 집중적인 노력이 필요하다는 단점이 있다. 우리는 국방태세를 제대로 갖추지 못함으로 인해 또다시 뼈아픈 역사를 되풀이하는 일이 있어서는 안 될 것이다.

5. 미래 한국의 바람직한 동맹

우리에게 지난 반세기는 물질적 폐허와 정신적 공허함 속에서 국가를 재건하고, 절대적 빈곤에서 벗어나 국민을 먹여 살릴 수 있는 기반基盤을 만들어야 했던 어려운 시기였다. 우리는 그 어려운 시기를 온 국민이 함께 극복해오면서 새로운 도약을 위한 발판을 만들 수 있었다. 이처럼 지난 세월을 되짚어보고 교훈을 찾는 것도 중요하지만, 미래를 준비하는 것은 더 중요하다. 왜냐하면, 우리는 앞으로 5~10년을 어떻게 준비하느냐에 따라 지속 가능한 발전을 이뤄나갈 것인가, 아니면 정체와 퇴보의 길을 걷게 될 것인가를 결정하는 중대한 갈림길에 서 있기 때문이다. 이 과정에서 우리의 동맹정책을 어떻게 할 것인가의 문제 또한 우리의 미래를 결정하는 데 중요한 요소가 될 것이다.

우리의 동맹정책은 국가의 생존과 지속적 번영이 대전제가 되어야 한다. 국가는 스스로 지켜내면서 국민에게 자존감自尊感을 심어주고 국민의 생명을 보호하고 지속 발전 가능한 성장을 이어갈 수 있어야 한다. 독자적 역량만으로 국가를지켜나갈 수 없다면 전략적 연대를 통해 생존을 도모하는 것도 한 가지 방법이다. 동맹은 전략적 선택이며, 서로가 공유할 수 있는 가치와 이익을 함께 나눌 수 있을 때 가장 공고해질 수 있는 것이다. 동북아 무대에서 우리는 상대적인 약소국이므로 우리와 전략적 이익을 공유할 수 있는 견실한 동맹은 반드시 필요하다. 동맹이 우리에게 일방적으로 이익만을 줄 수 있다면 좋겠지만, 이 세상에 그런 동맹은 존재하지 않는다. 동맹은 가치와 이익을 공유하면서도 상호 호혜적인 관계이어야 한다. 동맹은 상호 호혜적인 기여 속에서 유지될 때 진정으로 강화될 수 있는 것이기 때문이다.

역사를 통해 볼 때 일본과 중국 등 주변 국가들은 우리를 위협하고 착취하고 복속을 강요하는 행위를 반복해왔다. 오늘날 그들은 다른 국가 체제와 이념, 목표, 전략을 가지고 있으며, 많은 부분에서 충돌하고 있다. 우리는 미국과 '자유민주주의와 시장경제'라는 가치를 공유하고 있고, 미국이 영토적 야심이 없는 동맹이기에 우리에게 한미동맹은 한층 더 유용하다. 이러한 측면에서 우리는 한미동맹이 왜 국가전략의 중심축이 되어야 하고, 왜 중요한가에 대한 해답과 그 배경을 올바르게 이해할 수 있다. 한미동맹이 유지되는 동안 우리는 독자적이고도 확고한 국가안전보장 역량을 갖추어야 한다. "국제사회에서는 영원한 우방友邦도 영원한 적敵도 없다"라는 공리公理는 역사를 통해 많은 사례가 말해주고 있으며, 우리는 그 의미를 뼛속 깊이 새겨야 한다. 우리에게는 시간이 그리 많지 않다.

그런데 우리는 한미동맹이라는 틀에 안주하면서 타성에 젖은 나머지 스스로 문제를 해결해나갈 수 있는 역량을 제대로 갖추지 못하는 과오過誤를 범했다. 독립국이라면 스스로 지켜나가면서 문제를 해결할 수 있는 주체적 사고와 최소한의 역량을 갖추어야 한다. 막연한 명분과 원칙만을 내세우는 주체적 사고는 아무런 의미가 없다. 그렇기 때문에 독립국은 강한 자존감自存感과 국가이익을 수호할 수 있는 실질적인 자신의 역량을 키워나가야 하는 것이다. 그리고 바람직한 동맹이라면 공통의 가치만을 영유할 것이 아니라, 국가의 생존과 번영을 지켜나가는 데 있어 서로에게 도움이 되고 호혜적 협력이 가능한 국가이어야 한다.

핀란드는 20세기 초 볼셰비키 혁명기에 독립을 쟁취하기 이전에는 러시아의 속국이었으나, 소련과의 두 차례에 걸친 전쟁을 성공적으로 마무리하면서 독립을 더욱 공고히 했다. 1939년 11월 28일 소련이 1932년에 체결한 불가침조약을 일방적으로 파기하고 핀란드를 침공했을 당시, 만네르하임Carl Gustaf E. Mannerheim 장군은 '모티Motti 전술'을 구사構思하여 소련군을 격퇴했으며, 핀란드 국민에게 커다란 자긍심을 심어주었다.[23] 핀란드는 러시아와 지정학적으로 국경을 접하고 있으며, 역사적으로 러시아와 매우 밀접한 관계를 맺어왔다. 그런데도 최근 핀란드는 미국과 방위협정을 체결하고 연합훈련을 실시했다. 유럽의 안보

---

23 만네르하임(Carl Gustaf E. Mannerheim, 1867~1951) 장군은 핀란드를 존망의 갈림길에서 수차례 구한 구국 영웅으로서 군 총사령관과 대통령을 지냈다. 특히 1939년 겨울전쟁에서 핀란드군은 소련군을 잘게 조각내어 각개격파한다는 '모티(Motti) 전술'을 펼쳐 적군을 궁지에 몰아넣었다. 'Motti'란 큰 통나무를 장작용으로 잘게 쪼개놓은 것을 의미하는 핀란드어이다. 만네르하임 장군은 핀란드의 여러 도로를 따라 움직이는 소련군을 분할 고립시키고, 고립된 소련군을 스키부대와 같은 경무장 부대로 격파하여 치고 빠지는 게릴라식 전투를 병행하여 승기(勝機)를 잡았다. 만네르하임 장군은 러시아의 니콜라이 기병학교를 졸업한 후, 러일전쟁에 종군했으며, 중국을 여행하고 나서 여행 경험에 대한 보고서를 작성하기도 했다.

환경에 이와 같은 중대한 변화가 발생한 것은 핀란드가 러시아의 군사적 팽창에 불안을 느꼈기 때문이다. 미국은 핀란드에 공대지 순항미사일ALCM, Air Launched Cruise Missile인 합동 공대지 장거리 미사일JASSM, Joint Air to Surface Standoff Missile의 판매를 허용했으나, 동맹인 우리에게는 JASSM의 판매를 승인하지 않았다. 결국, 우리는 독일로부터 타우러스Taurus를 도입해야만 했다. 이러한 사례는 우리가 아무리 한미동맹의 가치를 강조한다 하더라도, 미국의 중요한 의사결정은 자국의 이익과 전략을 우선시한다는 것을 웅변적으로 보여준다. 동맹은 공통의 가치를 공유한다 하더라도 서로에게 헌신적이고 호혜적인 노력을 함께하지 않는다면 공고해질 수가 없는 것이다.

한반도의 통일에 대해 일본과 중국 등 주변국들의 견해를 들어보면 나라마다 자국의 이익에 기초하고 있음을 명확히 알 수 있으며, 이는 향후 우리의 통일에 커다란 걸림돌이 될 것이다. 미래 통일 한국의 모습에 대해서는 대체로 유사한 견해를 가지고 있으나, 어디까지나 자국의 이익이 그 중심에 있다. 그 내용은 대체로 "첫째, 미래 통일 한국은 오로지 자국自國과 선린우호 관계를 유지해야 한다. 둘째, 군사력은 자국에 위협이 되지 않을 정도의 규모로 줄여야 한다. 셋째, 핵무장을 해서는 안 된다"라는 것이다. 이렇듯, 국제무대에서 국가 간의 관계는 상호주의보다는 철저히 자국의 이익 중심으로 작동한다. 특정 국가에 대해 관용적인 태도를 보이는 때도 있기는 하지만, 이는 이해관계에 따라 일시적인 것이며, 자국의 이익과 합치될 때만 가능한 것이다. 국제사회에서의 발언권도 국제사회에서의 공헌도에 따라 결정되는 것도 같은 이치이다. 안일하고 수월한 대응은 우선 당장 커다란 위험을 감수하지 않아도 되기 때문에 선택하기 쉽고 일시적인 평온을 유지하는 등 안도감을 가질 수 있다. 그러나 결정적인 위기 상황에 부닥치게 되면 그 대가는 참으로 냉엄하고도 혹독한 것이다.

과거 걸프전이 종료되고 쿠웨이트의 국가 위상이 회복되고 난 후, 쿠웨이트는 세계 30여 주요국의 일간지에 감사의 광고를 내보낸 적이 있다. 당시 자국의 군대를 보내 직접 이바지한 국가만이 감사의 대상이 되었으며, 비전투부대를 파병派兵하거나 금전적으로 도움을 준 국가들은 대부분 배제되었다. 수송부대와 의료부대만을 보냈던 우리나라도 감사의 대상에 포함되지 못했다. 그뿐만 아니라 전후 쿠웨이트 정부가 대규모 사회간접자본SOC, Social Overhead Capital 재건 공사들을 다수 발주했음에도 불구하고 우리나라는 경제적 이득을 거의 얻지 못했다. 전후戰後 복구를 통해 얻어지는 경제적 이득은 전투병력을 보내 직접적으로 기여한 국가들의 차지가 되었다. 이러한 결과는 국가이익이라는 커다란 그림을 내다보지 못하고 전투병력 파병으로 인해 유발될 수 있는 국내 정치적 문제만을 염려해 안일하고도 편협한 결정을 내렸기 때문이다. 많은 국가가 표면적으로는 세계 평화와 인도주의라고 하는 대의명분을 가지고 분쟁지역에 군사적으로 개입하고 있지만, 그 이면에는 국제 정치 상황의 주도와 전후 복구 과정에서의 경제적 이익을 추구하는 측면이 강하다. 결국은 자국의 현재와 미래의 이익을 극대화하기 위한 것이다. 군대 파병은 분쟁 당사국이 당면한 상황을 극복하고 나서 대규모로 이루어지는 재건계획에 참여하여 자국의 이익을 도모하기 위한 것임을 무시할 수 없다는 것이다. 이 과정에서도 결국 직접적으로 이바지하고 피를 많이 흘린 국가의 발언권이 가장 강하게 작용하게 된다.

1991년 걸프전에서도 그랬고, 2003년 이라크전에서도 그랬다. 그것이 국제사회의 냉엄한 현실이다.

최근 중국의 성장에 대해 우려와 기대의 목소리가 많은 것 또한 사실이다. 실제로 중국이 미국을 넘어설 것이라는 예측도 어떤 부분에서는 설득력이 있다. 그러나 대부분의 석학들은 각종 데이터를 바탕으로 21세기 역시 미국의 세기가 될 것이며, 중국이 미국을 넘어서는 것은 요원할 것으로 판단하고 있다. 사드THAAD 배치와 미 항공모함의 서해 진입반대, 서해 북방한계선NLL, Northern Limit Line 해역의 중국어선 불법조업 등과 관련해 중국이 보이는 일련의 행태들은 '과연 우리나라를 어떻게 보고 있는가?'라고 하는 그들 인식의 단면을 보여주고 있다. 그와 같은 행태들은 과거 중국의 황제가 조선의 왕을 책봉해왔고 현대의 한국 역시 중국 변방의 일부, 즉 조공국에 지나지 않는다는 19세기 이전의 과거 인식에 중국이 아직도 머물러 있음을 단적으로 드러내는 것이다. 즉, 서해는 자신들의 앞마당이고, 한반도는 마땅히 자신들에게 굴종해야 할 속국에 지나지 않는다는 생각을 가지고 있는 것이다. 중국이 그 정도 수준의 시각과 인식으로 국제사회를 바라본다면 선진국이 되는 것은 어려울 것이다. 이러한 현실들이 우리에게 굴종을 요구하는 일방적 관계가 아닌 상호 호혜적이고도 견실한 동맹이 필요한 이유이기도 하다.

그뿐만 아니라 중국은 한반도 문제에 대해 적극 개입할 것임을 거듭 밝히고 있으며, 심지어 '미국만 없었으면 한국은 진작 손봤을 나라'라는 식의 위협도 서슴치 않고 있다.[24] 북한의 김일성과 김정일도 중국이

24 http://www.futurekorea.co.kr/news/articleView.html?idxno

한반도 문제에 개입하는 것을 지극히 경계했으며, 중국을 믿지 말라는 유훈을 남겼다는 이야기도 전해지고 있다. 국제관계에서 강대국과 약소국은 대등한 위치에서 협력하거나 공존할 수 없는 것이 현실이다. 그래서 미국이나 중국 등 강대국과 우리나라와 같은 중소국가는 국제사회에서 대등한 관계가 성립될 수 없는 것이다. 그러므로 중소국가가 자신의 능력으로 스스로 안위를 지킬 수 없다면 굴복해서 복속되거나 동맹을 통해 생존을 모색하는 방법 이외에는 선택의 여지가 없다.

지금의 한미동맹은 과거 우리 국가의 안위가 백척간두百尺竿頭에 처해 있을 때 수많은 피를 흘려가면서 함께 싸웠던 힘겨운 과정을 거쳐오며 이룩한 것이며, 자유민주주의와 시장경제 체제라는 공동의 가치를 공유하고 있다. 한미동맹은 지난 70여 년간 우리의 생존과 번영을 지탱해왔으며, 우리에게는 번영을 지속하기 위한 사활적 이익이 걸려 있다. 동맹은 가치의 공유와 상호 호혜적인 기여 속에서 발전되고 공고해지는 것이다. 동맹은 공동의 가치를 공유할 수 있어야 하고, 상대가 어려움에 봉착했을 때 함께할 수 있어야 한다. 이 세상에서 노력이나 희생 없이 거저 얻어지는 것은 없으며, 일방적으로 부여되는 혜택이란 없다. 언젠가는 그 대가를 치르게 마련이다. 공고한 동맹의 존속은 이득에 상응하는 기여와 헌신이 있을 때만 가능하다. 동맹을 공고히 하려면 상대에게 신뢰를 주는 것이 무엇보다 중요하다. 상대에게 신뢰를 주지 못하는 동맹은 유지될 수 없으며, 공고한 동맹관계로 발전해나갈 수도 없다. 동맹을 강화하고 상대에게 믿음을 주는 방법은 진정성을 가지고 상대를 대하는 것뿐이다. 그 외에 연합훈련이나 주둔비용 분담, 국제적 헌신과 기여에 동참하는 일 등은 동맹의 능력을 개선하거나 강화하는 촉매제에 불과한 것이다. 우리가 필요할 때는 동맹을 찾고 의지하면서 상대가 필요하다고 할 때 외면한다면 그 동맹을 공고해질 수 없다. 무작정 상대방의 일방적인 호의만을 기대하는 것 또한 어리석은 일이다. 따라서 우리는 동맹과 함께 가치를 공유하고, 동맹으로부터 요구를 받았을 때 우리가 할 수 있는 것은 무엇이고, 할 수 없는 것은 무엇인지 솔직하게 설명하고 진지하게 설득하는 노력을 다해야 한다. 그러면서도 우리는 한미동맹 또한 영원할 수 없는 것이므로 동맹을 강화해나가는 노력과 더불어 우리의 독자적 역량을 개선·향상하기 위한 노력을 게을리해서는 안 된다. 자신의 능력보다 더 믿을 만한 것은 없기 때문이다.

CHAPTER 3

정예군의 육성 : 방향과 방안

1. 군·병종 간의 기능적 균형과 운용

한 국가가 어느 정도 규모의 군을 편성하고 유지하느냐는 국가의 경제적 능력과 인적 자원의 가용 여부에 달려 있다. 그러나 군의 규모와 성격, 편성 등 세부 구조는 국가가 처해 있는 안보 상황과 국가가 감당할 수 있는 자원의 가용성可用性, 국가가 구현하고자 하는 군사전략, 운용 개념 등을 함께 고려하여 결정해야 한다. 군 규모를 작게 편성하는 것만이 능사가 아니며, 군이 원한다고 해서 규모가 큰 군을 편성·유지할 수 있는 것도 아니다. 가장 중요한 것은 국가에서 달성하고자 하는 전략목표를 구현할 수 있는가의 여부와 전략목표 달성을 위해 필요한 자원 소요를 국가가 감당할 수 있는지의 여부이다. 작은 규모의 군으로 국가의 전략목표를 달성할 수 있다면 군의 규모는 그것으로도 충분한 것이다. 반면에, 국가의 전략목표 달성을 위해 큰 규모의 군이 필요하나, 국가가 감당할 수 없다면 동원動員에 의존하거나 공동의 이해를 갖는 국가와 동맹同盟을 맺는 등 국가 전략목표를 구현할 수 있는 다른 방안을 모색해야 한다. 그러한 검토 과정을 거쳐 결정된 적정 규모의 군은 군종별軍種別, 병종별兵種別, 제대별梯隊別, 기능별機能別로 잘 조화되고 효과적으로 작동할 수 있도록 편성해야 한다.

군의 정예화를 구현하기 위해 최우선적으로 고려할 사항은 군을 구성하는 군종軍種과 병종兵種 간의 기능적 균형 편성, 그리고 정교한 운용 능력의 구축이다. 군종, 병종, 기능의 규모나 자원 할당은 그 국가가 처해 있는 전략 환경과 전략적 요구에 따라 임무에 부합되도록 적절하게 고려해야 한다. 현대전의 양상이 복잡해지고 기술적인 요인의 비중이

커질수록 조화로운 편성과 정교한 운용이 요구된다. 현대전에서는 기능이 다른 이질적異質的 집단 간의 협력이 매우 강조되고 있다. 지상전에서는 제병협동諸兵協同이 강조되고, 전구작전에서는 합동성合同性과 상호운용성相互運用性이 강조되며, 다국적 군 작전에서는 상호운용성相互運用性이 강조되고 있다. 전장에서 요구되는 기능이 다양해지고 복잡해질수록 우수한 인재를 많이 필요로 하며, '협력'은 더욱더 중요해진다. 현대전을 제대로 준비하기 위해서는 군별, 병종별, 기능별 균형 발전을 도모해나가면서 우수한 인재를 양성하고 각각의 능력을 효율적으로 통합하기 위한 노력을 꾸준히 경주해나가야 한다.

여기에서 '균형均衡'이란 산술적算術的 균형을 의미하지 않는다. 여기서 강조하는 균형이란 기능적機能的 균형 속에서 전체적으로 조화를 이루는 것을 뜻한다. 우리는 균형이라고 하면 산술적 균형만을 생각하는 경향이 있다. 형평성을 고려한 산술적 균형은 조직 운영의 효율성을 저하시키고 왜곡만을 불러일으킨다. 군 조직에서 균형 발전은 군종과 병종의 기능적 균형과 조화로운 운용을 보장할 수 있는 것이라야 한다. 즉, 각 군종과 병종이 자신에게 부여된 임무와 기능을 기초로 하여 전체와 조화를 이룰 수 있는 균형을 찾아나가야 하는 것이다. 이외에도 군종과 병종의 부대 구조에는 전투, 전투지원, 전투근무지원 등 3가지 기능이 편성되는데, 이 또한 균형과 조화를 이루도록 편성되지 않으면 목표로 하는 부대의 능력을 발휘할 수 없게 된다.

전쟁의 수행은 나의 강점을 극대화하고 약점을 최소화하며, 적의 강점은 최소화하고 적의 약점은 극대화시킬 수 있도록 전략을 수립하고 전투력을 운용해야 한다. 어떤 집단이든 간에 장점과 단점을 가지고 있으며, 긍정적인 면과 부정적인 면도 함께 가지고 있다. 군 역시 개별 구성요소에 대한 단점과 부정적인 면을 줄여나가면서 장점과 긍정적인 면을 장려하고 키워나간다면 더 큰 능력을 발휘할 수 있다.

군사력 운용의 효율성을 높이려면 군종 간에는 합동성을, 병종 간에는 협동성을 키워나가야 한다. 군종 간 합동과 병종 간 협동을 촉진하기 위해서는 군종과 병종 간의 상호 이해가 선행되어야 한다. 타 군과 타 병과의 전통과 문화는 존중하고 운용체계, 장점과 제한사항, 능력 등에 대해 서로 잘 이해하고 숙지해야 한다는 것이다. 그래야만 전투력 운용과 작전 운용 전반에 대한 이해도를 높일 수 있으며, 다른 군종 및 병종에 대한 올바른 이해를 바탕으로 작전적·전술적 요구에 맞게 자신의 임무를 효율적으로 수행할 수 있는 것이다.

현대적 개념의 군으로 발전하기 이전에는 '합동성과 협동성의 발휘'라는 과제가 그다지 중요하지 않았으며, 크게 부각되지도 않았다. 과거에는 군종과 병종이 단순했기 때문에 오로지 부대 간의 협조가 가장 중요한 과제였다. 그러나 오늘날 지상군의 병종이 세분화되고 병종 간 협력이 강조되면서 협동성이 중시되었고, 지상 작전에 대한 해군력과 항공 전력의 역할이 강조되면서 합동성은 점차 중요한 과제로 등장했다. 군사작전에서 '군종 간 합동'과 '병종 간 협동'은 매우 중요한 요소이다. 합동과 협동이 잘 되면 시너지 효과를 발휘하여 능력을 극대화시킬 수 있으며, 합동과 협동이 원만치 않아 불협화음을 낸다면 가지고 있는 능력조차도 제대로 발휘할 수 없게 된다.

각 군에 대한 소속감은 중요하고 마땅히 존중되어야 한다. 하지만 그 소속감 못지않게 군은 임무로 뭉쳐진 조직임을 명심해야 한다. 각 군의 작전 요소는 부여된 임무에 대한 성공과 실패도 함께 공유하며, 생사고락生死苦樂도 함께한다는 공동체 의식과 소명의식을 가질 때 합동성을 발휘할 수 있는 것이다. 타군에 의한 지원과 자군 내 지원의 효율성이 차이 나는 이유는 합동성에 대한 인식이 부족하기 때문이기도 하다. 합동성은 군사력 건설 과정에서 각 군의 운용체계가 상호운용성이 보장될 수 있도록 계획해야 하고, 작전수행 과정에서 원만하게 통합될 수 있도록 편성과 교리, 훈련으로 뒷받침되어야 한다.

군사력 건설 과정에서는 통신체계와 C4I체계, 데이터링크, 통신 프로토콜 등 각 군에서 운용하는 체계들이 무리 없이 연동될 수 있도록 각종 표준을 정립하고 관리해야 한다. 그뿐만 아니라 새로운 체계나 새로운 버전의 소프트웨어가 더해질 때마다 공통적으로 적용할 수 있는 운용 규약運用規約 역시 지속적으로 보완해야 한다. 각 군별 운용체계가 복잡하고 다양해질수록 상호운용성과 연동의 문제는 심각해질 수밖에 없다. 유사시 합동성을 발휘하고 운용체계의 상호운용성과 연동을 보장하기 위해서는 꾸준히 점검하고 훈련하며, 발견되는 문제점을 지속적으로 보완하는 것보다 더 나은 방법은 없다.

주로 2차원 공간에서 전투가 수행되었던 시기에는 부대 간 협조가 강조되었으나, 화력과 기동, 장애물, 대전차유도무기 등 다양한 수단이 발전되면서 노력의 통합을 위해 점차 병과 간 협동의 필요성이 대두되었다. 특히, 제4차 중동전쟁 초기 시나이Sinai 반도 전투에서 이스라엘의 기갑여단이 이집트의 대전차 화망火網에 걸려들어 궤멸적인 타격을 입은 사건은 제병협동을 구체화하고 촉진시키는 결과를 가져왔다. 이스라엘군 총사령부는 대전차유도무기에 대한 대응 개념을 급조하여 예하부대에 전쟁지도 지침으로 하달했다. 당시의 대응 개념은 제4차 중동전쟁이 종결된 이후, 전쟁 교훈 분석을 통해 정교하게 다듬어지고 교리에 반영되면서 제병협동 전술이 보다 구체화되고 체계화된 교리로 정립되었다.

베트남전의 실패로 인해 새로운 돌파구가 필요했던 미군은 제3차와 제4차 중동전쟁을 중점적으로 분석하고 교훈을 도출해내기 위해 많은 노력을 경주했다. 특히, 제4차 중동전쟁 초기에 대전차유도무기의 위협이 부각되면서 전차와 기계화보병의 협동 필요성이 강조되었다. 이스라엘군은 개전 초 시나이 반도에서 이집트의 대전차 화망에 걸려 기갑여단이 궤멸되고 대대장이 포로가 되는 등 참담한 굴욕을 겪었다. 이스라엘 전쟁지도부는 이를 극복하기 위해 전차와 기계화보병 간 협동 방안을 제시했고 그 이행을 강조했다. 오늘날과 같은 제병협동 교리는 전쟁 교훈 분석을 통한 구체화 과정을 거친 후, 1977년 미 육군 교범에 반영되면서 지상군 교리의 핵심이 되었다.

제병협동은 23개의 지상군 병과 중에서 상당수가 참여하는 정교한 활동으로 통상 중대급 제대에서 시작된다. 제병협동은 전투임무 수행을 위한 전투 편성Task Organization 단계부터 구체화되어야 한다. 전투력을 할당하는 전투 편성이 결정되면 전투에 참여하는 부대 및 기능별로 긴밀한 협조가 이루어져야 한다. 제병협동은 계획 단계에서부터 예상되는 전투 국면에서 각 구성요소의 능력을 어떻게 통합할 것인가에 대해 구체적으로 검토하고 계획을 확정한 뒤, 예행연습을 거쳐 전투행동으로 전환된다. 전투력을 구성하는 요소들은 상호 이해와 협력을 바탕으로 긴밀하게 협력해야만 부여된 공동의 임무를 성공적으로 수행할 수 있다.

제2차 세계대전이 끝나고 전훈 분석 과정에서 수차례 거론되었음에도 불구하고, 그다지 조명을 받지 못했던 부분이 합동성이다. 제2차 세계대전을 수행하는 과정에서 각 군의 경쟁적인 임무 수행과 예산 경쟁으로 인해 자원 운용의 비효율성非效率性과 중복성重複性 등이 자주 지적되었으나 그리 주목받지 못했다. 그 후에도 평시 군을 운용하는 과정에서 각 군별 무리한 경쟁은 지속되었으며, 이러한 경향은 대부분의 국가에서 유사한 모습으로 나타났다. 미국은 합동성의 중요성을 인식하고 1986년 의회에서 골드워터-니콜스 법안을 통과시켜 법으로 강제하기 시작했다. 그럼에도 불구하고 미군은 각 군이 운용하는 체계를 상호운용성을 고려하지 않고 획득하는 사례가 빈번히 일어났으며, 걸프전 수행 과정에서도 여러 가지 문제점을 드러냈다. 그 후, 이를 해소하기 위한 다양한 노력이 이루어졌는데, 그중 하나가 미 합동참모본부에서 운용하는 합동소요심의위원회JROC, Joint Requirement Oversight Council이다. 합동소요심의위원회는 각 군이 획득하는 체계를 심의·조정하는 과정을 통해 이를 보완하고 있다.

우리나라도 지·해·공 3군 간의 무분별한 예산 경쟁과 합동성 문제는 시급하게 해결해야 할 과제이다. 군 간의 합동성은 제병협동에 비해 훨씬 더 어렵고 까다롭다. 그 이유는 각 군의 특성이 다르고 기상 등 환경 영향 요소 또한 다르게 작용하며, 통신 및 C4I체계 등에 대한 요구가 다르므로 공통으로 운용할 수 있는 시스템 획득이 어렵기 때문이다. 이러한 요인들은 각 군 간의 원활한 의사소통과 전장정보 운용 등 상호운용성에 부정적인 영향을 미친다. 국방부와 합동참모본부 등 상급부서는 각 군의 요구와 이해관계를 현명하게 조정할 수 있어야 하며, 나눠먹기식이나 목표 없는 산술적 할당에 급급하거나 군사전략 실행에 부합되지 않는 자원 할당을 해서도 안 된다. 합동참모본부가 고도의 조정력을 발휘하려면 최고의 전문성과 능숙한 업무 능력을 구비한 우수한 자원들이 배치되어야 한다. 각 군의 요구를 합리적으로 조정하지 못하면 자원의 효율적 사용은 요원해지고 자원의 불필요한 소모를 반복하는 어리석음을 범하게 된다.

국방부나 합동참모본부 등 주요 정책부서의 직책을 전문성에 기초하지 않고 각 군별 할당에 따라 배분하려는 무리한 요구와 시도가 지속되고 있다. 국방부, 합동참모본부 등 정책부서의 직책은 각 군별 적절한 배비가 필요한 경우도 있기는 하지만, 각 군이 영향력을 확대하려는 불순한 의도를 가지고 욕심을 앞세워서는 안 된다. 특정 군이나 병종이 군에서 보다 중요한 자리를 차지하고 싶은 욕심이 있다면 산술적 균형과 형평성衡平性을 주장할 것이 아니라 중요한 자리에서 쓰임을 받을 수 있는 훌륭한 인재를 많이 키우면 될 일이다.

2. 강소국을 향한 첫걸음: 정보 기능의 혁신적 전환

정보情報라 함은 통상 다양한 수단과 경로를 가지고 수집한 첩보를 분석·평가하여 정리된 자료를 일컫는다. 정보는 시간의 영향을 받으며, 적시에 필요로 하는 사람이나 기관에 전달되어 활용되어야만 정보로서의 가치가 있는 것이다. 아무리 정확한 정보라 하더라도 필요로 하는 사람에게 전달되지 않거나, 유용하게 활용할 수 있는 시간이 지난 후에 전달된다면 아무런 가치가 없다. 국가 방위태세를 갖춤에 있어 정보 기능의 중요성은 아무리 강조해도 지나치지 않는다. 오늘날 우리 군의 정보 기능과 관련해서는 근본적으로 다시 생각해야 할 것들이 많이 있다. 정보에 대한 이해와 인식, 수집, 분석, 전파, 활용 등 모든 분야에서 근본적인 인식의 개선이 있어야 하고, 분석 및 운영하는 방식이 획기적으로 달라져야 한다. 평시에 수행하는 모든 업무 활동이 '전쟁 중에 수행하는 업무on going war'라는 절박한 인식이 있어야 한다.

평시에 수행하는 정보활동은 매우 폭넓은 영역에서 이루어져야 하며, 적에게 성동격서聲東擊西식으로 당하지 않으려면 적의 의사결정체계에 아주 가까이 근접해 있어야 한다. 그러므로 평소 적의 의사결정체계에 최대한 근접하기 위한 노력을 끊임없이 경주해야 한다. 앙드레 보프르André Beaufre가 주장하는 '비군사적 수단에 의해 상대의 심리를 공격하는 간접전략'[25]이나 중국의 여론전輿論戰과 심리전心理戰[26] 역시 동일한 목표를 지향하고 있다. 한미동맹의 사드THAAD 배치에 대한 중국의 대응도 이러한 맥락에서 이루어진 것이다. 정보 수집은 늘 위험에 노출되어 있으며, 위험을 감수해야 하는 어려운 임무이다. 정보는 믿을 만한 출처로부터 확인되어야만 비로소 신뢰성과 가치를 인정할 수 있는 것이다. "누구누구에게서 들었다"고 하는 득문得聞 수준의 정보는 가치가 없

---

25 이 분야에 대한 좀 더 깊은 연구를 하고 싶다면 앙드레 보프르의 『간접전략』을 읽어볼 것.

26 중국의 삼전(三戰)은 여론전, 심리전, 법률전 등으로 구성되며, 중국 삼전의 현대적 적용은 우리의 사드(THAAD) 배치와 필리핀의 스카보러섬(Scarborough Shoal) 어업분쟁 등의 사례를 연구해보면 될 것이다.(정보사령부 발간 책자 참고)

다. 정보의 영역은 항상 상대가 있고, 허위와 가식, 기만과 대對기만이 병존하는 영역임을 깊이 새겨야 한다.

평소 정보는 최우선 순위로 다루어져야 하며, 정보가 없으면 눈먼 귀머거리에 불과하다. 또한, 정보가 제 역할을 잘 수행하면 다른 분야의 노력을 절약할 수 있으며, 예견되는 위험을 대폭 줄일 수 있다. 정보는 그 정확성을 보장하기 위해 교차 확인Cross Check해야 한다. 확인되지 않은 첩보 수준의 정보는 활용해서는 안 된다. 확인되지 않은 정보를 업무에 활용하는 것은 커다란 위기를 자초할 수 있는 매우 위험한 행위이다. 막연한 추측이나 희망만으로 국가와 군을 운영하기에는 감당해야 할 위험이 너무나 크기 때문이다. 정보는 유통되어야 하고, 필요한 부서 또는 필요한 사람에게 적시에 전파되어 활용되어야 비로소 가치가 발휘되는 것이다. 정보가 제 역할을 하기 위해서는 정보의 객관성을 유지하기 위한 노력이 끊임없이 이루어져야 한다.

정보 업무는 수집·처리·분석·전파 업무를 기본으로 하여 대정보, 전자전, 심리전, 정보작전 등 다양한 영역으로 확장되고 있다. 정보는 다른 기능이 제대로 작동할 수 있도록 서비스를 제공하는 것이다. 정보는 흔히 독점하고자 하는 유혹이 있는데, 정보의 독점은 왜곡과 오용誤用을 일으키기 쉬우며, 정보가 서비스라는 생각에서 벗어나 권력의 수단으로 이용하게 되면 타락하기 마련이다. 그러므로 정보의 객관성을 유지하고 정보기관의 월권을 방지하기 위해 제도적 장치를 마련해야 한다. 국가 정보기관은 국가의 정체성과 가치를 지킨다는 분명한 인식과 사명감에 기초해야 하며, 수행하는 임무가 국가의 정체성과 가치 수호에 부합되는지 수시로 점검하고 뒤돌아보아야 한다. 정보기관의 임무가 국가의 정체성과 가치, 기관의 운용 목적에 합치되도록 엄정하게 수행되지 않으면 수난受難을 겪게 될 것이다.

군사 분야에서 정보의 영역은 통상 적에 관한 정보와 타격해야 할 대상물을 분석하고 취약점을 찾아내는 표적 정보로 구분한다. 적에 관한 정보는 각종 수단을 이용한 정찰·감시를 통해 획득하며, 표적 정보는 정찰·감시는 물론이고 대상물에 대한 구조, 토양 분석, 기상과 지형에 따른 영향 등을 종합적으로 분석하여 획득한다. 적에 관한 정보와 표적에 대한 정보는 인간정보HUMINT, Human Intelligence, 공개출처정보OSINT, Open Source Intelligence, 영상정보IMINT, Image Intelligence, 신호정보SIGINT, Signal Intelligence, 계기정보FISINT, Foreign Instrumentation Signals intelligence, 계측정보MASINT, Measure and Signature Intelligence 등 다양한 수단과 방법을 활용하여 수집된다. 그런데 각 정보 수단은 장단점을 갖고 있으며, 기상 및 지형의 제약을 받기 때문에 정보의 융합을 통해 주어진 한계를 보완하고 정확도와 신뢰도를 높일 수 있어야 한다. 그러려면 수집 수단의 특성을 고려하여 상호보완적으로 운용해야 한다.[27]

정보 중에서 가장 신뢰할 수 있는 정보는 인간정보이다. 세계 인류사에서 커다란 발자국을 남긴 정복자들은 모두 정보의 중요성을 인식했고, 인간정보를 유용하게 활용했다는 공통점을 지닌다. 인간정보는 높은 신뢰성 때문에 과학기술이 아무리 진보한다 하더라도 적의 의도나 계획을 파악하는 수단으로서 여전히 중요한 역할을 담당하고 있다. 그

27 전웅, "첩보수집 수단의 유용성 비교: 인간정보와 기술정보를 중심으로", 「국가정보연구」, 제7권 2호, 2015년 2월, pp. 75-115.

러나 인간정보는 수집자의 주관적인 생각이나 성향, 의도가 반영되기 쉽고, 왜곡될 위험성이 높다. 따라서 가능하다면 다른 경로나 수단을 통해 교차 확인하는 것이 바람직하다.

정보는 기계 또는 전자적인 도구를 활용하여 훈련된 전문 인력에 의해 처리·분석·전파된다. 그러나 정보 분석 도구는 아무리 발전된다고 하더라도 보조적인 역할에 지나지 않기 때문에 전문 인력이 종합적으로 처리·분석하고 판단해야 한다. 그러므로 정보 분석은 전문성을 갖춘 인력의 확보가 가장 중요하다. 그러기 위해서는 전문적인 교육과 훈련 과정을 거쳐 정보 분석 전문 인력을 체계적으로 양성해야 한다. 정보 분석은 매우 우수한 전문성을 요구하는 분야이기 때문이다.

최근 우리가 운용하는 영상정보 수집 수단이 급증하고 있다. 영상정보 수집을 위한 도구로는 카메라 영상, 적외선 영상, 레이더 영상 등을 이용하는 다양한 수단이 발전되고 있다. 그러나 각 수단은 고유의 장점과 제한사항을 가지고 있다. 아래 도표와 같이, 하나의 수단이 식별할 수 있는 영역을 다른 수단이 식별하지 못할 수도 있으며, 설사 식별한다고 하더라도 관측된 영상 속에 나타나는 특성은 각각 다르다. 따라서 이러한 차이와 특성을 융합하면 수집 수단별 제한사항을 극복할 수 있으며, 대상물의 특징을 더욱 잘 드러나게 할 수 있다. 앞으로는 영상정보 수집 수단에 의해 지하에 구축된 시설을 제외한 어떠한 대상물도 식별과 분석이 가능해질 것이다.

향후 기술 발전에 따른 정보의 발전 영역은 무궁무진하다. 자연적 또는 인위적 조건과 환경에 따라 제약이 많이 있을 수 있겠지만, 상호보완적인 운용을 통해 극복해나갈 수 있을 것이다. 극복하려는 노력은 제

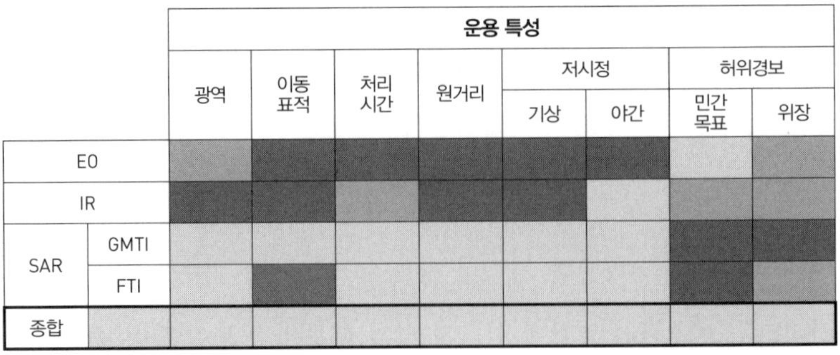

		운용 특성							
		광역	이동 표적	처리 시간	원거리	저시정		허위경보	
						기상	야간	민간 목표	위장
EO									
IR									
SAR	GMTI								
	FTI								
종합									

완전지원 | 부분지원 | 지원불가

- **EO**: Electro Optical(전자광학) / IR: Infrared(적외선)
- **SAR**: Synthetic Aperature RADAR(합성개구 레이더)
- **GMTI**: Ground Moving Target Indicator(지상이동목표탐지)
- **FTI**: Flying Target Indication(공중표적탐지)

〈그림 2〉 영상정보 수단의 운용 특성과 융합의 필요성

대로 하지 않으면서 조직과 장비, 예산 등 현실 여건의 부족함만을 탓한다면 정보 분야 발전은 요원한 이야기가 될 수밖에 없다. 이스라엘은 "정보의 DNA조차 바꾸어나가지 않으면 안 된다"라고 강조할 만큼 정보의 중요성을 인식하고 있으며, 적은 인력으로도 매우 효율성이 높은 업무를 수행하고 있다. 정보가 뒷받침되지 않으면 제대로 된 작전을 수행할 수가 없다. 그만큼 정보의 역할은 중요한 것이다.

그런데 우리의 실상은 어떠한가? 우리의 문제는 정보에 대한 올바른 이해와 접근, 극복하고자 하는 노력이 부족하다는 것이다. 정보의 중요성을 강조하면, 정보 예산부터 키워야 하고 조직과 인력, 정보 수집 수단부터 대폭 늘려야 한다고 주장한다. 그러나 그것은 부차적인 것이다. 조직이 크다고 해서 올바른 정보가 생산되는 것이 아니며, 사람이 많고 업무를 담당하는 인원들의 계급이 높다고 해서 정보가 잘 운영되는 것도 아니다. 조직의 크기나 인력과 예산의 과다보다는 정보에 대한 올바른 이해와 인식, 편성 목적에 맞는 정보조직의 운영, 정보의 수집과 생산을 위한 노력, 적시적인 전파 및 활용 등 정보 순환의 전 과정을 효과적으로 관리하는 것이 더 중요한 것이다. 부족한 수단과 분석 기법 등은 업무 수행 과정에서 점진적으로 발전시켜나가면 되는 것이며, 지금의 한계를 극복하기 위한 창의적인 방법을 찾아나가는 것이 우선되어야 한다. 부족한 가운데에서 부족함을 극복하기 위한 노력을 기울여나갈 때 창의적이고 도전적인 발상이 나오는 법이다. 모든 것을 갖추어놓고 임무를 수행하는 경우는 없다. 우리가 무엇보다 서둘러야 할 것은 정보에 대한 인식과 접근방식부터 바꾸는 일이다.

최근 북한의 핵 개발이 가속화됨에 따라 이에 대응하기 위해 우리 군은 킬체인Kill Chain과 한국형 미사일방어체계KAMD, Korea Air and Missile Defense, 대량응징보복KMPR, Korea Massive Punishment and Retaliation 등 새로운 대응 개념을 발전시키고 있다. 최근 북한의 비핵화가 이루어질 것이라는 희망을 가지고 다양한 노력을 기울이고 있으나, 현재로서는 언제, 어떤 방식으로 해소될지 전망하기조차 어렵다. 또한, 핵 및 탄도미사일 능력과 위협은 북한만이 추구하는 것이 아니다. 주변 강국들은 이미 그러한 능력을 갖추고 있으며, 국가가 존속하는 한 안보 위협에 대비하기 위한 노력은 꾸준히 지속해야 한다. 아무리 훌륭한 개념을 수립하고 정밀한 타격 수단을 보유하고 있다고 하더라도 정확한 정보가 뒷받침되지 않으면 목표하는 효과를 거둘 수가 없다. 우리는 우리에게 위협이 되는 상대의 예상 위치를 24시간 감시하고 발사하기 전에 타격하여 파괴할 수 있는 능력을 구축하고 지속해서 보완해나가야만 한다.

그런데 문제는 대부분의 핵·미사일 체계가 시한성 표적TST, Time Sensitive

Target이라는 데 있다. 즉, 일정한 시간 동안 존재했다가 사라지는 표적이란 뜻이다. 시한성 표적은 주둔지를 벗어나서 사격 진지를 점령하고 발사 후 준비된 생존 진지로 돌아가기까지의 시간, 즉 노출된 시간이 유효 타격 시간이 된다. 그러한 표적들은 계획된 작전 임무를 수행하고 나면 생존을 위해서 신속히 진지 변환을 한다. 그러므로 요망하는 타격 효과를 달성하려면 이들 표적이 활동하는 제한된 시간 안에 식별해서 파괴해야 하므로 확인된 표적이나 예상되는 지역에 대한 지속적 감시를 통해 될 수 있는 대로 조기에 타격할 수 있어야 한다. 이를 위해 우리는 실시간 감시 정찰을 통해 위협 표적에 대한 감시와 식별, 그리고 타격하기 위한 정확한 표적 정보, 타격 후 피해 평가는 물론, 피해 평가 결과에 따라 재타격 여부를 결심할 수 있어야 한다.

결국, 우리에게 가장 중요한 것 중 하나는 수준 높은 정보력이다. 타격 수단이 아무리 충분하다고 하더라도 공격할 대상을 찾지 못하면 무용지물일 뿐이다. 북한의 핵·미사일 위협을 제거하는 가장 좋은 방법은 발사 이전에 위치를 확인하여 킬체인을 운용하여 파괴하는 것이다. 적의 탄도미사일 발사 전에 우리가 그것을 파괴하지 못해 적의 탄도미사일이 날아오고 있다면, 지상에 탄착하기 이전까지의 궤적정보를 탐지·분석하여 KAMD 체계를 운용하여 공중에서 파괴해야 한다. 공중에서 요격이 실패했다면 지상에서의 피해를 최소화하는 방안을 찾을 수밖에 없다. 그 외에는 KMPR 개념에 의한 압도적이고도 파멸적인 보복공격을 하는 것뿐이다. 이러한 과정들은 개별적으로 이루어질 수도 있고, 동시 병행적으로 이루어질 수도 있다. 우리는 가능한 한 적 발사체의 위치정보를 발사 이전에 파악하고 지상에서 적 발사체를 파괴할 수 있어야 하며, 이를 위해서는 24시간 끊임없이 정보를 수집하고 분석 · 전파할 수 있는 우수한 정보 운용 능력을 갖춰야만 한다.

3. 국가 방위의 기반, 지상 전력

지상군은 국가 방위를 위해 기반이 되는 최후의 수단이다. 어떠한 형태의 전쟁이든 전쟁의 마무리는 지상군에 의해 이루어질 수밖에 없는 속성을 가지고 있다. 전쟁은 적의 국토와 자원을 통제하고 적의 의지를 제압해야 종결되기 때문이다. 해상 및 공중 전력은 첨단화를 통해 평시 전략적 억제의 수위를 높은 수준으로 끌어올릴 수 있으며, 전쟁 초기 전세戰勢를 유리하게 이끌어가는 핵심적인 역할을 수행한다. 그렇지만 지상군의 전투 수행 능력이 제대로 갖추어지지 않는다면 전장에서의 피해를 줄이거나 적을 굴복시킬 수 없으며, 전쟁을 종결하는 것은 더욱 어려운 일이다. 지상 전투는 적과의 직접적인 접촉과 대면을 통해 수행되며, 필연적으로 희생을 동반하게 마련이기 때문이다.

정政 · 군軍 지도자들은 전쟁이 임박할 경우, 국민들에게 전쟁의 정당성을 설득하고 전쟁을 결심할 수 있어야 한다. 그러려면 정 · 군 지도자들은 누구나 국민들에게 지켜야 할 가치와 지켜내야 하는 이유에 대해 논리적으로 이해하고 설득시킬 수 있는 능력을 갖추고 있어야 한다. 정 · 군 지도자들이 국민들에게 전쟁의 정당성을 납득시키고 확고한 믿음을 심어줄 수 있을 때 국민들의 지지支持를 받는 전쟁 수행이 가능해지는 것이다. 만약 정 · 군 지도층이 국민을 설득하지 못하고 여론에 휩

쓸려서 우왕좌왕하거나 사상자가 발생할 것이 두려워 지상군의 투입을 주저할 경우, 적의 항전 의지는 고양되고, 전쟁은 장기전長期戰으로 빠져들 가능성이 높아진다. 설사 지상군 병력이 조기 투입된다고 하더라도 무기력한 전투 역량을 보여준다면 국가이익을 수호하고 국민의 생명과 재산을 지켜내야 할 전쟁이 오히려 불리한 소모전消耗戰으로 이어질 가능성이 크다.

지상군 전술의 요체要諦는 엄호와 기동이다. 그 이면裏面에는 화력과 기동의 조화, 부대와 부대 간의 긴밀한 협조가 자리하고 있다. 제병협동諸兵協同이란 지상군에 편성된 각종 병과 간의 조합을 통해 서로 긴밀하게 협력함으로써 통합된 능력을 발휘하는 것을 말한다. 지상군의 전술적 운용은 해·공군보다 훨씬 많은 수단과 기능의 결합은 물론, 지형과 기상, 주민 성향 등 다양한 요소의 영향을 받는다. 즉, 해·공군의 병과는 8~14개에 불과하지만, 지상군은 23개 병과로 구성되어 있다. 지형과 기상에 대한 영향도 해·공군에 비해 상대적으로 지상군이 훨씬 더 많이 받을 수밖에 없다. 또한, 전쟁의 마찰과 불확실성에 대한 영향도 비교할 수 없을 만큼 더 크다. 그렇기 때문에 지상군 구성요소 간의 협동은 매우 중요하며, 중요한 만큼 훈련을 통해 충분히 숙달해야 한다.

그뿐만 아니라, 지상군은 해·공군에 비해서 상대적으로 더욱 복잡한 전장 환경에서 다양한 임무를 수행할 수 있어야 한다. 왜냐하면, 지상군은 예상 가능한 모든 상황에서 다재다능多才多能한 역할을 수행해야 하기 때문이다. 지상군은 적과 직접 대면하면서 교전해야 하는 것은 물론, 종료된 이후 민간행정 기관으로 전환하는 단계에서도 부여된 책임

지역과 인원을 통제하여 치안 불안 요소도 제거해야 한다. 군사작전이 종료된 이후에도 평정이 될 때까지 민정이양民政移讓에 필요한 계획과 조치를 발전시키고, 이것이 제대로 시행될 수 있도록 필요한 협조를 추진하고 조치를 강구해야 한다. 이러한 점에서 지휘관은 군사 사항뿐만 아니라 국가의 정치, 경제, 사회, 문화 등 다양한 방면에 대한 상당한 지식과 안목을 구비할 필요가 있다.

이처럼 종전 이후의 치안 질서 회복, 주민의 보호 및 지원을 위한 복구, 식량 및 의료 지원 등을 포함한 안정화 작전은 지상군이 수행해야 하는 중요한 군사 활동 중 하나이다. 굳이 이라크 전장에서 미군이 보여준 안정화 작전 사례를 언급하지 않더라도 전쟁의 성공적인 종결을 위해서는 지상군의 규모가 상대적으로 클 수밖에 없다는 것은 명약관화하다. 특히, 영토와 주권을 수호하는 전쟁은 지상군 중심으로 전쟁이 치러질 수밖에 없다. 미군은 6·25전쟁 당시부터 지금까지 주한 미군사령관을 모두 육군으로 임명하고 있다. 그뿐만 아니라 걸프전, 이라크전, 아프간전 등 국외에서 지상 전투를 치른 모든 전쟁에서도 육군이 지휘했다. 왜 그랬을까? 지상 전투만큼 직접적이고도 복잡한 전투는 없다. 지상 전투를 이해하고 관조觀照할 수 없으면 전쟁을 지휘할 수 없기 때문이다.

지상군은 부대 구성요소의 차이, 작전지역의 기상, 지형 등 환경의 영향 차이로 인해 해·공군에 비해 운용 개념이 한층 더 복합적이다. 지상군은 해·공군에 비해 훨씬 더 많은 작전요소를 통제해야 하며, 해·공군에 비해 기상의 영향은 덜 받는 편이지만 지형의 영향은 더 많이 받는다. 지상군에게는 기상이 제한사항이기도 하지만 극복해야 할 대상이기도 하다. 따라서 지상군은 다양한 임무를 수행하고 제한사항을 극복하기 위해 해·공군에 비해 더 많은 병종, 다양한 기능과 참모 부서를 둘 수밖에 없다. 이것은 육·해·공군 간에 구성요소가 그만큼 다르고, 지형과 기상이 미치는 영향도 다르다는 것을 의미한다. 그 차이를 이해하지 못한다면 군을 제대로 운용할 수 없다. 지상군은 상황과 여건에 따라 타 군종軍種인 해·공군의 지원을 받으면 보다 더 효과적인 작전을 수행할 수 있다. 그러나 해·공군은 물론, 지상군에 편성된 지원전력도 항상 가용한 것이 아니므로 지상군의 모든 부대는 스스로 해결하기 위해 다양한 능력을 갖는 무기를 편성해야 하고, 끊임없이 창의적인 해법을 요구해야 한다. 육군의 각 전술제대에 적 전차 격퇴를 위한 대전차무기를 편성하는 것 또한 공군 전력과 육군항공 전력이 파괴할 수 있지만 이들 전력은 항상 가용한 것이 아니며, 적 전차는 기상과 지형의 영향을 극복하고 운용될 수 있기 때문이다.

지상군은 교전을 통해 적을 굴복시키고 적의 주요 군사 능력을 직접적으로 제거하며, 지형을 장악하고 적의 의지를 통제함으로써 전쟁을 종결시킨다. 더욱이 적국과 영토를 직접 접하고 있는 국가는 지상군의 규모가 해·공군에 비해 상대적으로 클 수밖에 없다. 영토에는 국민을 비롯해서 국가의 모든 역량이 축적되어 있기 때문이다. 지상군 전력의 기본단위인 사단의 규모는 국가별로 커다란 차이가 있으며, 군사사상과 작전 수행 개념, 부대 유형에 따라 7,000~1만 5,000여 명의 인력과 100~150여 개의 무기체계와 주요 장비들로 구성된다. 이를 운용하기 위해서 각국의 지상군은 국가마다 특색 있는 병종과 참모 조직으로 구성된다. 그럼에도 불구하고 모든 국가들의 지상군이 갖는 공통점은 효과적인 임무 수행을 위해서는 병종별, 제대별, 기능별 다양한 구성과 긴밀한 협력, 유기적인 연결 등이 필수불가결必須不可缺한 요소라는 것이다.

병종별 협력을 위해 발전된 군사이론이 제병협동이고, 제대별 협력과 원활한 의사소통을 위해 지휘체제가 구성되어야 하며, 기능별 협력과 능력 통합을 위해 참모조직이 편성되는 것이다. 이 중에서 어느 하나라도 제대로 작동하지 않으면 효과적인 임무 수행은 어려워진다. 그렇기 때문에 병종별, 제대별, 기능별 균형 발전은 반드시 필요한 것이다. 어느 특정 병종이나 제대, 기능에 치우치거나 적절한 균형이 이루어지지 않으면 전체의 능력은 저하될 수밖에 없다. 지상군을 편성함에 있어 규모가 중요한가, 아니면 병종·제대·기능 간의 조화調和가 중요한가를 논한다면 당연히 조화가 우선되어야 한다. 지상군의 편성은 전술 운용 교리와 병종·제대·기능이 조화롭게 구성되어야 한다. 또한, 병종별 임무 구조가 짜임새 있게 편성되고, 제대별 운용 논리를 구현하는 데 부족함이 없도록 무기체계가 충실하게 구성되어야 하며, 기능별로 명확한 역할이 부여되어야 한다.

4. 지속적인 현대화가 요구되는 항공우주 전력

현대전에서 공군의 역할은 매우 중요시되고 있다. 오늘날 항공 전력은 과학기술의 발달에 힘입어 보다 다양하고 극적인 역할을 수행할 수 있게 되었고, 수십 센티미터 이내의 정밀타격이 가능하게 되었다. 항공 전력의 역할은 조기경보早期警報에서부터 제공권 장악, 정밀타격精密打擊, 지속지원持續支援에 이르기까지 미치지 않는 곳을 찾아보기 어렵다. 항공 전력은 비록 기상의 제한을 받기는 하지만 더욱 다재다능해졌고, 그 중요성은 한층 더 강조되고 있다.

항공 전력은 전장에서 주도권主導權을 장악하기 위한 가장 강력한 수단이다. 걸프전과 이라크전에서 미군은 유리한 여건 조성과 전장의 주도권 장악을 위해 항공 전력과 순항미사일을 적극적으로 운용했다. 항공 전력은 항상 충분하지 않기 때문에 통상 할당割當에 의해 운용되며, 항공 전력을 육성하고 운용하기 위해서는 막대한 예산이 소요된다. 그러므로 어느 나라든 군이 원하는 만큼의 충분한 항공 전력을 갖출 수는 없다. 미래에는 항공기의 성능이 비약적으로 향상되고 획득가격은 더욱 치솟을 것이므로 항공기 보유 대수는 점차 줄어들 수밖에 없다. 반면에, 정밀타격을 위한 첨단 유도무기의 사용비율은 계속 증가할 것이다.

항공 전력의 구성은 무인항공기의 등장으로 많은 변화를 겪을 것이다. 무인항공기는 유인항공기에 비해 상대적으로 저렴低廉한 가격으로 다량 확보가 가능하고, 위험한 임무에도 한층 더 쉽게 투입할 수 있다. 지금까지 무인항공기는 주로 표적용이나 기만, 정찰 등의 목적으로 운용되었으나, 무장 공격, 유인기와의 협동적 임무 수행 등 점차 공세적 영역으로 확장해가고 있다. 무인항공기가 공세적으로 수행할 수 있는 임무는 정찰 과정에서 식별된 목표물에 대한 즉시 공격은 물론, 공중전투, 전략폭격, 군집비행에 의한 집단적 공격 등으로 다변화되고 있다. 운용 방법 또한 무인기 단독으로 임무를 수행하는 것 이외에도 유인항공기에 의해 통제된 가운데 유인항공기의 임무를 보완하는 것 등 다양하게 발전되고 있다. 이에 따라 무인항공기를 운용하는 인원에 대한 자격요건도 점차 강화되고 있으며, 무인항공기가 공격 능력을 갖추어감에 따라 살상 권한을 갖는 운용자에 대한 보다 엄격한 윤리교육倫理教育 또한 강조되고 있다. 무인항공기 운용은 고도의 집중력集中力이 요구되기 때문에 한 사람이 장시간 임무를 수행할 수 없다. 따라서 많은 국가들이 무인항공기의 체공 능력과 운용요원의 집중력 유지, 피로도 등을 고려하여 주기적으로 교대하는 운용 개념과 편성을 발전시키고 있다.

국가별 무인기 운용 능력은 다양한 데이터로 평가할 수 있다. 그중에서도 가장 보편적으로 적용되는 수치는 '손실 간 평균운용시간MTBL, Mean Time Between Loss'일 것이다. 손실 간 평균운용시간을 살펴보면, 미국의 섀도 200Shadow 200은 2,000시간, 리퍼Reaper와 프레데터Predator는 1만 6,000~1만 9,000여 시간, 이스라엘의 헤르메스 450Hermes 450은 2만 8,000여 시간으로 알려져 있다. 이스라엘은 2006년 7월과 8월 사이 34일간 수행된 남부 레바논 작전 일명 2차 레바논 전쟁에서 20만 시간 이상의 무인기를 운용했다고 한다. 이는 작전 기간 중 24시간 내내 다양한 임무를 수행하는 다량의 무인기가 운용되었음을 의미한다. 이스라엘의 무인기 운용 능력은 신뢰성 높은 체계, 합리적인 편성, 체계적인 운용요원 양성, 부대 훈련, 정교한 운용 방법 등이 어우러진 결과이다. 우리는 손실 간 평균운용시간이 얼마나 될까? 최근 들어 무인항공기 운용에 대해 의욕적인 계획들을 내세우고 있지만, 지금의 우리 내면을 먼저 냉정하게 들여다볼 필요가 있다. 군 지도부가 우리 군의 무인항공기 운용 실태에 대한 정확한 진단 없이 의욕만 앞세운다면 일회성 이벤트나 또 다른 시행착오를 반복하는 것으로 끝나고 말 것이다. 우리 자신에 대한 엄밀한 진단을 통해 보완하고 발전시켜야 할 것이 무엇인지를 먼저 식별하고 보완하는 노력이 선행되어야 한다. 거창하고 그럴듯한 계획을 앞세운다고 해서 장밋빛 세상이 펼쳐지는 것이 아니다.

이스라엘은 ○개의 무인항공기 부대를 운용하고 있으며, 1개 부대에는 수십여 대의 무인항공기와 다수의 통제장비가 배치되어 있다. 무인항공기는 운용자 최소화 원칙에 따라 임무 지휘관 1명과 감지기 운용자 1명, 이렇게 2명으로 편성된다. 이들은 1년여 간의 훈련 기간을 통해 무인항공기 운용을 위한 기본 자격을 갖춘다. 무인항공기 운용 기본 자격을 갖추게 되면 6개월간의 추가 교육을 이수한 후, 운용부대에 전입하여 3개월의 재교육과 자격검증 과정을 거쳐 무인항공기 조종사가 된다. 다시 7개월 이상 임무를 수행한 후에 조종, 외부통신 능력, 정비 능력 등의 검증을 거치면 임무지휘관 자격이 부여된다. 통상 무인항공기 운용은 1회 4~5시간으로 제한된다. 무인항공기 1개 운용팀은 8명이며, 4개 조로 편성되어 4시간 단위 교대로 24시간 운용할 수 있는 체계를 갖추고 있다. 각 조의 근무시간은 집중력을 발휘할 수 있도록 최대 4시간을 초과하지 않는다. 이스라엘 육군은 헤르메스Hermes 450을, 공군에서는 헤론 TPHeron TP를 운용하고 있다. 여러 개 조의 무인항공기를 동시에 투입하는 대규모 운용은 지상통제소의 수와 주파수 가용성 여부에 따라 영향을 받는다.

통상 항공 전력은 전장에서 유리한 여건을 조성하기 위해 선제적으로 운용된다. 위기 상황에서 어떠한 전략을 선택할 것인가는 항공 전력의 활용 방안을 결정하는 핵심적인 과제이다. 개전開戰 초기 기습을 선도先導하는 전력으로 운용할 수도 있고, 적의 침략을 격퇴하거나 반격을 위해 적의 핵심 역량을 분쇄하기 위한 타격 전력으로 운용할 수도 있다. 항공 전력이 충분하다면 전쟁 기간 내내 투입할 수도 있을 것이다. 미래에도 전장 우세는 물론, 정보 우위를 달성하기 위한 항공 전력의 중요성은 갈수록 커질 것이므로 질적質的으로 우수하면서도 적절한 수준의 항공 전력을 확보하고 유지하기 위해서 지속적으로 노력해야 한다.

항공 전력의 우세 여부가 전쟁의 흐름에 결정적 영향을 미친다는 사실은 우리 모두 잘 알고 있다. 그런데 운용할 수 있는 항공 전력 규모規模와 질質은 그 나라의 재정 부담 능력과 과학기술 수준에 따라 결정된다. 오늘날 세계 유수의 국가들이 첨단 스텔스 항공기를 개발하기 위해 혈안이 되어 있는 것도 그 때문이다. 우수한 기술이 투입된 항공기는 탁월한 능력을 발휘하기 마련이며, 우수한 정밀유도무기는 타격 효과를 극적으로 높일 수 있고, 비용을 획기적劃期的으로 절감할 수도 있다.

실전에서는 벌어지기 어려운 일이지만, F-22 전투기가 F-15 전투기와의 모의교전에서 144 대 1로 압도적으로 우세할 수 있었던 결정적 이유는 적용된 기술 수준의 월등한 차이 때문이다. 현대전에서 승리하려면 가급적 우수한 항공기와 정밀유도무기를 많이 확보하고 있는 측이 유리하다. 그러나 항공 전력의 확보와 유지를 위해서는 많은 예산이 투입되어야 한다. 또한, 공군기지는 고정되어 있어서 취약성이 상대적으로 클 수밖에 없으므로 적절한 방호 수단을 함께 구비하지 않으면 안 된다. 미군이 주한 미군의 패트리어트Patriot 미사일 자산을 미군 항공기 운용기지 중심으로 배치하려는 것도 이와 같은 이유 때문이다.

제2차 세계대전 당시 교량 1개소를 파괴하기 위해서는 약 9,000발의 폭탄을 투하해야 했으나, 지금은 단 한 발의 미사일로 파괴할 수 있게 되었다. 그만큼 정밀타격이 가능하게 된 것이다. 즉, 수적인 감소를 질적인 효과로 극복할 수 있는 시대가 도래到來한 것이다. 그러나 우리는 걸프전과 이라크전을 생생하게 중계한 언론의 영향을 받아 항공 전력에 대한 지나친 환상幻想을 가지고 있다. 걸프 지역의 사막은 지상표적을 공격하기 위한 항공작전을 수행하기에 가장 이상적인 조건을 제공했다. 분명히 항공 전력이 유효한 수단임에는 틀림이 없으나, 산악이나 도심과 같은 복잡한 지역에서는 제한사항 또한, 엄연히 존재한다. 그러므로 항공 전력의 실체를 정확히 이해하고 올바르게 운용할 줄 알아야 한다.

우리가 미래의 전쟁에 대비하기 위해서는 항공 전력에 대한 적절한 투자를 지속적으로 해야 하며, 독자적 기술 개발을 위해 꾸준히 노력해야 한다. 우수한 항공 전력과 독자적 기술을 확보해야만 지속적인 성능개량性能改良과 상대적인 적국에 대항할 수 있는 비대칭非對稱 능력을 발전시켜나갈 수 있으며, 전장에서 일방적인 패배나 치욕을 당하지 않을 수 있는 것이다.

우리나라처럼 영토가 협소하고 적의 탄도미사일 위협에 노출되어 있는 경우에는 공군기지의 기능 발휘와 생존을 위해 탄도미사일 위협에 대한 방어체계를 반드시 갖추어야 한다. 해군기지 또한, 마찬가지이다. 기지의 기능이 원활하게 발휘되어야만 효과적인 작전 수행이 가능하기 때문이다. 지금까지 방공 전력은 주로 적 항공기를 상대하고 제압하는 데 주력해왔다. 그러나 이제는 공중위협에 대한 대응 중점對應重點이적 항공기에서 탄도미사일로 옮겨가고 있다. 과거 공중위협은 적의 항공기뿐이었으나, 최근에는 탄도미사일, 순항미사일, 무인항공기, 헬기 등 다양한 수단들이 새로운 위협요인으로 등장했다. 적의 항공기, 탄도미사일, 순항미사일, 무인항공기 등 현존하는 위협 중에서 가장 높은 수준의 방어 능력을 요구하는 것은 탄도미사일이다. 탄도미사일을 방어할 수 있는 기술 및 운용 능력을 갖추게 되면 항공기나 순항미사일, 무인항공기에 대한 대응은 가능해진다. 따라서 우리의 공중위협에 대한 대응 중점도 흐름에 맞게 바뀌어야 한다.

지금까지 우주공간宇宙空間은 강대국의 독점적 점유 공간이었다. 그런데 미래 전쟁에서 우주공간에 대한 지배는 그 중요성이 점점 더 높아져 가고 있다. 중소국가中小國家의 경우에도 우주공간을 장악하지는 못할지라도 우주공간을 적극 활용하여 군사작전의 효용성을 높이기 위한 노력을 꾸준히 확대해나가야 할 필요성이 커지고 있다. 왜냐하면 우주공간이 더 이상 통신과 정찰 수단을 운용하기 위한 공간만은 아니기 때문이다. 현재 우리는 통신과 제한된 정찰 등 한정된 범위에서만 우주공간을 활용하고 있다.

상대적인 적국의 정찰 수단으로부터 우군의 정보를 보호하기 위해 자국을 관측할 수 있는 범위 내에서 활동하는 적국의 정찰위성을 식별하고 대처하는 것은 중요한 과제이다. 그러므로 우리도 우주공간을 어떻게 활용할 것인가에 대해 한층 더 많은 검토를 해야 하고, 투자를 게을리 하면 안 되는 시점에 이르렀다. 우리는 우리의 영토와 영해, 영공에 대한 적성국가의 정찰과 감시에 보다 적극적으로 대응할 수 있는 능력을 구축해나갈 필요가 있다. 우주를 관측하는 방법은 광학에 의한 방법과 레이더에 의한 방법이 있다. 우리는 매일 우리나라 상공을 지나가는 수백 개의 위성 중에서 군사위성軍事衛星과 민간위성民間衛星을 구별하고, 적성국가가 군사적 목적으로 운용하는 위성을 식별해낼 수 있는 능력을 갖추어야 한다. 그래야만 적대국가의 정보수집에 대해 필요한 방어적 조치를 능동적으로 강구할 수 있기 때문이다.

그 다음 단계에서는 우주에 위치하고 있는 적대국가 위성에 대해 방해 또는 제압할 수 있는 능력을 갖추어야 한다. 통신위성은 할당된 정지궤도에서 운용하고 전자파를 이용하는 것이기 때문에 비교적 대응이 용이하다. 그러나 정찰위성은 군사적 목적으로 광학과 레이더 영상을 획득하기 위한 목적으로 운용되기 때문에 유사시 이에 대처하기 위한 적절한 공격 및 방해 수단을 확보해야 한다.

최근 정밀유도무기의 명중률과 통신 운용에 영향을 미치는 우주기상宇宙氣象[28]에 대한 관심이 높아지고 있다. 특히, 태양의 흑점 폭발로 발생하는 태양의 자기 폭풍, 방사능 폭풍, 전리층 교란 등은 우주 자산의 운용은 물론, 통신 장애를 유발하고 정밀유도무기의 명중률에도 심각한 영향을 미칠 수 있다. 그렇기 때문에 우리 군도 우주기상, 특히 태양풍太陽風의 발생과 변화를 관측하고 그 영향을 사전 경고할 수 있는 능력을 갖추어야 한다. 우주기상 관측 능력은 군 단독으로 구축하기보다는 민간기구와 협력하여 국가 자산을 효과적으로 활용할 수 있는 방안을 찾는 것이 효율적이다. 민간 기구에서는 이미 천체와 우주를 관측하기 위

28 우주기상이란 태양의 활동으로 인해 유발되는 지구의 전리층과 지구 자기권의 전자밀도, 지자기 강도, 플라스마(Plasma) 밀도 등에 대한 변화를 탐지하고, 영향을 평가하는 분야이다.

한 유용한 수단들을 운용하고 있으며, 그들의 능력으로 할 수 없는 부분은 군의 투자를 통해 보완하는 등 상호 협력이 가능할 것이다.

GPS위성으로부터 제공되는 위성항법장치衛星航法裝置의 활용 또한 관심을 가져야 할 중요한 분야이다. 위성항법체계는 우리 실생활에도 많이 활용되고 있는 매우 유용한 수단이다. 군사적으로도 위치 보고와 정밀유도무기의 운용 등 다양하게 활용되고 있으므로 적의 사용을 제한하고 우군의 사용을 보장할 수 있는 효과적인 방안을 발전시켜나갈 필요가 있다. 위성항법체계는 미국의 GPS, 러시아의 GLONASS, 유럽의 갈릴레오Galilreo, 중국의 베이더우北斗 등 다양한 수단들이 발전되고 있으므로 더 많은 연구와 노력이 필요한 부분하다. 우리는 지금 전파방해Jamming에 대응하기 위한 기술 개발 수준에 머물러 있다. 그러므로 우리는 GPS의 정확도를 향상시킬 수 있는 하드웨어와 소프트웨어의 개발, 전파방해와 기만Spoofing에 대한 대응 능력 확보, 적 위성항법체계에 대한 무력화 등 우군의 사용을 보장하고 적의 사용을 제한할 수 있는 능력을 발전시켜나가야 한다.

5. 독자적 연안작전과 연합 원양작전 능력을 갖춘 해상 전력

우리나라는 3면이 바다로 둘러싸여 있다. 과거에는 바다의 중요성이 그다지 부각되지 않았으며, 바다란 그저 물고기를 잡는 열린 공간에 불과했다. 그러나 근세에 들어서면서부터 바다를 장악하는 나라가 국외에서 자원과 노동력을 확보해 세계를 주도해왔다. 이제 바다는 국제무역 통상의 주요 무대이며, 무한한 자원의 보고寶庫로서 그 중요성이 날로 증대되고 있다. 오늘날 세계 각국은 배타적 경제수역EEZ, Exclusive Economic Zone 확장 등 해양에서의 이익 확대를 위해 혈안이 되어 있으며, 과거에 관심을 가지지 않았던 무인도가 국가 간 주요 분쟁의 요인이 되고 있다. 독도가 그렇고, 센카쿠 열도尖閣列島(중국명 댜오위다오釣魚島)가 그렇고, 남중국해의 난사 군도南沙群島가 그렇다. 바다에서 자원과 이권 확보를 위한 국가 간 경쟁은 더욱 치열해지고 있다.

적정 수준의 해군력 건설을 위해서는 국가 차원에서 바다에서 지켜야 할 것이 무엇이고, 확보하거나 얻어내야 할 이익은 무엇인가를 명확히 정의하고, 추진해야 할 핵심 과제를 식별해내는 것이 무엇보다 중요하다. 먼저 우리가 지키고 얻어야 할 대상과 범위를 정확히 정의해야만 해군력을 얼마나, 어떻게 건설하고 어떤 능력을 유지 · 발전시켜나갈 것인지를 결정할 수 있기 때문이다. 막연하게 바다의 중요성을 운운하면서 해군력 증강을 외치는 것은 설득력이 없다. 미국의 해군 전략가인 알프레드 머핸Alfred Thayer Mahan은 "해상교통로海上交通路를 장악하려면 세계 패권보다는 지역 패권을 차지하기 위한 해군력을 갖추어야 한다"고 지적한 바 있다. 현재 중국은 이에 충실히 따르고 있는 것으로 보인다.

그렇다면 우리는 해상교통로를 독자적으로 보호하기 위해 주변국의 위협을 넘어 지역 패권을 장악할 수 있는 해군력을 건설할 수 있을까? 이는 현실적으로 대단히 어려운 일이며, 우리의 경제력으로 감당하기도 쉽지 않다. 우리가 먼저 해야 할 일은 우리가 지켜내야 할 핵심 이익을 명확히 정의하는 것이다. 그런 후에 적정 수준의 해군력을 갖추어나가면서 핵심 이익 권역圈域에서 상호 이익과 이해를 공유할 수 있는 국가와 전략적 협력을 통해 위협을 극복해나가는 것이 가장 효과적인 방법일 것이다.

우리에게 바다는 주변국들의 위협으로부터 우리 영토를 지켜내는 공간이자, 국가의 생존과 지속적인 발전을 위해 자원을 확보하고 국제 무역과 교류·협력이 이루어지는 공간이다. 그러므로 바다는 지구촌 곳곳으로부터 필요한 자원을 국내로 유입하고, 또 우리가 만든 상품을 세계 각국과 자유롭게 거래할 수 있는 통로가 되어야 한다. 우리의 주변국들은 우리보다 훨씬 규모가 크고 질적으로 우수한 해군력을 건설하는 것은 물론이고 운용할 수 있는 능력을 갖추고 있다. 또한, 원거리에 위치한 교역대상국들과의 교역로 역시 상황 변화에 따라 군사적 영향력을 발휘해야 할 상황이 발생할 수도 있다. 그러나 우리가 바다에서 발생할 수 있는 모든 상황에 독자적으로 대처할 수 있는 역량을 갖추기는 대단히 어려운 것이 현실이다.

그렇다면 우리는 어떠한 선택을 해야 할까? 가장 바람직한 것은 '독자적 거부拒否와 협력을 통한 공동대응共同對應'일 것이다. 우리의 영토와 영해, 영공을 지키는 능력은 스스로 구축하되, 자원 유입과 무역의 자유를 확보하기 위한 능력은 독자적으로 갖추기 어려우므로 지역별 또는 사안별로 적절한 조력자를 찾아 협력하는 것이다. 협력 파트너는 우리와 국가이익이 상충되지 않고 공유할 수 있는 국가라면 가장 바람직할 것이나, 설사 상충된다고 하더라도 사안에 따라 선별적으로 협력할 수 있는 방안을 찾아야 한다.

우리의 영해를 수호하기 위한 능력은 어떻게 얼마나 구축해야 할까? 우리는 현실적으로 북한과 대치하고 있다. 우리는 지정학적으로 반도라는 특성을 가지고 있다. 그로 인해 해군력은 동·서해로 분할해서 운용할 수밖에 없으며, 동해나 서해의 전력을 타 해역으로 전환하기 위해서는 많은 시간이 필요하다. 그러한 해양 환경은 해군력 운용의 융통성을 제한하고, 각각 분할된 해역에 더 많은 해군력을 배치할 수 없다는 지정학적 제약을 안고 있다. 반도적 특성으로 인해 전력이 분할되는 취약점은 육상 기지를 발전시키고, 남해 지역에 기동성 있는 함대 세력을 배치해 유사시 보다 짧은 시간 내에 증원할 수 있도록 보완함으로써 어느 정도 해소할 수 있다. 그것은 주변국의 위협에 대응할 때에도 유사하게 작용할 것이나, 육상 기지를 발전시키거나 증원에 의한 방안 이외에도 전략적 선택에 의해 조정할 수 있는 여지도 있다. 그 전략적 선택의 하나는 A국가와 분쟁이 발생할 경우에는 전략적 이해가 상충되는 B국가와 연합하고, B국가와 분쟁이 발생할 경우에는 A국가와 연합하는 이이제이以夷制夷의 방책일 것이다. 물론 전략적 이해를 달리하는 C국과 연합하는 방법도 고려할 수 있는 방안 중 하나이다.

북한의 해상 위협에 대한 대응은 우리의 독자적인 능력으로도 충분히 가능하다. 현재에도 부분적으로 보완이 필요한 부분이 있기는 하지만, 전체적으로는 대응하는 데 큰 어려움은 없다. 북한은 변변한 해상작전세력을 가지고 있지 못하다. 우리에게 가장 위협이 되는 것은 북한의 잠수함 전력뿐이다. 우리는 이미 북한의 잠수함 위협에 대응할 수 있는 다양한 수단을 가지고 있으며, 지속적으로 보완하고 있다. 따라서 다양한 군사적 수단의 선택과 운용 방법을 발전시켜나간다면 대응이 불가능한 것은 아니다.

가까운 미래에 우리에게 가해질 수 있는 북한의 SLBM 위협도 상징

적이고 제한적인 위협에 불과할 뿐이다. 왜냐하면, 북한 잠수함의 작전 능력은 제한적이며, 그들의 능력과 취약점은 우리가 잘 알고 있기 때문이다. 잠수함은 반드시 기지를 이용해야 하므로 탑재하고 있는 무장과 연료를 소진消盡하고 나면 반드시 기지로 복귀해야 하며, 기지에서 추가적인 미사일 장전 등 보급 지원을 받지 못하면 무용지물이다. 그러므로 최악의 경우 일격一擊을 허용할 수도 있겠지만, 대응이 불가능한 것은 아니다. 북한 잠수함 위협에 대해서는 구태여 원자력잠수함을 보유하지 않아도 현재의 능력으로도 대응할 수 있다. 우리가 보유하고 있는 수단들을 공세적으로 운용할 의지를 가지고 있느냐, 없느냐의 문제일 뿐이다. 나머지는 한미 간 협조의 영역이다.

북한의 잠수함 기지는 이미 식별되어 있다. 우리가 피동적이고 안일한 사고에 젖어 적절한 군사적 방책을 강구하지 못한다면 문제가 될 수도 있을 것이다. 그러나 우리가 평시 잠수함 기지에 대한 감시를 강화하고 개전이 임박하게 되면 북한 잠수함 기지를 선제적 혹은 조기에 무력화시키면 되는 것이다. 북한의 위협만을 고려할 경우, 우리의 해상 전력은 잠수함을 포함한 북한의 해상 세력을 제거하고 바다로부터 북한으로 유입되는 보급로를 차단하며, 지상 작전을 지원할 수 있는 정도의 능력을 구비하면 충분하다.

그러나 주변국을 고려하면 사정은 달라진다. 주변국의 해군력은 우리보다 현대화되고 우리에 비해 규모도 클 것이기 때문이다. 주변국의 우수한 함정 세력을 우리의 해군력만으로 대응하기에는 한계가 있을 수밖에 없다. 이에 대응하기 위해서는 창의적인 사고와 비대칭적 수단의 발전이 필요하다. 이것 역시 불가능한 것은 아니다. 이것은 우리의 선택과 결심의 문제이다. 더 어려운 것은 우리 영토에 기지를 두고 있는 우리의 공군 등 우군의 작전 세력으로부터 지원을 받을 수 없는 원양에서 작전이 이루어질 때 우리가 선택할 수 있는 방안이 무엇인가 하는 것이다. 항공모함을 보유한다고 해서 해결되는 문제가 아니다. 그것은 결국 독자적인 능력보다는 이익을 같이하는 국가와 협력하여 대응하는 방안 이외에는 다른 방도가 없다.

우리는 해군력을 현대화해나가면서 새로운 운용 개념과 이를 뒷받침할 수 있는 수단을 지속적으로 연구·발전시켜나가야 한다. 앞으로도 기술 발전은 계속될 것이므로 우리의 능력을 더욱 신장시켜나갈 수 있다. 그럼에도 불구하고 주변국과 바다에서 대결하는 데에는 한계가 있을 수밖에 없다. 직접적인 대결은 지양해야 하겠지만, 결정적인 시기에는 결전을 시도해서 격멸 또는 치명적인 타격을 줄 수 있어야 한다. 그러한 능력을 구비하고 현시顯示할 수 있다면 함부로 도발하지 못할 것이다. 북한의 위협에 대해서는 독자적으로 대처해나갈 수 있도록 지속적으로 보완·발전시켜나가되, 주변국과의 갈등 또는 충돌에 대비하여 해군력의 현대화와 더불어 비대칭 수단을 포함한 포괄적인 대응 방안을 함께 발전시켜나가는 것이 바람직하다. 우리는 이미 그러한 능력과 기술적 기반을 충분히 가지고 있다.

6. 사이버전 능력의 구축

오늘날 선진 강국은 물론, 수많은 국가들이 사이버 대응 조직을 가지고 있다. 그럼에도 불구하고, 그 어느 나라도 사이버 조직의 유무나 규모에 대해 공식적으로 밝히지 않고 있다. 우리는 그 이유를 잘 이해해야 한다. 우리나라처럼 국민의 알 권리를 빙자하여 공공연히 밝히고 파헤침으로써 능력을 노출시키는 나라는 없다.

사이버전 수행과 능력 건설이 갖는 비공개적非公開的 특성으로 인해 민간학자는 물론, 군사전문가 집단조차도 임무와 개념에 대한 시각 차이에 따라 사이버전 영역을 다양하게 분류하고 있다. 사이버전에서는 적의 사이버 공간에 대한 침투, 적의 사이버 공간에서의 정보 탈취奪取와 파괴破壞, 정보 조작造作, 아측我側의 사이버 공간에 대한 방어 등 다양한 과제가 다루어진다. 그러나 사이버전은 매우 은밀하고도 상시적常時的으로 이루어지기 때문에 전시와 평시를 구분하는 것은 불가능한 일이다. 일부에서 거론하고 있는 것과 같이, 평시에는 A기관, 전시에는 B기관이 책임을 분할하여 임무를 수행한다는 것은 사이버에 대한 이해 부족에서 비롯된 것이다.

사이버 공간에서의 권한과 책임은 견제牽制와 균형均衡이 이루어질 수 있도록 오프라인에서의 삼권분립보다 더 엄격한 권한의 분산分散과 통제統制가 요구된다. 비공개 업무의 권한이 특정 집단에 집중되면 초기에는 보안 측면에서 장점이 있을 수 있다. 그러나 점차 조직이 비대해지면서 음모陰謀, 조작造作, 회유懷柔 등의 부정한 행위가 횡행할 수 있는 여지를 열어둠으로써 권한 독점에 의한 은닉, 타락 등의 악습과 비효율이 쌓이게 된다. 이것은 관련 조직 간의 갈등과 비협조를 유발되게 된다. 견제와 균형에 기초하여 권한이 분산되고 적절한 통제체제가 구축되어야만 사이버 특성에 부합하는 분권화 임무 수행이 가능하며, 각 기관별 책임이 명확해지고, 협력을 촉진시킴으로써 시너지 효과를 발휘할 수 있다.

사이버 공간에서의 군사 활동은 어느 나라도 공개公開하지 않고 있으며, 사이버 공간에서 발생한 사건에 대해서도 시인是認도 부인否認도 하지 않는 것이 일반적이다. 그 이유는 첫째, 사이버 공간은 민·관·군의 영역領域이 중첩重疊되어 있으며, 모든 것이 디지털 정보로 기록되는 공간의 특성으로 인해 기존 물리적 공간에서 추구하는 군사작전 개념의 달성이 사실상 불가능하기 때문이다. 둘째, 공격 능력과 방어 능력은 상대적인 것이며, 공격 주체를 은폐隱蔽해야 하는 사이버 작전의 특성상 능력 과시誇示에 의한 억제는 불가능하다. 그러므로 적대 세력에 대한 억제를 통해 얻어지는 효과보다는 자국의 역량을 드러내지 않는 가운데 공격 능력을 신장伸張시키고, 유사시 구현하는 것이 절대적으로 효과적이다. 미국은 2018년 2월 발표된 미국의 핵 태세 검토 보고서Nuclear Posture Review 작성 과정에서 국가 기반시설 등에 대한 사이버 공격도 핵무기로 응징하는 것을 정당화할 수 있는 공격 범위에 포함하는 것을 한때 검토했었다고 한다. 그러나 미국은 이미 사이버 공격에 대해 물리적 타격에 의한 보복까지도 함께 고려하겠다고 천명한 바 있으며, 이것은 사이버 억제의 어려움을 단편적으로 보여주는 것이기도 하다.

사이버 공격은 매우 짧은 시간에 발생하고 종료되기 때문에 일일이 지침을 받아서 대응할 수 없으며, 사전에 검토된 매뉴얼에 따라 신속히 대응할 수 있어야 한다. 기술 발전 속도 또한, 대단히 빠르기 때문에 중앙집권적 관리에 의해서는 효과적으로 대응할 수 있는 기술 개발이 불가능하다. 그뿐만 아니라 자료 탈취나 마비, 또는 마비 후 요구 관철 등 다양한 형태로 이루어지는 사이버 위협에 효과적으로 대응하기도 어렵다.

사이버 방어는 모든 관련 조직 간 정보가 항시恒時 공유되어야 한다. 사이버 방어는 비상사태가 발생할 경우 자체 능력으로 즉각 조치가 필요하므로 중앙집권적 지휘통제가 사실상 불가능하다. 사이버 분야는 시간 종속적從屬的 성격이 강하기 때문에 비상사태가 벌어질 경우 중앙집권적 통제보다는 각 기관이 책임과 권한 범위 내에서 신속하게 대응하는 분권적分權的 임무 수행이 오히려 더 효과적이다. 다시 말하면, 상급부대가 정보와 자산을 배분하고 운영하는 중앙집권적 지휘통제가 불가능할 뿐만 아니라 지극히 비효율적이라는 것이다. 그러므로 사이버 방어를 위해서는 기술과 자원이 적절히 분산 배치되어 네트워크로 연결되고 자율自律 동조同調되는 조직 및 지휘 개념과 정보 운영이 보다 효율적이다. 특히, 사이버 분야가 정보라는 편협한 시각과 편견을 가지고 접근해서는 안 되며, 오히려 작전적 성격이 더 강한 것임을 인식해야 한다.

사이버전과 관련된 기술은 매우 짧은 수명주기壽命週期를 가지고 있다. 아침에 유효했던 기술과 대책이 저녁에는 유효하지 않을 수도 있다. 기술 개발도 하루 이틀 사이의 단기간短期間 내에 끝나야 하는 과제도 있지만, 경우에 따라서는 일주일, 한 달, 수개월, 수년이 걸리는 과제도 있다. 그렇기 때문에 신속하고도 유연한 대응이 가능하도록 적절히 권한이 분산되어야 하고, 유관기관과의 긴밀한 협조에 의한 정보의 교환과 분석, 사후 조치 등이 긴밀히 공조되어야만 효과적으로 대응할 수 있다.

기술 개발은 국가기간망國家基幹網 분야와 군사軍事, 민간民間 영역으로 구분하여 각각의 특성에 맞게 추진하되, 필요한 부분에 대해서는 서로 협력과 공유가 가능해야 한다. 이것이 정책적 관리가 필요한 이유 중 하나이다. 예산은 기관별 책임 하에 편성 운영하고, 임무도 영역별 관련 기관 책임 하에 수행하도록 해야 한다. 앞서 언급한 바와 같이 기술 개발 또한, 책임과 권한이 적절히 분산되지 않고 특정 기관에 집중되면 많은 위험과 폐단을 초래하게 된다. 예산의 운용이 권력으로 작용함으로써 부정적 영향을 유발할 수 있기 때문이다. '사이버' 영역에서 사용하는 기술 개발도 적절한 견제와 균형을 유지할 수 있는 합리적인 체제가 구축되어야만 사이버 권력의 남용과 특정 기관의 횡포를 막을 수 있다.

사이버 공간에서의 문제를 다루기 위한 사이버 정책 개발 및 통제, 관련 기술 개발, 예산 편성 및 운영, 임무 수행 분담 및 수행 결과 등에 대한 책임과 권한은 적절히 분권화分權化되고 독립성獨立性을 가지고 행사될 수 있어야 한다. 정책 기능은 국무총리실이나 청와대와 같이 관련 기관의 이해관계를 조정·통제할 수 있는 권위 있는 부서를 컨트롤 타워Control Tower로 지정하고 관련 기관 간의 협의체를 구성하여 운영해야 한다. 그러나 정책 기능의 거버넌스Governance가 각 기관의 운용이나 작전의 거버넌스가 되지 않도록 유의해야 한다. 정책 기능의 거버넌스는 운영의 통제가 아니라 정책적 조정과 지원에 중점을 두어야 한다. 왜냐하면 사이버 정책은 빠르게 변화해야 하는 운영에 대응하거나 작전 소요를 적시에 판단할 수 있는 전문성을 보유하고 있지 않기 때문이다. 대부분 국가의 사이버 능력 건설의 비효율은 정책이 운영을 통제하려고

만 하고 책임은 지지 않으려는 시도로부터 나온다. 즉, 권한만 가지려 하고 책임은 지지 않으려는 불순한 의도意圖에서 비롯된다는 것이다.

일반적으로 사이버 공격 영역은 적국의 모든 사이버 공간을 대상으로 하지만, 사이버 방어 영역은 공공 영역, 군사 영역, 민간 영역 등으로 구분할 수 있다. 공공 영역公共領域은 국가행정망, 전력망, 금융망, 사회안전망 등이 있으며, 군사 영역軍事領域은 군사작전을 지휘하기 위해 운용되는 지휘통제망과 자원을 관리하는 자원관리망 등으로 구분할 수 있다. 또한, 민간 영역民間領域은 인터넷 사용자가 원하는 정보를 얻기 위한 포털 사이트, 개인 또는 사적 이익집단이 운용하는 인트라넷 등 다양한 형태의 사이버 공간이 존재한다.

군사적인 관점에서 사이버전은 공격攻擊, 방어防禦, 감시監視·정찰偵察 등으로 구분할 수 있다. 공격은 적대 세력의 사이버 위협으로부터 존재할 수 있는 공격행위에 대해 선제적으로 대응하거나 유사시 적의 사이버 공간을 교란하고 운영체계를 파괴·무력화시키는 행위이다. 공격행위는 고도의 은닉성과 기술력이 요구되기 때문에 특별히 조직되고 훈련된 집단에 의해 수행되어야 한다. 그러나 은밀성에도 불구하고 기획과 능력 건설은 분리되어야 하며, 능력 건설과 운영은 필요에 따라 부분적으로 통합될 수 있어야 한다.

방어는 적 또는 특정 이익집단에 의한 사이버 위협에 대응하는 것으로, 공공 목적의 임무 수행 집단은 물론, 사익 추구를 위해 사이버 공간을 운영하고 있는 모든 집단이 갖추어야 할 필수 능력이다. 앞에서 언급한 이유로 방어는 절대적으로 중앙 통제가 가능하지 않다. 각 집단이 운영하는 사이버 공간에 대해 적절한 방어 능력을 갖추고 있지 않는다면 사이버 공간에서 이루어지는 자신의 모든 활동과 이익을 적절하게 유지·관리할 수 없다.

감시·정찰은 모든 사이버 영역에서 이루어져야 한다. 감시·정찰의 목적은 적대 세력의 유해한 사이버 활동을 사전에 파악하여 예방하는 데 있다. 사이버 감시·정찰은 특정 언어 군群들에 대한 검색 활동을 통해 유해 IP 식별과 침투, 자료 탈취 등 불법행위를 시도하는 IP에 대한 추적 감시, 차단 등의 임무를 주로 수행하는 것이다.

그러므로 군사적으로 사이버 공격과 감시·정찰은 고도로 훈련된 전문부대가 수행해야 한다. 사이버 공격과 감시·정찰 능력은 오용誤用되지 않도록 별도의 통제 시스템이 필요하다. 사이버전의 수행은 작전 성과에 급급하거나 본래의 임무를 망각하게 될 경우 정체성과 효율성이 심각하게 훼손될 수 있다. 사이버 방어는 지휘통제망指揮統制網과 자원관리망資源管理網을 운용하는 모든 부대의 지휘관 책임 하에 독립적으로 수행되어야 한다. 그래야만 해당 부대가 달성하고자 하는 임무 영역에서의 효과적인 활동을 보장할 수 있기 때문이다.

군사 영역에서 운용되는 모든 소프트웨어는 취약성 분석과 보안성 검증이 가능해야 한다. 이를 해결하기 위한 방안의 하나로서 소스코드Source Code가 공개되어 있는 리눅스Linux와 같은 운영체제Operating System를 활용하는 것을 적극적으로 검토할 필요가 있다. 소스코드가 공개되어 있는 운영체제는 커널Kernel, 核[29]을 필요에 따라 선택적으로 골라서 사용할

29 커널이란 컴퓨터 운영체계의 가장 중요한 핵심으로서, 메모리나 저장장치 내에서 운영체계의 주소를 관리하고 이들을 주변 장치들과 커널 서비스를 사용하는 다른 사용자들에게 골고루 나누어주는 메모리 관리자이다.

수 있으므로 응용 프로그램에 필요한 명령어 이외에는 외부에서 침투하는 해커의 일반 명령어를 원천적으로 차단할 수 있기 때문이다. 중국이 미국 마이크로소프트Microsoft 사가 개발한 윈도우 운영체제를 사용하지 않고 리눅스 운영체제 사용을 결정한 배경에는 윈도우 운영체제에는 정보가 유출될 수 있는 백도어가 설치되어 있을지도 모른다는 의심이 작용한 것으로 알려져 있다.

지난 10여 년간 수많은 해킹 행위가 보고되었으나, 해킹 행위자가 누구인지에 대한 명확한 증거를 확보하기 어려웠기 때문에 제대로 밝혀진 경우가 거의 없다. 대부분의 경우, 누가 했을 것이라는 추측으로 끝나고 말았으며, 제대로 책임을 추궁한 사례도 없다. 우리 기업과 정부 기관에 대한 분산서비스거부DDoS, Distribute Denial of Service 공격이나 정보 탈취, 이란의 핵시설을 공격했다고 알려진 스턱스넷Stuxnet 등이 대표적인 사례이다. 당시 심증心證은 있었지만, 누가 공격했는지 밝혀지지 않았으며, 복구 이외에는 별다른 조치가 이루어지지 않았다. 한국에서의 DDoS 공격은 북한의 사이버 부대, 이란에 대한 스턱스넷 공격은 이스라엘 정부부서의 소행이라고 지목을 받았으나, 당사자들은 시인도 부인도 하지 않고 있다. 이와 같이, 해킹이나 사이버 공격은 아주 짧은 시간에 끝나버리기 때문에 증거 수집도 어렵고, 행위자가 밝혀졌다고 하더라도 응징하기가 매우 어렵다.

사이버전을 수행하기 위해서는 적절한 권한과 책임의 분산, 그리고 명확한 운영체계의 확립이 필요하다. 또한, 이에 못지않게 중요한 것은 전문 인력의 체계적인 양성이다. 전문 인력의 양성은 민간에서 양성된 우수한 인재를 영입하는 것만으로는 부족하다. 무엇보다도 먼저 사이버전 수행 인력에게 요구되는 자질과 능력을 명확하게 식별해야 한다. 그런 다음에 사이버 임무 수행에 적합한 자질을 보유한 인력을 선발하고 임무 수행을 위해 요구되는 전문 능력을 체계적으로 키워나가야 한다.

특히, 이스라엘의 사례가 눈길을 끈다. 고등학교를 졸업하는 자원 중에서 사이버 분야에 우수한 자질을 가진 자원을 선발하여 소정의 교육과정을 통해 양성하고 실무와 연계하여 능력을 배양하는 과정을 거친다. 사이버 분야 세계 최고 수준으로 짐작되는 이스라엘은 사이버전 수행에 적합한 자질을 가진 인원을 선발하여 먼저 관련 학문에 대한 전공 이수 과정을 통해 이론적 배경을 갖추게 한다. 그런 후에 실무부대에서의 적응 및 임무 수행 역량을 배양해나가는 과정을 거쳐가면서 업무에 대한 전문성을 기르게 한다. 사이버 부대로 알려진 8200부대는 알려진 그 단면만 보아도 대단히 우수한 집단이라고 짐작하기 그리 어렵지 않다.

우리나라는 이스라엘과 환경이 다르므로 우리의 여건과 환경에 맞는 인력의 선발과 전문 양성 과정을 만들어나가야 한다. 우리나라는 일부 대학에서 사이버 학과를 운영하고 있다. 따라서 각 대학에서 전공 과정을 이수한 인력 중에서 우수한 인력을 선발하여 실무 능력을 갖출 수 있도록 체계적으로 지도하는 것도 한 가지 방법이다. 관련 전공 과정을 이수한 자원 중에서 우수한 자원을 선발하면 짧은 시간 내에 능력 있는 자원을 확보할 수 있다. 선발된 인력들은 그들의 강점 분야와 특성별로 구분하여 단기 과제를 해결하는 숙련熟練 과정을 거치도록 해야 하며, 보다 높은 수준의 전문화 과정을 단계적으로 이수하도록 해야 한다. 이때 전문기관의 체계적인 관리가 필요하며, 선발된 인력을 충분한 실무 숙달 과정을 거치게 한 후 업무에 투입한다면 탁월한 성과를 거둘 수 있을 것이다. 이렇게 양성된 자원은 전역 후에도 소프트웨어 개발 등 관련 전문 분야에서 충분히 활용할 수 있다.

사이버전을 수행하는 인력은 짧은 시간 내에 즉각적이고도 유효한 대응을 해야 하기 때문에 고도의 순발력瞬拔力과 창의력創意力이 요구된다. 사이버 위협에 대응하기 위한 전문 인력은 우수한 자질을 가진 자원을 선발하고, 그들이 가장 잘 할 수 있는 분야를 찾아내서 해당 분야의 능력을 키워나가는 목표 지향적인 관리를 해야만 우수한 자원을 길러낼 수 있다. 만약 선발한 인력을 우선 눈앞의 일상 업무 해결을 위한 목적에 투입하는 편의적便宜的이고도 근시안적近視眼的 관점에서 운영한다면 목표로 하는 우수한 인력을 양성할 수 없다. 아무리 우수한 인력을 선발했다고 하더라도 관리부서에서 편의 위주로 운영하거나 양성하고자 하는 근본 목적을 잃어버리고 그저 계획된 과정만을 거치게 한다면 시간과 예산만 낭비하는 꼴이 되고 말 것이다.

7. 비대칭 전력의 개발과 활용

'기습'의 효과에 대해서는 우리 모두 잘 알고 있다. 전쟁에서 요망하는 결과를 창출해낼 수 있는 가장 효과적인 방법이기 때문이다. 상대적으로 열세한 전력을 보유하고 있다고 하더라도 잘 계획된 기습에 의해 극적인 효과를 거두고 승리를 견인해낼 수 있다. 그러한 사례는 전사戰史를 통해 수없이 찾아볼 수 있다. 기습에는 시간적 기습, 장소적 기습, 방법적 기습, 기술적 기습 등 다양한 접근방법이 있다. 기습은 적이 예기치 못한 시간과 장소 또는 여타의 방법으로 적의 허虛를 찌름으로써 결정적 성과를 달성할 수 있다. 기습은 통상 공자攻者의 전유물처럼 사용된다. 군은 유사시 적으로부터 기습을 당하지 않아야 하며, 적에게 기습을 달성하기 위해 끊임없이 노력해야 한다. 그렇기 때문에 군은 적이 선택할 수 있는 다양한 방안을 검토하고, 평시 군사력을 개선하기 위한 노력을 통해 적이 예상치 못한 수단이나 적의 의표를 찌를 수 있는 계획을 발전시키려고 고심苦心하는 것이다.

'비대칭 전력'이란 상대방보다 월등히 유리한 전략적·작전적 이점을 줄 수 있는 특정 수단을 의미한다. 일반적으로 전차나 화포와 같은 통상전력이 아닌 특정한 능력을 갖는 수단을 말하기도 한다. 전차의 경우도 적보다 월등하고도 압도적인 영향력을 행사할 수 있다면 비대칭 전력이 될 수 있다. 그러나 오늘날의 남북관계에서 북한의 비대칭 전력이란 핵, 미사일, 화생무기, 특수전 부대, 사이버 전력 등을 의미한다. 이들 전력을 다수 보유하고 있는 북한은 한국보다 상대적으로 전략적 우위를 점유하고 있다고 평가된다. 그렇다고 해서 대응할 방법이 전혀 없는 것은 아니다.

비대칭 전력에 대한 대응은 같은 수단을 발전시켜나감으로써 적의 우월한 비대칭적 지위를 해소하거나, 적이 보유하고 있는 비대칭 전력의 장점을 상쇄시킬 수 있는 새로운 전력을 발전시켜나가는 등 여러 가지 대응 방법을 고려할 수 있다. 통상적으로는 상대가 가지고 있는 비대칭 수단과 같거나 유사한 수단을 증강함으로써 적이 갖는 상대적 우위를 상쇄시켜나간다. 그것은 마땅한 대응 수단을 찾아내기가 쉽지 않기 때문에 발생하는 어쩔 수 없는 선택이기도 하다. 그러한 선택을 하게 되는 주된 이유는 적의 비대칭 수단을 무력화시킬 수 있는 또 다른 비대칭 수단을 찾기도 쉽지 않지만, 그보다는 식별과 대응이 쉽기 때문이다. 그러나 상대적으로 자원이 풍부한 국가가 빈곤한 국가를 상대할 때에는 동일 수단이라 할지라도 물량확보 경쟁의 장場으로 끌어냄으로써 적의 자원 소모를 강요할 수도 있다. 적의 비대칭 수단에 대해 어떻게 대응할 것인가 하는 것은 선택의 문제이지만, 국가가 처해 있는 상황과 경제적 능력, 기술적 접근 가능성 등에 따라 다양한 대응 방법이 존재한다.

그렇다면 우리는 북한의 비대칭 전력에 대해 어떻게 대응할 것인가? 또한, 상대적으로 큰 국력을 가진 주변국들에 대해서는 어떠한 비대칭 수단을 발전시켜나가야 할까? 북한이 핵을 보유함으로써 발생하는 핵 비대칭에 대응하기 위해서 우리가 핵을 보유하는 것은 현실적으로 가능하지 않다. 지금 우리는 동맹의 능력에 의존하는 방법을 선택하고 있다. 그뿐만 아니라 독자적인 핵 보유는 핵에 관한 국가정책을 바꾸지 않는 한 고려사항도 아니다. 그러나 북한의 핵 발사체계를 압도적으로 제압할 수 있는 수단을 확보할 수 있다면 전혀 대응할 수 없는 것은 아니다. 우리는 현재의 국가정책의 범위 내에서 그리고 국제적 유약에 저촉되지 않는 범위 내에서 유효하게 대응할 방법을 찾아야 한다. 그래서 어려운 것이다.

통상 핵에 대한 대응은 우리의 영역에서 폭발하여 발생하는 피해를 먼저 생각하기 때문에 대안을 찾기 어려운 것이다. 만약 가능하다면 선제적 혹은 조기에 적의 핵 투발 수단을 발사 전에 지상에서 제압하는 것이 가장 바람직할 것이다. 그렇지 않고 적이 성공적으로 투발하는 상황을 고려한다면 치명타를 가할 수 있는 보복 방안을 찾아야 한다. 압도적인 보복 수단을 확보하는 것은 북한을 자원 확보 경쟁의 장으로 끌어내 자원 소모를 강요할 수 있는 좋은 방안이다. 평시에는 북한을 압도하는 미사일 확보 계획을 천명하고 확보 경쟁을 유도함으로써 자원 소모를 강요하는 것이다. 유사시에는 확보된 전력으로 핵을 발사할 수 있는 적의 미사일과 항공기 등 투발 수단과 지휘통제 수단을 짧은 시간 내에 확실하게 파괴함으로써 핵 비대칭 문제를 해소할 수 있을 것이다. 다만, 확보하는 미사일 전력은 확인되었거나 예상되는 표적, 추정되는 표적 등을 2회 이상 반복적으로 타격이 가능한 충분한 양이어야 한다. 유사한 수단을 상대보다 적게 가지면서 자신을 지켜낼 방법은 그리 많지 않다.

북한의 경제력은 우리의 40분의 1에 불과하다. 우리가 압도적으로 많은 비대칭 수단을 확보하고 안 하고는 별개의 문제이지만, 북한에 심리적 압박을 가함으로써 제한된 자원의 소모를 강요하는 방안은 충분히 고려할 만한 가치가 있다. 우리가 이 방안을 추진할 경우 북한은 더 많은 자원을 미사일 개발에 투입할 수밖에 없을 것이고, 그것은 북한 경제에 강력한 압박으로 작용하게 될 것이다. 더군다나 북한이 유엔UN, United Nations의 강력한 경제제재를 받는 상황에서 다양한 방법으로 제한된 자원의 소모를 강요하는 것은 매우 유용한 전략이 될 것이다. 적이 감당하기 어려울 만큼의 막대한 자원 소모를 강요하는 것은 효용성이 매우 큰 전략이다.

이와 유사한 사례로는 레이건Ronald Reagan 대통령 시절 미국이 추진했던 전략방위구상SDI, Strategic Defense Initiative을 들 수 있다. 미국의 전략방위구상은 미국과 소련이 보유하고 있던 막대한 양의 핵무기에 대한 억제와 방어에 관한 것이다. 미국이 전략방위구상을 추진하자, 소련은 미국의 전략방위구상에 대응하기 위해 막대한 자금을 투입할 수밖에 없었고, 이는 소련의 붕괴를 유발하는 중요한 원인이 되었다. 소련 붕괴 이후 당시 당국자들의 증언을 보면 그로 인해 국가 경제가 극도로 피폐해지고, 온 국민이 대단히 견디기 힘들었음을 알 수 있다.

적의 비대칭 수단에 대한 대응책은 종합적인 관점에서 발전시키는 것이 효과적이며, 일일이 개별적 대응책을 마련할 필요는 없다. 그러나 핵무기와 화생무기에 대한 대응은 매우 제한적이며, 사용될 경우 치명적이기 때문에 치밀하게 검토해야 한다. 우리는 이미 핵무기를 개발·보유하지 않겠다는 비핵화 선언을 1991년 12월에 발표했다. 화생무기 또한 비인도적인 수단이므로 우리 국가의 이상과 국가가 지향하는 가치에 부합되지 않는다. 따라서 핵과 화생무기에 맞대응하기 위해 핵과 화생무기를 개발하거나 보유하는 것은 그다지 현실적인 대응책이 되지 못한다. 현재로서는 북한의 핵무기에는 동맹의 능력에 의존하고, 북한의 화생무기에는 방어적 수단을 개발하면서 국제 공조를 통해 공동 대처할 수밖에 없다. 그만큼 우리의 선택은 제한될 수밖에 없다. 핵을 보유하려면 비핵화 선언을 파기하고, 화학무기를 개발하려면 화학무기 금지협약CWC, Chemical Weapons Convention에서 탈퇴해야만 한다. 생물학무기는 의료 수준이 낮은 나라가 의료 수준이 높은 나라를 대상으로 전시에 사용하기에는 적절하지 않으나, 평시 상대 적국을 교란하고 혼란에 빠뜨리기에는 충분한 효과를 발휘할 수 있다.

주변국에 대한 비대칭 수단은 어떻게 발전시킬 것인가? 최근 미국이 발표하고 있는 전략들을 분석해보면 중국과 러시아의 위협과 도전에 대해 기술적 우위를 달성함으로써 압도적 능력을 유지하여 대응하려 한다는 것을 알 수 있다. 미국은 중국과 러시아를 압도하기 위한 기술 분야를 다음과 같이 열거하고 있다. 첫째는 스텔스 기술의 향상, 둘째는 드론Drone 기술을 이용한 공중전의 무인화, 셋째는 무인잠수함 기술, 넷째는 중국과 러시아의 위성파괴기술에 대한 대응과 우주공간에서의 정보전 강화, 다섯째는 사이버 공격 능력의 강화 등이다. 이외에도 복합체계 엔지니어링과 통합 등을 제시하는 연구보고서도 있으나, 대체로 이 범주 안에서 논의되고 있다.

미국의 경우에는 기술적 우위의 확보와 유지를 할 수 있겠지만, 우리의 경우는 다르다. 우리의 주변국은 우리와 비교해 넓은 국토와 우월한 경제력, 과학기술력 이외에도 다양한 선택적 수단과 역량을 가지고 있다. 그러므로 우리는 기술적 우위의 확보보다는 기술적 독자성獨自性 내지는 기술적 비대칭성非對稱性을 지향하는 것이 더 합당한 선택이다. 그러려면 기술 개발에 대한 남다른 고민과 추진력, 집중력이 필요하다. 우리도 효율성을 저하하거나 의욕을 좌절시키는 지나친 간섭이나 통제 등 왜곡된 관점에서 바라보지 않고 실패를 두려워하지 않는다면 우리 고유의 역량을 얼마든지 발전시켜나갈 수 있다. 현시점에서도 우리의 능력으로 달성할 수 있는 수준에 이미 도달해 있다. 문제는 국가의 의지가 얼마나 강력하냐 하는 것과 일관성 있게 지속해서 추진할 수 있느냐의 여부이다.

상대적으로 작은 국가 역량을 가지고 있는 우리가 할 수 있는 것은 무엇일까? 주변국에 대처할 수 있는 시간이 우리에게 많이 남아 있다고 생각할 수도 있다. 그러나 시간은 우리에게만 이점으로 작용하는 것이 아니다. 시간은 누구에게나 똑같이 작용한다. 결국은 꾸준히 능력을 축적하고 준비하는 것 이외에는 답이 없다. 지금은 우리가 국방기술 분야에서 주변국과 차별화하기 위해 지속해서 지향해야 할 투자 중점을 식별하고, 과학기술력을 발전시켜나감으로써 기술적 독자성과 비대칭성을 준비해나가야 할 시점이다. 우리가 연구개발 분야의 효율성을 높이고, 능력 있는 인재를 체계적으로 양성하여 미래지향적이고 창의적인 연구를 할 수 있는 기반을 만들어준다면 충분히 가능한 일이다. 우리의 자원 중에서 가장 유용한 것은 역시 인적 자원이다. 물론 주변국이 우리보다 인구가 많지만, 인재는 치밀한 계획을 수립하여 얼마든지 육성할 수 있다. 그러한 대표적 모델이 이스라엘과 싱가포르이다.

현시점에서 주변국에 대한 구체적인 비대칭 수단을 언급하는 것은 의미가 없으며, 다양한 기술적 가능성과 대안을 발전시켜나가면서 준비해야 할 것이다. 미래 과학기술의 발전과 급변하는 국제정치 상황 속에서 미래가 어떻게 변화할지 아무도 예단할 수 없기 때문이다. 현시점에서는 짜임새 있고 내실 있는 준비가 필요하며, 점차 우리가 기술 능력을 꾸준히 축적해나간다면 유용한 비대칭 수단을 만들어내는 것은 충분히 가능한 일이다.

CHAPTER 4

중·장기 미래를 내다보는 전력증강

1. 미래를 위한 기획 기능의 발전

기획企劃의 사전적 의미는 "일을 꾀하여 계획하는 것"이다. 기획은 변화하는 환경 속에서 목표를 설정하고, 목표에 도달하기까지의 구상과 제안을 실행하도록 입안立案하는 모든 작업을 포함한다. 기획은 연속적인 선택選擇의 과정이며, 넓게 멀리 볼 줄 알아야 한다. 기획은 우리 군의 운영 전반에 걸쳐 많은 영향을 끼친다. 전쟁 기획부터 전시작전통제권戰時作戰統制權 전환은 물론이고, 미래에 대비하기 위한 국방 연구개발에 이르기까지 그 영향이 미치지 않는 곳이 없다고 해도 과언이 아니다. 전시작전통제권 전환을 위해서도 가장 시급하게 보완이 요구되는 것이 기획 능력이다. 국방 연구개발이 방향을 잃고 방황하고 있는 것 또한 기획 능력의 부재不在 때문이다. 기획 분야에서 근무하는 자원은 창의적 감각과 논리적인 설득력, 탁월한 상상력, 정교한 분석력, 절제된 표현력, 감각적인 현장 적응력 등을 고루 갖추어야 하며, 끊임없이 기량을 갈고 닦아야 한다. 기획 능력이 있는 인재는 조직의 미래를 결정하는 핵심 요소이다.

오늘날 우리나라의 많은 기업들이 단기 실적을 중요시하는 경영에 지나치게 매몰되어 있다. 이러한 현상은 1997년 IMF 위기를 맞으면서 생존에 치중한 경영 분위기가 주류를 이루면서 형성된 것이다. 기업이 위기에 봉착하게 되면 생존을 우선시할 수밖에 없으며, 단기 실적 위주의 평가와 단기적 처방에 집중할 수밖에 없다는 논리적 접근은 충분히 이해가 간다. 그러나 기업이 지속적인 성장과 발전을 이루어나가려면 중·장기 기획과 계획을 통해 미래의 수익을 창출할 수 있는 새로운 아이템과 기회를 발굴해나감으로써 성장 동력을 꾸준히 키워나가지 않으면 안 된다. 기획의 기능은 바로 그러한 역할을 하는 것이며, 기획 기능이 죽은 조직은 미래가 없다.

어느 조직이든 집단의 앞날을 위해 고민하지 않는다면 지속적인 성장과 도약을 기대할 수 없다. 조직이 미래 비전과 성장에 대해 고민하지 않고 단기 경영에 치중하다 보면 큰 흐름을 놓치기 쉽다. 기업 역시 단기 경영에 치중하면 당장은 생존할 수 있을지 몰라도 곧바로 끝이 보이게 되며, 끝이 보이기 시작하면 대응하기에는 이미 늦다. 모두가 그런 것은 아니지만, 기업의 소유자Owner가 아닌 고용된 최고경영자CEO, Chief Executive Officer는 자신의 안위安危와 생존을 위해 통상 단기 실적에 치중할 수밖에 없다. 우선 살아남기 위한 단기 경영과 실적에 매몰되다 보면 미래는 요원해지기 마련이다. 현재의 손실을 미래로 미루고 감추는 잘못된 행태들은 이런 분위기와 무관하지 않다.

군사 분야의 기획 기능도 동일한 맥락에서 매우 중요하다. 모든 참모부서는 각 참모 분야에서 필요로 하는 기획 업무를 수행한다. 정책부서의 전략 기획 기능은 조직의 중·장기 비전에 대한 기획 업무를 주로 수행하지만, 각 부서의 기획 업무는 각 분야의 업무를 선도하기 위한 추진 방향을 설정하고 구상하는 것이다. 이와 같이, 각 군 본부나 합동참모본부 등의 전략기획부서에서 수행하는 기획 업무와 각 참모부서에서 수행하는 기획 업무는 차이가 있다. 군에서 필요로 하는 기획 인력은 체계적인 전문교육을 통해 양성하고 실무를 통해 훈련시켜야 한다. 그런데 군에서 기획 특기를 부여받는 자원은 10% 내외에 불과한 소수少數이고, 기획은 고도의 전문성을 필요로 하는 분야이기 때문에 인적 자원을 양성하기도 어렵다. 기획 분야의 인재가 제대로 양성되지 않는다는 것은 군이 미래에 대한 진지한 고민을 하지 않는다는 것을 의미한다. 기획 분야의 인재는 기획 기능을 수행하는 제대별 업무 특성과 차이로 인해 경험을 쌓기도 어렵고, 지금과 같은 순환보직 운영으로는 업무의 연속성을 가지기도 어렵다. 군에서 기획 업무를 수행하는 인적 자원은 특별한 관심을 가지고 양성하지 않으면 안 된다.

합동참모본부는 합동전략기획체계JSPS, Joint Strategic Planning System와 합동작전기획 및 시행체계JOPES, Joint Operational Planning & Execution System에 의해 운영된다. 이 중에서 합동전략기획체계는 전략기획본부에 의해, 합동작전기획 및 시행체계는 작전본부에 의해 주도된다. 합동참모본부에서 합동전략기획체계를 운영하는 전략기획부서의 주요 임무는 평시平時에는 전·평시 군사전략을 수립하며, 군사력 건설 등을 통해 군의 역량을 키워나가는 것이다. 반면에, 전시戰時에는 전쟁 기획과 계획 업무를 수행하고 전쟁지도 지침을 발전시킨다. 그러나 각 군 본부에 편성되는 기획부서는 각 군 차원의 정책 수립 및 집행과 전력증강, 예산 편성 및 운용 등 군령권을 수행하는 합동참모본부와는 다소 상이한 업무를 수행한다.

우리는 현재 전시작전통제권의 전환을 위해 준비하고 있다. 전시작전통제권의 전환은 매우 중요한 과업이다. 그러나 전시작전통제권이 어떤 상태인지에 대한 올바른 이해가 선행되어야 한다. 1950년 6·25 전쟁 발발勃發로 인해 유엔 결의에 따라 유엔군이 결성되면서 한국군에 대한 전시작전통제권이 유엔군사령관에게 이관되었다. 그 후, 1978년 한미연합사령부가 창설되면서 한국군의 전시작전통제권은 한미연합사령부로 이관되었으며, 사령관은 미군이, 부사령관 겸 지상구성군사령관은 한국군이 맡게 되었다. 이러한 변화는 유엔군사령관이 가지고 있던 한국군의 전시작전통제권이 한미가 공동 행사하는 것으로 변경된 것임을 뜻한다. 그러나 전시작전통제권 행사를 위한 한미 협의 과정에서 미군의 자산이 압도적으로 많기 때문에 미군 주도로 이루어질 수밖에 없는 뼈아픈 현실이 내재되어 있는 것이다. 그러다 보니 대부분의 우리나라 사람들은 전시작전통제권을 미군이 단독으로 행사하는 것으로 잘못 이해하고 있다. 우리가 추진하고 있는 전시작전통제권 전환은 한미가 공동으로 수행하던 것을 한국군 주도로 수행하기 위한 것이다. 그러려면 운용 시스템이 달라져야 한다. 그러나 전시작전통제권은 권한을 이양移讓받았다고 해서 행사할 수 있는 것이 아니며, 권한을 행사하기 위해서는 능력을 갖추어야 함은 물론, 각고의 노력과 많은 준비가 필요하다.

전시에 증원되어 한국작전전구KTO, Korea Theater of Operations에 들어오는 미군의 해·공군 세력은 우리 군의 지휘 능력을 훨씬 초과한다. 그들은 미美 본토와 태평양사령부, 주일駐日 미군 등 다양한 소속의 부대들로 구성될 것이며, 수개 국가가 관여하는 매우 복잡한 협의 과정을 거쳐야만 하기 때문이다. 전시작전통제권이 전환된다 하더라도 한국군의 지상군 세력을 제외하고는 미군의 지휘통제 하에서 운용될 수밖에 없는 구조이다. 한국작전전구에서의 군사력 운용은 미군과의 긴밀한 협의를 통해 이루어질 수밖에 없으며, 결국은 미군이 주도하게 될 것이다. 참고로 평시작전통제권은 1994년에 이미 한국군에게 이양되었다.

주권국가로서 전시작전통제권 행사는 매우 중요하다. 우리가 전시작전통제권을 이양받으면 전시 기획 및 계획 업무를 모두 우리 독자적으로 수행해야만 한다. 기획 능력이 없으면 전시작전통제권을 환수하더라도 독자적으로 작전통제 권한을 행사하기도 어렵고, 권한을 행사한다 하더라도 많은 제약이 따를 수밖에 없다. 왜냐하면 전시작전통제권 행사는 바로 기획 업무에서부터 시작되기 때문이다. 그러므로 우리가 전시작전통제권을 전환하여 독자적으로 행사하려면 첨단 무기체계의 도입보다 기획 능력을 키우는 것이 우선되어야 한다. 책상 위에서 작전계획을 세워보는 정도의 수준으로 해결될 수 있는 사안이 아니다. 더욱이 전시에 미군 증원 계획이 있다면 전시 미군의 운용에 대해서는 미군과 협의해나가면서 계획을 수립할 수밖에 없다. 혹여 6·25전쟁 참전국가의 파병이나 기타 파병을 원하는 국가가 있을 경우, 파병국가들의 군대를 어떻게 통합하고 운용하며 지원할 것인가 하는 문제는 또 하나의 어려운 과제를 안겨줄 것이다. 이러한 과정에서 가장 필요로 하는 능력 역시 기획 능력이다. 그렇기 때문에 전시작전통제권 전환과 관련하여 우리에게 가장 시급하게 필요한 것도 바로 기획 능력을 갖춘 전문인력의 육성이다. 그러나 전문인력은 하루아침에 양성되지 않는다.

전쟁 기획은 국가전략을 수립하고 요망하는 군사 능력을 구축해나가면서 정치지도자가 제시하는 정치적 목적 달성을 위해 전쟁 목표를 설정하고 전후戰後 처리에 관한 사항까지 큰 그림을 구상하는 것이다. 전쟁을 기획하고 계획을 수립하며 실행을 이끌어나가는 능력은 고도의 기획 능력이 뒷받침되어야만 가능한 것이며, 권한이 있다고 해서 거저 생기는 것이 아니다. 기획 능력은 충분한 기간 동안 체계적으로 인재를 양성하고 짜임새 있는 훈련 과정을 거쳐야만 비로소 길러질 수 있는 것이다. 일본이 제2차 세계대전이 끝나고 난 후, 패인敗因을 분석하는 과정에서 기획 능력의 부재가 가장 큰 패인이었음을 깨달았다고 한다. 심지어 임진왜란도 협상과 기획 능력의 부재不在로 인해 한반도의 하삼도下三道를 병합할 수 있는 기회를 놓쳤다고 한탄하는 것은 우리에게는 슬픈 일이지만, 그들 나름의 뼈아픈 반성에서 나온 것일 것이다.

2. 전력증강과 국방기획관리

어느 국가든 간에 각 군은 제한된 국방자원을 가급적 더 많이 할당받기 위해 경쟁한다. 제한된 국방자원을 국가정책과 군사전략이 지향하는 목표에 부합되도록 잘 조정하고 통제하는 것도 평시 기획 기능의 주요 역할이다. 재원 획득財源獲得을 위한 대외활동을 열심히 한다고 해서 많은 재원이 할당되고, 그렇지 못하다고 해서 재원이 덜 할당된다면 국가가 전략이 없거나 기획 기능이 제대로 작동하지 않는 것이다. 각 군의 능력을 어느 정도 수준으로 어떻게 구축해나갈 것인가는 전략적 요구에 기초해야 한다. 왜냐하면, 구축되는 각 군의 전력은 전략을 구현하기 위한 수단이며, 전략적 의도에 따라 배비되어야 하기 때문이다.

우리는 오랜 시간에 걸쳐 국방기획관리제도國防企劃管理制度를 발전시켜왔다. 1960년대 국방기획제도를 처음으로 도입하여 운용해오다가 1979년 미국의 국방기획관리제도인 기획계획예산제도PPBS, Planning Programming Budgeting System를 받아들였고, 1983년에는 집행과 평가 기능을 포함하는 국방기획관리제도PPBEES, Planning Programming and Budgeting Execution Evaluation System를 채택함으로써 현대적 국방기획관리제도의 기틀을 구축할 수 있었다. 그 후에도 여러 차례 제도 개선 과정을 거쳐오면서 오늘에 이르렀다. 그러나 지금 운용하고 있는 국방기획관리제도의 기초는 1980년대 환경을 기반으로 설계된 것이다. 그 후, 제도를 운영해오면서 1990년대 중반에는 시행년도 중심에서 예산집행 중심으로 변화되는 등 그동안 여러 차례에 걸쳐 보완·발전되어왔다. 그러나 현재 운용되고 있는 기획체계는 여러 차례에 걸쳐 다듬어져왔음에도 불구하고 많은 부분에서 개선이 요구되고 있다. 그뿐만 아니라 안보 환경의 변화와 기술 발전으로 인해 국방 운영과 무기체계의 획득 여건도 급격하게 변화하고 있기 때문에 대내외 환경의 변화에 따른 시대적 요구와 보다 효과적인 대안을 만들어야 할 필요성이 대두되는 등 대대적인 보완이 시급한 실정이다.

현재의 국방기획관리제도는 여러 차례 논의 과정을 거쳐 개정되었는데, 일부는 발전적으로 개선되었으나, 일부는 제도의 취지를 잘 모르는 상태에서 수정되는 과정을 거쳐왔다. 국방기획관리제도는 제도 정비 과정을 거쳐오면서 단기 2년, 중기 5년, 장기 10년으로 대상기간을 구분하고, 중기 계획은 연동식連動式 개념을 적용하여 매년 수정하는 절차를 운영해왔다. 단기는 집행, 중기는 계획, 장기는 기획을 목적으로 작성되도록 제도가 만들어졌다. 또한, 국방기획관리제도에는 부정한 개입이나 부당한 영향력 행사를 차단하기 위한 여러 가지 장치와 절차도 함께 만들어졌으나, 지금은 많은 부분이 흐트러진 상태이다. 전력증강과 연구개발 역시 그 틀 속에서 영향을 받아왔다.

중기 계획은 국가별로 고정식固定式, 반고정식半固定式, 연동식連動式 등 상이한 개념을 도입하여 운용하고 있다. 고정식은 5년 단위의 확정된 계획을 가지고 운용하며, 반고정식은 중간 연도인 3년 차에 계획의 실행 결과를 중간평가하여 4, 5년 차 계획을 수정하는 방식이다. 연동식은 획득 여건 변화와 예산의 가용성 등 매년 변동사항을 반영하여 새롭게 작성하는 방식이다. 매년 변동사항을 반영해서 작성하는 연동식은 가용 예산을 효과적으로 운영하고 계획의 유효성을 높이기 위해 고심 끝에 도입한 것이다. 그러나 매년 변동되는 연동식은 계획 변경이 과다하여 효율성이 떨어지고, 정책이나 전략 개념에 근거한 합리적 조정보다는 예산에 끼워 맞추려 한다는 비판을 받고 있다.

이스라엘은 고정식을, 일본은 반고정식을, 우리는 연동식 개념을 채택하고 있다. 어느 방식이 더 바람직한 것인가를 논의하는 것은 의미가 없다. 지금은 우리가 30년 이상 연동식 개념을 채택해 운용해오면서 득得과 실失은 무엇이며, 나타난 문제를 식별하고 이를 해결하기 위한 방안은 무엇이고, 보다 효율을 높이기 위한 대안은 무엇인지에 대해 진지한 고민이 필요한 시점이다.

대부분의 경우, 매년 편성되는 예산은 부족할 수밖에 없다. 그리고 새로운 소요는 지속적으로 발생하기 때문에 연동식 개념에 의해 매년 계획을 조정하다 보면 필요로 하는 무기체계의 획득 시기가 점차 뒤로 늦춰지면서 누적되므로 중기 계획의 유효성이 현저히 떨어질 수밖에 없다. 또한, 예산 부족을 해결하기 위해 지불 계획을 조정하게 되면 금융비용이 증가하고, 목표 달성 연도가 또다시 뒤로 미루어지게 된다. 그것은 획득비용의 증가를 필연적으로 동반하게 되므로 효율성 측면에서는 그리 좋은 방법이 아니다.

극단적인 경우이기는 하지만, 방공망의 현대화를 위해 1985년도에 소요제기所要提起되었던 SAM-X 소요가 거듭 미뤄져오다가 20여 년이 지난 2006년에 이르러서 독일로부터 잉여 중고품인 패트리어트Patriot 장비를 도입하는 것으로 매듭이 지어졌다. 이와 같은 유사한 사례는 정도의 차이가 있기는 하나, 흔히 찾아볼 수 있다.

따라서 현시점에서는 이러한 문제점을 해결하기 위한 특단의 조치가 필요하다. 그렇기 때문에 국방기획관리제도에 대한 근본적인 평가와 발전적 개선을 위한 노력이 시도되어야 하는 것이다. 그러나 문제는 현재의 제도를 운영하는 국방부나 국방부의 싱크탱크 역할을 하는 한국국방연구원KIDA, Korea Institute of Defense Analyses조차도 현 제도의 문제점을 심각하게 인식하고 있거나 개선하기 위한 연구를 하고 있지 않다는 것이다. 이제라도 국방부에서 현 제도의 개선을 위한 연구를 지시하거나, 국방 싱크탱크에서 제도 연구를 위한 과제 소요를 적극적으로 발굴하여 국방부에 제기해야 한다. 국방 싱크탱크는 국방 분야의 발전을 위해 연구하고 지원하는 조직이어야 한다. 국방 싱크탱크가 국방의 발전을 위해 제 역할을 하지 않는다면 존재할 이유가 없다. 전력소요 분석이나 예비타당성 분석, 사업 타당성 분석 등 군에 대한 달콤한 갑질에 빠져 있을 때가 아니다. 현시점에서는 어느 형태로든 간에 제도 개선을 위한 노력을 적극적으로 추진하는 것이 옳다.

3. 전력증강과 국방 연구개발

연구개발의 문제 역시 되짚어보아야 할 부분이 많이 있다. 연구개발은 창의성과 자율성을 보장하고, 불필요한 행정 소요에 연구자들이 매달리는 일이 없도록 여건을 조성해주는 것이 대단히 중요하다. 국방 연구개발을 담당하는 국방과학연구소ADD, Agency for Defense Development는 1970년에 창설되었다. 창설 초기에는 대통령의 각별한 관심과 지원으로 괄목할 만한 성과를 창출하면서 성장을 거듭해왔다. 그러나 우여곡절의 과정을 거치면서 조직과 예산 등 외형은 대폭 신장伸張했지만, 과연 현재의 조직 편성과 운영체계, 연구 방식 등이 최선의 방안인가에 대해서는 많은 비판과 반론의 여지餘地를 안고 있다.

우리나라의 국가 연구개발R&D비용은 2014년에 17.8조 원, 2015년에 18.9조 원으로, GDP 대비 4.29%로 단연 세계 최고 수준이다. 미국과 중국, 유럽이 2%대를 맴돌고 있는 것에 비하면 매우 높은 비율이지만, 그 성과는 실망스럽다는 보도도 있었다.[30] 그중에서 국방 연구개발비용은 2014년에 2.3조 원, 2015년에 2.5조 원이고, 그중에서 연구개발을 직접 담당하는 국방과학연구소가 사용하는 예산은 운영비용을 포함해서 1.5조 원으로 국가 연구개발 예산의 8.5% 수준에 불과하다. 그중에서도 기술 개발에 직접 투자되는 예산은 4,000억 원을 밑도는 수준이다. 물론 연구개발에서 예산이 우선적 고려사항은 아니며, 예산을 늘린다고 해서 연구개발의 질이 높아지거나 더 나은 성과가 창출되는 것도 아니다. 과학기술계에서 이루어지는 모든 연구개발은 연구를 위한 연구가 아닌 성과를 창출하는 실용적 연구가 목표가 되어야 하며, 예산의 확대는 그 다음에 검토해야 할 부수적인 과제일 뿐이다.

---

30 박건형 기자, "'한국, 돈으로 노벨상을 살 순 없다' 네이처지(誌)의 충고", 조선 Biz, 2016년 6월 3일.

미국의 경우, 국가 연구개발 중에서 국방 연구개발이 차지하는 비율이 56~58%에 이른다. 또한, 국방 연구개발을 통해 미래를 지향하는 연구개발을 위해 많은 도전적인 연구 과제를 추진하고 있으며, 군과도 긴밀한 관계를 가지고 협력하고 있다. 일본 역시 제2차 세계대전에서 승리하기 위해 노력했던 연구개발 성과가 민간 분야로 전환되면서 지금과 같은 세계 유수의 경제대국으로 성장하는 데 커다란 밑거름이 되었다.

연구개발 예산의 비율이 높다고 해서 연구개발 성과가 좋은 것은 아니며, 연구개발에서 나타나는 모든 문제를 해결할 수 있는 것도 아니다. 현재 국방 연구개발의 과제는 현재의 조직 편성과 인력의 적정성, 연구개발의 추진 방향, 운영체계, 연구개발 시스템 등에 대해 종합적인 검토와 변화가 필요하다는 것이다. 특정 기관에서 국방 연구개발 기관을 장악하려는 의도가 꾸준히 시도되고 있는데, 그것은 특정 기관의 이기주의에 매몰된 편의주의 발상일 뿐이며, 바람직하지 않은 현상이다. 국방 연구개발은 한때 명확한 개념 정의도 없이 전략비닉체계와 핵심기술만을 개발해야 한다는 주장이 제기된 적도 있고, 개발이 종료되면 명품이라고 하는 잘못된 홍보에 매몰되어 시간을 보낸 적도 있었다. 미국의 국방 분야 연구개발은 미래지향적이고 창조적인 개발을 통해 수많은 국가의 성장 동력을 만들어내고 있다. 대표적인 사례가 인터넷, 위성항법체계GPS, Global Positioning System 등이다. 그러나 우리가 미국의 제도를 벤치마킹할 수는 있어도 그것을 그대로 도입하여 적용해서는 안 된다. 왜냐 하면 우리의 제도 및 운영 방식, 현재의 기술 수준, 기술 개발에 투입할 수 있는 재원과 인력 등에서 미국과는 많은 차이가 있기 때문이다.

어느 국가에서 정책이 잘 추진되지 않자 내부적으로 진단해본 결과, 해당 정책을 관장하는 공무원의 수가 100여 명으로 너무 많다는 결론에 도달하여 담당인력을 4명만 남겨놓고 모두 타 부서로 전환했다고 한다. 그랬더니 그동안 쌓여 있던 불필요한 규제가 해소되고 목표했던 정책이 훨씬 빠른 속도로 정착되고 발전되었다고 한다. 공무원들은 끊임없이 규제와 예하 기관을 통제하는 방안을 만들어내려 한다. 규제와 통제는 곧 권력이기 때문이다.

국방 연구개발은 국가안보와 직결되는 현재와 미래에 요구되는 기술 또는 체계를 개발하는 것이다. 국방 연구개발은 장기간이 소요되고 기술적 위험Risk이 크거나 경제성이 낮더라도 국가 차원에서 전략적으로 필요로 하는 창의적인 과제를 추진하기가 비교적 용이하다는 점에서 다른 연구개발과 차별성을 가진다. 또한, 국방 연구개발은 민간 분야 연구개발과 달리, 군에서 요구하는 전력화 시기와 성능을 충족시켜야 하는 시간적 목표도 함께 가지고 있다. 일반적으로 국가예산을 투입하여 긍정적인 결과를 이끌어내기 위해서 노력하는 것은 당연하나, 모든 연구개발 결과가 좋은 것일 수만은 없다. 성공하는 과제도 있겠지만, 실패하는 과제도 있기 마련이다. 실패에 대한 책임을 묻고 간섭이 심해지면 결국은 안전하고 쉬운 과제만을 연구하려 할 것이다. 그렇게 되면 연구개발의 근본 목적과 취지는 실종되고 무사안일 위주로 흐르게 마련이다. 이러한 현상은 연구개발 조직의 효율성을 급격하게 저하시키는 결과를 가져온다.

과거 우리는 기본병기조차 외국에 의존해야 했기 때문에 기술 개발

보다는 국가에서 요구하는 체계를 요망하는 시기에 맞춰서 만들어내는 데 주안을 두었다. 그러나 지금은 그런 문제가 어느 정도 해소되었기 때문에 경제성이나 가용 예산의 제한 등으로 인해 기업체가 할 수 없는 무기체계 개발이나 성능 개량에 적용되는 중요 기술과 미래 핵심기술 개발에 더 많은 노력을 기울여야 한다. 이 과정에서 연구개발의 성과를 높이는 것이 필요하다.

국방 연구개발은 실적을 내세우기 위한 연구나 연구를 위한 연구가 되어서는 안 된다. 중요한 것은 활용 가능한 실용적인 연구 성과를 내는 것이다. 만약 그렇지 못하다면 가능한 한 모든 것을 바꾸어나가야 한다. 또한, 효과성 자체가 의심받고 있는 소위 3축 체제 개발에 매달리는 것도 바람직하지 않다. 우리가 앞으로 직면하게 될 위협에 대응하고, 우리의 미래 능력을 키워나가야 할 국방 과학기술은 특정한 분야에만 한정된 것이 아니다. 단편적인 생각이나 목표가 분명하지 않은 연구개발 방향의 설정과 조직 운영은 잘못된 것이다. 전략비닉무기나 핵심기술에 대한 명확한 정의나 개념 정리도 없이 막연하게 연구개발 방향으로 내세우는 것은 스스로가 원하는 것만 하겠다는 것과 다름없다. 우리의 국방 연구개발은 그렇게 한가하지 않다.

그동안 우리의 민간기업도 많이 성장했기 때문에 민간기업과 효율적으로 협력 또는 협업할 수 있는 제도를 만들어나가야 한다. 고려할 수 있는 방안 중의 하나는 무기체계 개발에 소요되는 주요 및 핵심 기술은 국가연구기관 주도로, 군이 요구하는 무기체계의 개발은 민간기업 중심으로 하는 것이다. 그러나 이러한 방안은 현실적으로 적용할 수 없는 중요한 문제를 내포하고 있다. 국가연구기관이 기술 개발을 주도하는 것은 충분히 설득력이 있지만, 민간기업이 무기체계 개발을 주도할 수 있는 능력을 가지고 있느냐의 여부는 또 다른 문제이다. 오늘날 방위산업에 참여하고 있는 민간기업의 규모가 많이 커지기는 했으나, 기업의 기술 개발 역량이 국가정책에서 추구하는 요구를 수용할 수 있는가에 대해 사전 면밀한 검토가 선행되어야 한다. 지금 우리의 현실은 민간기업의 기술 개발 역량이 제대로 갖추어져 있지 않고, 국가의 연구개발 정책도 상당 부분 왜곡되어 있다는 것이 문제이다.

그뿐만 아니라 군의 소요가 경제성을 충족할 수 없을 정도로 매우 적거나 소요가 수시로 변동되는 상황에서 경쟁이나 최저가 입찰과 같은 방식은 현실성이 전혀 없다. 또한, 국방 연구개발 기관과 민간기업의 역할을 두부 자르듯 한계를 그을 수도 없다. 근본적으로 기업은 경제성이 없거나 기업의 투자 능력을 초과하는 연구개발에 자본을 투입할 수 없다. 경제성이 없는 분야에 투자하라고 강요하는 것은 망ㄷ하라고 하는 것과 다름없다. 그것은 기업의 생존과 관련된 문제이므로 경제성이 없거나 기업의 능력을 초과하는 것은 국가기관이 담당해야 하는 것이다. 미국의 경우에는 충분한 경제성을 바탕으로 두 가지 영역을 국가연구기관과 민간기업이 함께 공유하고 있으며, 중소국가일수록 열악한 여건에서 국가 자원을 효율적으로 운용하기 위해 학계Academia와 연구계Institute, 기업Industry의 역할이 비교적 잘 정리되어 있다.

국방 연구개발의 모든 책임이 국방과학연구소에게만 있는 것은 아니다. 더 큰 책임은 소요를 제기하는 군에게 있다. 군의 대응은 위협이 가시화된 이후 필요성을 느끼고 나서 시작한다면 이미 늦은 것이다. 군은 앞으로 다가올 수 있는 위협에 대한 예측과 분석을 통해 미래 요구되는 군사적 능력을 구축하기 위한 소요를 꾸준히 제기해야 하며, 이 과정에서 과학자들과의 긴밀한 협력이 필요하다. 군이 예상되는 위협에 대해 적기에 소요제기를 하지 못하게 되면 항상 뒤늦은 대응이 반복될 것이며, 그때마다 국내 개발보다는 국외 도입에 의존할 수밖에 없는 상황에 직면하게 될 것이다. 연구개발은 하루 이틀에 이루어지지 않기 때문이다. 군은 전략적·전술적 목표의 구현을 위해 필요한 능력을 요구할 수 있어야 한다. 또한, 운용으로 풀어낼 수 있는 것까지 기술로 해결을 요구한다면 기술 개발은 더 많은 시간과 비용을 필요로 하며, 본래의 목적에서 크게 벗어난 결과를 초래할 수도 있다. 예를 들면, 북한의 SLBM 위협에 어떻게 대응하기 위해 무엇이 필요한지를 구체적으로 요구해야 한다. 무조건 창의적인 기술적 대안을 내라고 강요한다고 해서 나올 수 있는 것이 아니다. 그렇기 때문에 1980년대 국방기획관리제도를 정비할 당시 국방기술기획 기능을 합동참모본부에 두었던 것이다. 그러나 과학기술을 이해하고 정책을 이끌어나갈 수 있는 인재의 부족으로 제대로 수행할 수 없게 되자, 국방기술기획 기능이 국방부, 국방과학연구소, 방위사업청, 국방기술품질원 등으로 떠돌고 있는 것이 오늘의 현실이다. 군은 과학 인재 양성에 소홀해서는 안 된다. 현대 군대에서 장교들에게 요구되는 중요한 덕목 중 하나는 과학기술에 대한 이해이다.

군은 자신에게 부여된 임무를 달성하기 위해 어떤 무기와 장비가 필요한가를 식별하여 요구되는 능력과 기능, 운용 방안에 대해 개략적으로 제시할 수 있어야 한다. 군이 작전 수행에 필요한 능력과 요구되는 기능, 운용 방안 등을 제기하면 과학자들은 기술적으로 해결할 수 있는 방안을 연구하고, 군에서 필요로 하는 시기에 요구되는 능력을 구현할 수 있는 결과물을 제공해야 한다. 이 과정에서 과학자들이 사용자인 군과 지속적이고도 긴밀한 협력을 이어나가는 것은 매우 중요하다. 최초의 소요제기 내용은 추진 과정에서 협의를 통해 지속적으로 다듬어나가야 한다. 왜냐하면, 책상 위에서 수립한 최초의 소요제기 내용이 완전할 수 없기 때문이다. 군의 요구가 구체적일수록 군이 원하는 결과물이 제대로 만들어질 수 있는 것이다. 따라서 국방 연구개발을 잘 하려면 군과의 지속적인 협의와 조정 과정이 필요하며, 연구개발자들은 군사적 운용과 기술적 이해를 함께 살필 수 있어야 한다.

4. 군사력의 기반, 방위산업

과학기술이 발달하면서 무기를 국외 구매에 의존하는 것은 국가의 안위를 다른 국가에 맡겨놓는 것과 다를 바 없다. 지난날 이란의 경우가 그랬다. 과거 팔레비 왕조 시대에 도입했던 F-14를 비롯한 미제美製 첨단 무기들은 미국과의 외교관계가 악화되고 오랫동안 경제제재를 받으면서 부품 공급이 되지 않아 거의 사용 불가능한 고철이 되고 말았다. 미래 전쟁은 과거보다 상대적으로 짧은 기간에 종결될 가능성이 크기 때문에 핵심 무기체계를 외국에 의존할 경우, 자국의 의사와 무관하게 국제사회의 지나친 간섭이나 제약을 받을 수밖에 없다. 그러므로 방위산업을 여타 산업과 같은 관점에서 판단한다면 대단히 잘못된 것이다. 제4차 중동전쟁 초기 이스라엘이 겪었던 바도 이와 다름없다.

이스라엘은 제3차 중동전쟁을 압도적 승리로 끝낸 이후 다음 전쟁에 대비하기 위한 준비에 돌입했다. 다음 전쟁에 대한 대비 중점은 항공 전력과 기갑 전력의 보강이었다. 그중에서도 항공 전력의 보강을 위해 프랑스의 미라주Mirage 전투기 도입을 결정하고 대금까지 지급했다. 그러나 1973년에 들어서면서 일촉즉발一觸卽發의 전운이 감돌기 시작하자, 프랑스는 제3차 중동전쟁에서 이스라엘의 선제기습공격을 빌미로 전투기를 포함한 무기의 수출을 동결시켰다. 이러한 무기 금수 조치로 인해 이스라엘은 제4차 중동전쟁 개전 초기 극심한 어려움을 겪어야 했다. 급기야 골다 메이어Golda Meir 수상[31]이 비밀리에 미국을 방문하여 닉슨Richard Nixon 대통령과 미국산 무기 공급에 대해 담판을 지음으로써 전세를 역전시키고 제4차 중동전쟁을 승리로 이끌 수 있었다.

방위산업은 해운산업 등과 더불어 매우 중요한 국가전략산업國家戰略産業이다. 왜냐하면, 국가의 존속과 안정적 발전을 위해 국가전략 차원에서 다루어야 하는 기반 산업 중 하나이기 때문이다. 우리의 방위산업은 중화학공업 육성의 하나로 각종 특혜를 부여하면서 어렵게 성장시켜 왔다. 우리 스스로의 힘으로 전력증강을 시작한 1970년대 초반에 3.5인치 로켓포, 박격포 등의 기본병기를 국산화하기 위해 추진된 '번개사업'도 설계와 사업 관리는 국방과학연구소가 담당했지만, 제작은 당시 국내에서 기술 수준이 높다고 평가되었던 금성전기나 드레스 미싱과

---

31 골다 메이어(Golda Meir, 1898~1978)는 이스라엘을 건국한 정치인 중 한 명으로 신생 이스라엘 공화국의 노동부 장관, 외무부 장관을 거쳐, 1969년 3월부터 1974년 4월까지 네 번째 총리를 역임했다. 메이어는 영국의 마거릿 대처(Margaret Thatcher) 총리가 이 별명을 이어받기 전까지 '철의 여인'이라고 불리었다.

같은 회사들이 담당했다.

그 후, 방위산업 육성정책에 따라 적정 수준의 이익을 보장하고, 계열화·전문화 관리 등 각종 육성정책을 실행하면서 차츰 성장 궤도에 진입할 수 있게 되었다. 당시 중화학공업 발전을 주도했던 현대, 대우, 삼성 등 대기업들이 주요 분야를 나누어 책임을 맡으면서 본격적인 궤도에 오를 수 있게 된 것이다. 그러던 것이 2006년 방위사업청이 발족하고 전문화·계열화 정책이 폐지되면서 방위산업은 새로운 국면을 맞게 되었다.

1969년 닉슨 독트린Nixon Doctrine의 발표에 이어, 1971년 미 7사단이 철수하게 됨에 따라 박정희 대통령은 자주국방 정책을 적극적으로 추진했다. 이에 따라 우리 군의 전력증강도 당시의 안보 환경 변화와 새로운 정책 추진으로 미국의 군사원조로부터 점차 벗어나 새로운 국면에 들어서기 시작했다. 1970년대에는 주로 군에서 운용하는 소총 등 기본 병기의 국산화에, 1980년대에는 선진국에서 운용 중이던 무기의 개량 및 모방 개발에 주력했다. 1990년대에는 고도정밀무기의 국산화를 추진했으며, 2000년대에 이르러서 세계 수준의 첨단 무기들을 독자적으로 개발할 수 있는 능력을 점차 갖추게 되었다.

이와 같이 우리의 방위산업은 짧은 기간 내에 비약적인 발전을 이루었으나, 내실보다는 외형을 키우기에 급급했다. 그뿐만 아니라 우리의 환경과 여건에 맞는 정책과 제도를 수립하여 추진하기보다는 외국의 사례를 충분한 검토 없이 무분별하게 도입하여 적용하는 것에 머무르고 말았다. 기술 개발 또한 실패의 위험을 무릅쓰고 새로운 기술의 도전적 개발을 시도하기보다는 국외로부터 개발된 기술을 도입하는 안전한 방법을 선호함에 따라 국내 기술 축적에도 부정적인 결과를 초래했다.

방위산업은 여타 산업과 확연히 다른 특성을 가지고 있다. 가장 큰 차이는 국가 이외에는 누구도 구매자가 될 수도 없고, 함부로 판매해서도 안 된다는 것이다. 무기는 자국의 이익과 정책, 전략 방향에 합치되는 나라에만 판매할 수 있으며, 기술은 절대적으로 보호해야 한다. 우리의 방위산업 정책은 방위산업에 대한 인식의 부재와 무지로 인해 빚어지는 일들이 비일비재하다. 방위산업 정책은 책상에 앉아서 막연한 추측과 단편적인 아이디어만 가지고 추진할 수 있는 것이 아니다. 세계 방위산업 추세는 어떻게 변하고 있는지, 국가가 정책적으로 규제하고 지원해야 할 사항은 무엇이고, 산업체가 감당하고 극복해내야 할 일은 무엇인지 등을 잘 구분해서 추진해야만 하는 것이다.

1990년대 초 냉전체제가 해체되고 국제정세가 급변하면서 세계 방위산업은 새로운 국면을 맞이하게 되었다. 1993년 미국의 국방장관이었던 윌리엄 페리William James Perry는 방위산업체의 유력자들을 펜타곤으로 초대해서 방위산업체의 구조조정을 제안했다. 이후 10년이 채 안되어서 50여 개의 방위산업체는 여러 개의 글로벌 거대 방위산업체로 재탄생했는데, 오늘날 미국의 대표적인 방위산업체인 록히드 마틴Lockheed Martin Corporation, 보잉Boeing Company, 노스럽 그러먼Northrop Grumman Corporation, 레이시온Raytheon, 제너럴 다이내믹스General Dynamics 등이다. 유럽의 방위산업체는 민간기업 중심으로 자발적인 인수·합병을 통해 대형화의 길을 걸었으며, 유럽연합EU, European Union 내에서 기업 간 합작투자Joint Venture 설립 등 다양한 협력관계를 발전시켜왔다. 이스라엘은 국가연구개발기관을 영리 추구를 목적으로 하는 반관半官 반민半民의 형태로 변화를 추구했으며, 민간에 매각할 부분은 과감하게 매각하여 민영화 과정을 통해 정리했다. 이처럼, 냉전체제가 붕괴한 이후에 세계의 방위산업 시장은 대대적으로 개편되었다.

냉전시대에는 동서東西 양 진영의 이념 대립으로 인한 대규모 재래식 군대에 의한 대치가 이루어졌다. 그러나 냉전체제가 붕괴한 이후, 기술이 획기적으로 발전되고 무기의 성능이 비약적으로 향상되면서 무기 소요는 대폭 줄어들게 되었다. 오늘날과 같은 방위산업 생태계의 변화는 냉전체제 붕괴와 비약적인 기술 발전 등의 영향으로 인해 촉발되었으며, 이에 따른 방산업계 재편 필요성을 인지한 선진국 중심으로 시작되었던 것이다. 우리는 안타깝게도 그러한 변화에 대해 진지하게 고민하지도 않았고, 아무런 정책적 검토도 하지 않은 채 20여 년 동안 방치해왔다. 앞으로 2~3년이 지나면 주요 방산기업들이 그동안 생산해오던 품목들의 양산은 대부분 종료될 것이다. 그것조차도 대부분 2~30년 전에 기획하고 개발한 품목들이 대부분이며, 성능 개량 등을 통해 기술 개발 능력을 유지하기 위한 노력도 하지 않았다. 이러한 지경에 이르게 된 것은 국내에서 개발한 기술이나 개발품을 사용하는 것보다 국외에서 도입하는 것이 위험 부담이나 세제稅制, 수익 등 모든 면에서 유리한 우리나라의 방위산업 생태계와 깊은 연관이 있다.

우리나라의 방위산업을 이끌어오던 대표 기업인 삼성과 두산 그룹은 10여 년 전부터 예견되어오던 방위산업의 절벽이 점차 현실화하면서 급기야 방위산업 분야에서 철수하기에 이르렀다. 남은 방산기업들 역시 앞으로 무엇을 할 수 있고, 무엇을 해야 할 것인지 도무지 앞이 보이지 않는 상황에 부닥치게 되었다. 이처럼 왜곡된 현상을 바로잡으려면 남의 탓으로 책임을 떠넘기거나 눈치 보기에 급급하기보다는 모두 함께 지혜를 모아 방위산업 정책을 전면적으로 수정하고 제도를 새롭게 정립해야만 할 것이다.

그뿐만 아니라 사업을 추진하기 위해서는 주요 단계마다 사업 추진을 위한 의사결정이 적시에 이루어져야 한다. 그러나 의사결정권자나 실무 담당자들이 책임을 피하고 결정을 하지 않음으로 인해 전력화 시기는 지연되고 사업비용이 늘어나는 부작용이 속출하고 있다. 또한, 부서와 부서, 기관과 기관, 기관과 업체 등 서로 긴밀하게 협조하고 협업을 해야 할 집단들이 만남과 협력을 통제하고 피하는 등 벽을 쌓아감에 따라 소통의 단절과 협력의 부재로 인한 부작용이 점점 더 커지고 있다. 그로 인한 비용 손실은 계측하기조차 어려운 실정이다.

방위산업을 발전시키는 과정에서 필수적으로 이루어져야 할 인재 육성 또한, 소홀히 하다 보니 제대로 된 인력을 적재적소에 공급할 수 없게 되었다. 획득과 방위산업 분야는 기획, 사업 관리, 협상, 시험평가, 개발, 생산 등 다양한 분야의 인재를 필요로 한다. 능력 있는 인재는 하루 이틀에 양성되지 않으며, 몇 가지 교육을 이수하고 경험을 쌓았다고 해서 전문가가 되는 것도 아니다.

그러나 우리는 인재 층이 그리 두텁지 않음에도 불구하고, 그나마 양성된 인재마저도 유착 비리 근절을 목적으로 한 '유관기관 취업 제한' 때문에 전혀 활용하지 못하고 있다. 그런 단순한 접근으로는 제한된 인재를 활용할 수도 없으며, 유착 비리 근절 문제 또한 해결할 수 없다. 유착 비리와 전관예우前官禮遇라는 잘못된 관행은 벽을 높이 쌓는다고 해서 해결될 수 있는 것이 아니다. 그러한 문제는 방위산업뿐만 아니라 우리 사회 전반에 걸쳐 있다. 일정 부분에 대한 제재는 필요하지만, 단순한 독약 처방으로 모든 문제를 해결할 수 있는 것이 아니다. 어느 나라나 그러한 문제를 안고 있으며, 독약 처방보다는 어떻게 하면 부정적인 요인을 차단하고 긍정적인 요소를 확대할 것인가를 고민하는 과정을 거치면서 지혜를 모아 함께 극복해나가야 한다. 방위산업의 효율성을 개선해나가기 위해서는 독약 처방만이 유일한 것은 아니며, 순기능적으로 작용할 수 있는 정책도 함께 구상하고 다듬어나가는 노력과 지혜가 필요하다.

획득과 방위산업은 군사 전반에 걸쳐 있으므로 어느 한 부분만을 경험했다고 해서 전문가가 될 수 있는 것이 아니다. 획득 전문가가 되려면 국가정책과 전략, 군사적 운용, 기술 발전 추세, 공학적 기초, 제도에 대한 이해와 기획 능력, 군사력 발전 추세, 우리의 현실적 바탕과 미래 지향해야 할 방향 등 알아야 할 것들이 너무나도 많다. 거기에 적절한 경험과 자기 노력이 더해져야만 비로소 판단할 수 있는 능력이 생기는 것이다. 특히, 전문가로서 인정을 받으려면 거기에 더하여 특별하고도 남다른 노력이 필요하다. 우리는 단순한 경험만 쌓아도 전문가라고 말한다. 전문가는 그렇게 쉽게 만들어지는 것이 아니다. 처절한 자기 노력 없이는 전문가가 될 수 없다. 획득 분야에서 한두 가지의 직책 수행을 통해 경험을 쌓았다고 해서 획득 전문가가 될 수 있는 것이 아니다. 그러나 방위산업을 포함한 획득 분야에서 한두 차례 경험만 있어도 스스로 또는 주변에서 획득 전문가라고 쉽게 말한다.

획득 전문가 부족 문제는 1970년대나 지금이나 똑같이 되풀이되고 있다. 자주국방을 처음 시작했던 1970년대에도 제대로 된 전문가가 없어서 많은 어려움을 겪었음에도 50여 년이 지난 지금도 똑같은 푸념이 반복되고 있다. 많은 사람이 막연하고도 편협한 자기중심적 이해에 바탕을 두고 전문가인 양 무책임한 발언을 주저하지 않는다. 일반 대중들은 "악화가 양화를 구축한다"라는 말처럼 긍정적인 사실보다는 부정적인 의혹에 더 집중하게 마련이다. 그뿐만 아니라 부정적인 의혹은 확인되지 않은 떠도는 소문까지도 사실인 양 확대 재생산하는 경향이 있다. 이러한 부정적 분위기에 경도傾倒되어 획득 분야에서 어렵게 경험과 능력을 쌓은 인재들이 획득 분야에서 배제되고, 우수한 인력들이 획득 분야 근무를 피하는 현상이 벌어지고 있음은 크게 우려할 일이다. 또다시 획득 분야 전문 인력의 양성은 요원해지고 있는 것은 아닌지 걱정스럽다.

작금에 이르러서는 '방산 비리'라고 하는 추상적 편견으로 인해 많은 오해가 생기고 때로는 되돌리기 어려운 오류를 범하고 있다. 최근 일련의 현상은 '방위산업 비리非理'라기보다는 '방위사업 부실不實'이라고 보는 것이 좀 더 정확한 표현일 것이다. 오늘날 방위산업 분야에서 발생하고 있는 문제점들은 우리나라의 잘못된 방위산업 생태계와도 무관하지 않다. 정책기관부터 연구개발기관, 시제업체, 2·3·4차 협력업체 등에 이르기까지 건전하지 못한 업무 관행, 갑질 문화 등 바로잡아야 할 일들이 너무도 많다. 심지어는 정부 기관도 기업에 대해 상식을 뛰어넘는 갑질을 자행하고 있는 것이 현실이다.

언론에서 보도되고 있는 소위 '방산비리'를 방위사업 추진 과정에서 빚어진 부실에서 비롯된 것이라고 보는 이유는 다음과 같다. 첫 번째는 사업의 내용이나 추진 절차, 관련 규정의 적용 및 용어 해석, 산업의 특성과 기술에 대한 이해 등이 결여되거나 부족한 상태에서 잘못된 의사결정이 이뤄지는 경우가 많기 때문이다. 두 번째는 무기의 전술적 운용과 무기 개발의 특성, 기술 발전의 과정에 대한 이해 등이 부족한 데서 많은 오류가 생기기 때문이며, 세 번째는 정책은 선택의 문제인데도 불구하고, 잘못된 정책을 양산하거나 그나마 수립된 정책을 추진하는 과정에서 업무 편의적 발상으로 많은 오류를 범하고 있기 때문이다. 이러한 오류들은 충분히 해결할 수 있는 문제들이나, 어떻게 개선해나갈 것인가는 결국 우리의 선택에 달려 있다.

첫 번째 이유의 대표적인 사례가 통영함의 수중음향탐지기사업과 K11복합형소총사업이다. 언론보도에 의하면, 통영함의 수중음향탐지기사업은 전술적 용도에 적합한 성능의 수중음향탐지기를 적정 가격을 지불하고 장착했어야 했으나, 성능이 낮은 수중음향탐지기를 비싼 가격을 주고 장착한 것이 문제가 되었다. 이것은 관련 업체가 제시한 자료에 대한 분석 능력과 필요한 무기체계의 성능에 대한 이해가 부족하고, 적정 가격에 대한 협상 및 분석 능력이 부족한 데서 빚어진 것이다. 자료와 성능에 대한 분석은 전문기관의 도움을 받으면 어느 정도 해결할 수 있으나, 적정 가격은 무기체계의 특성상 협상 조건과 구매 수량 등에 따라 다양하게 형성된다는 것이 문제이다. 국내 업체의 경우에는 법으로 강제해서 업체의 영업 비밀인 가격 자료를 받아낼 수 있으나, 국외 업체가 원가 자료를 공개하는 일은 없다는 것이 문제이다. 그렇기 때문에 업체에서 제공하는 자료만 가지고는 성능 충족 여부와 가격의 적절성 여부를 정확히 판단할 수 없는 경우가 종종 발생한다.

K11복합형소총의 사격통제장치 케이스는 피크PEEK, Poly Ether Ether Keton 소재[32]로 만들어졌다. 그러나 피크 소재는 제작하는 과정에서 기공氣孔이나 미세균열의 발생을 공정 개선을 통해 어느 정도 줄일 수는 있으나, 100% 없앨 수 없다는 기술적 한계를 가지고 있다. 만약 기공이나 미세균열이 있어서는 안 된다는 조건이라면 알루미늄이나 마그네슘 등 다른 소재로 바꾸어야 한다. 그렇게 되면 가격이 올라가게 되어 가성비價性比, Cost Effectiveness는 크게 떨어지게 된다. 그러므로 피크 소재를 사용하려면 내구도 기준을 설정하고 시험평가를 통해 검증하고 전력화하면 되는 것이다. 그런데도 피크 소재 고유의 기술적인 한계를 애써 외면하고 문제를 키운 것이다.

두 번째 이유는 무기체계와 기술의 발전은 진화적인 것이며, 점진적으로 발전시켜나가야 한다는 평범한 진실을 간과하는 데서 기인한 것이다. 우리처럼 단 한 번의 개발로 완전한 무기체계가 개발된다는 생각을 가지고 접근하는 국가는 없으며, 어떤 무기체계도 한 번의 개발로 완전한 무기가 될 수는 없다. 수많은 시행착오와 실패를 거듭하면서 개발이 이루어지고, 성능 개량을 통해 더욱 높은 수준으로 발전시켜야 한다. 무기체계는 개발이 완료되면 지속적인 개량 과정을 거치면서 보다 우수한 무기가 되는 것이며, 그것이 전장에서 입증되었을 때 비로소 명품名品이 되는 것이다. 또한, 성능 개량을 합리적으로 수용할 수 있는 인

32 피크 소재는 슈퍼 엔지니어링 플라스틱의 일종으로, 높은 내열성과 내약품성이 뛰어나며, 내피로성(耐披勞性), 내환경성 등이 우수하다. 따라서 전기전자 분야, 항공우주 분야 등 가혹한 환경 조건 아래에서 고성능이 요구되는 분야에서 사용되고 있으며, 신장률, 내충격성 등 기계적인 성질이 우수한 플라스틱 소재이다.

식도, 협의체도 없음으로 인해 여러 가지 복합적인 문제가 함께 유발되고 있다.

세 번째 이유인 잘못된 정책의 수립과 정책 추진상의 오류는 부적절한 무기 획득 및 기술 개발, 업무 편의적 기술 도입, 잘못된 방산정책의 남발 등으로 나타나고 있다. 부적절한 무기 획득이란 무기 본연의 성능이나 기존에 운용하고 있는 무기와의 조합, 운용유지에 대한 고려 등을 제대로 하지 않고 무기를 획득하는 것을 말한다. 부적절한 기술 개발이란 목표 지향적인 기술 개발 또는 지속 발전 가능한 기술 개발 전략이 아닌 소요 결정 이후 사업이 확정되어야만 기술 개발을 시작할 수밖에 없는 제도로 인해 시간 맞추기에 급급한 근시안적 개발을 말한다. 업무 편의적 기술 도입이란 미래에 미칠 영향은 전혀 고려하지 않고 우선 당장 추진하는 사업의 단기적 목적 달성과 사업의 편의성만을 고려한 근시안적이고 단편적인 기술 도입을 말한다. 잘못된 방산정책의 폐해는 수없이 많다. 대표적인 사례는 K2전차 파워팩Power Pack 개발 사업이다. K2전차 파워팩 개발 과정에서 세 번에 걸친 잘못된 정책결정으로 인해 시간적·금전적으로 많은 손실을 감수해야만 했다. K2전차 파워팩 문제는 아직도 진행형이다. 이와 같은 문제점을 극복하기 위해서는 획득-개발-생산-운용 단계에서 관계 기관들이 긴밀하게 의사소통하고 협력하며 합리적으로 정책을 조정해나가는 것만 유일한 해답이다.

시장은 다양한 사람들이 모여서 팔 것과 살 것을 교환하는 장소이다. 시장에 출입하는 판매자와 구매자를 통제하면 그 시장은 시장으로서 기능하지 않게 되며, 새로운 대안을 찾기 마련이다. 시장의 출입문이 닫혀 있고 울타리가 높으면 아무리 훌륭한 상품이 있다고 하더라도 상품이 필요한 구매자와 올바른 거래행위가 이루어질 수 없다. 우리의 제도는 시장에 대문을 만들어 소통과 거래를 위한 통로를 닫아버리고, 아예 들여다볼 수 없도록 담벼락까지 높이 쌓고 있다. 대문을 닫아걸고, 소통의 통로도 막아버리고, 담벼락을 높이 쌓는 것만으로는 소위 '비리 척결'이라는 난제를 해결할 수 없다. '비리 척결'이라는 난제는 모두가 참여할 수 있는 공개된 장場에서 정해진 절차와 규정에 따라 투명하게 소통과 거래가 이루어지도록 만들고, 제대로 된 감독체계가 갖춰질 때 비로소 해결이 가능한 것이다.

일각에서는 무기 수출에 의한 방위산업 돌파구 마련을 주장하기도 한다. 무기 수출을 통해 방위산업의 활로를 찾는다는 것은 어불성설語不成說이며, 제2의 성장 동력으로 만든다는 것 또한 무기의 생산과 수출이 어떻게 이루어지는지 모르고 하는 이야기이다. 무기의 생산과 수출은 일반 상품과는 현저히 다른 특성을 갖고 있다. 무기 생산은 고객의 주문에 의해 오랜 개발 기간 뒤에 이루어지며, 무기 수출은 국가 전략과 연계된 분야이므로 국가가 주도적으로 이끌어나가지 않으면 안 된다. 무기는 자국의 이익을 해치거나 자국이 추구하는 가치에 배치되는 가치를 추구하는 집단이나 국가에 판매해서는 안 된다. 독일이 쿠르드족 탄압을 이유로 터키에 전차용 파워팩 판매를 거절한 것도 그와 같은 이유에서이다. 무기 수출은 국가의 이익과 전략의 영역을 확대하기 위한 마중물이나 마찬가지이다. 많은 국가가 무기를 구매할 때에는 단순한 무기만을 구매하는 것이 아니라 전략적 관계 발전과 군사 협력, 기술이전, 운용체제 구축 및 지원 등을 함께 요구한다. 그러한 요구는 기업이 단독으로 해결할 수 없는 것이므로 정부가 앞장서지 않으면 안 되는 것이다.

우리가 무기를 획득하는 것은 국가안보태세를 강화하기 위한 목적으로 군사적 능력을 개선하기 위한 것이다. 그것은 장기적인 안목에서 추진해야 하는 중차대한 일이다. 기술이 발전하고 무기가 첨단화될수록 무기 도입은 단순히 도입으로 끝나지 않는다. 국외로부터의 무기 도입은 소프트웨어와 하드웨어의 지속적인 성능 개량에 따른 추가적인 비용 부담을 각오해야 한다. 그러므로 국가 생존을 위한 기술 확보 또한, 중요한 과제가 되어야 한다. 선진국들은 국가의 역량이 허용하는 범위 내에서 무기를 자체 개발하고 지속적인 성능 개량을 통해 무기의 성능을 높이는 등 우수한 국방과학기술國防科學技術을 확보하기 위해 노력하고 있다. 경제성이 낮은 무기나 장비는 국외에서 도입하는 것이 유리한 측면도 있지만, 그렇다고 해서 관련 기술 개발까지도 하지 않는 것은 더없이 어리석은 일이다. 또한, 기술이 개발되었다고 해서 언제까지고 그 기술이 유효할 것이라고 생각하는 것도 잘못된 것이다. 선진국들은 추가적인 비용을 기꺼이 지급하면서까지 도입한 무기에 대한 기술적 접근을 시도하고 있다. 우리가 비용을 낮추기 위해 정비유지마저도 포기하는 것과는 대조적이다. F-35 전투기의 도입이 대표적인 사례 중 하나이다. 무기가 첨단화될수록 그러한 현상은 더욱 심화할 것이다. 무기를 수출한 국가가 자신의 국가이익과 상치相馳되는 상황이 벌어지면 후속 군수지원을 제한하는 등 영향력을 행사하려 할 것이기 때문에 독자적인 능력을 갖추어야만 하는 것이다.

현재 우리가 운영하는 무기획득제도의 근간은 1980년대에 구상되었고, 시간이 지나면서 부분적인 보완을 통해 오늘에 이르고 있다. 그러나 1980년대와 1990년대, 2000년대를 지나면서 환경 변화와 기술 발전으로 인해 많은 부분에 대한 제도 수정과 보완이 필요한 실정이다. 미국은 6개의 획득 모델[33]을 가지고 운영한다. 시대적 변화와 기술적 특성, 작전부대의 요구를 짧은 시간 내에 수용할 수 있도록 제도가 발전된 것이다. 우리는 1980년대나 지금이나 하나의 획득 모델로 운영하고 있으니 제대로 될 리가 없는 것이다.

아울러 감사 업무에 대한 시각도 바꿀 필요가 있다. 과거 스위스 국제경영개발연구원에서 발표한 감사기관 평가 자료를 보면, 선진국은 경영진단형經營診斷形 감사를 함으로써 문제점을 발굴하고 효율성을 높이기 위한 감사를 하지만, 후진국은 잘못과 결함을 찾아내기 위한 취조형取調形 감사를 한다고 한다. 부정부패는 당연히 척결해야 한다. 그러나 감사 업무가 업무 수행을 올바른 방향으로 이끌기 위한 노력의 하나가 아니고 처벌 중심으로 진행된다면, 책임 있는 결정은 하지 않고 눈치만 살피는 공무원만 늘어나게 될 것이다. 현재도 그러한 부정적인 현상이 곳곳에서 나타나고 있다. 잘못된 감독 체계는 업무 수행 체계를 경직시키고 효율성을 저하시키며, 공무원들이 목표지향적이고 합리적이며 소신 있는 판단을 기피하는 현상만 심화시키게 될 것이다.

연구개발의 경우에도 정책적 차원에서 학계와 연구계, 산업계 간의 역할 분담이 제대로 정립되어 있지 않다. 중소 국가들은 기술 개발에

---

33 미국은 하드웨어 중심 프로그램(Hardware Intensive Program), 국방 독자 소프트웨어 중점 프로그램(Defense Unique Software Intensive Program), 점증적 배치 소프트웨어 중점 프로그램(Incrementally Deployed Software Intensive Program), 신속획득 프로그램(Accelerated Acquisition Program), 혼합형 획득 프로그램 A(Hybrid Acquisition Program A), 혼합형 획득 프로그램 B(Hybrid Acquisition Program B) 등 6개의 획득 모델을 운용하고 있다.

투입할 수 있는 자산이 충분하지 않기 때문에 과제의 중복을 피하고 투자의 효율성을 높이기 위해 기술성숙도TRL, Technical Readiness Level[34]에 따라 책임을 분담하고 협력하는 제도를 도입하고 있다. 우리도 중복 투자를 방지하고 제한된 기술 개발 인력의 효율적 운용을 위해서 기관별 책임과 역할을 구분하는 제도의 도입을 검토할 필요가 있다. 예를 들면, 학계는 기초연구에 집중하고, 연구계는 우리가 보유하고 있지 않거나 지속해서 발전시켜야 할 필요성이 있다고 판단되는 분야의 실용성 있는 기술 개발에 전념하는 것이다. 산업계는 개발된 기술을 모아 새로운 체계를 개발·생산하는 시스템 엔지니어링과 체계 통합 등 생산기술 개발에 집중하는 것이다. 이러한 제도가 잘 운용되려면 막연하게 개념적으로 설정하는 수준에서 머물러서는 안 되며, 학계와 연구계, 그리고 산업계를 상호 연계시켜나가는 과정에서 각 집단 간의 이해관계를 현명하게 조정할 수 있어야 한다.

일부 중소 국가들은 학계와 연구계, 산업계가 적절한 역할 분담을 통해 중복을 피하고 위험을 분담하는 형태의 효율성 높은 연구개발을 추구하고 있다. 스웨덴과 이스라엘은 기술성숙도에 따라 관련 집단들의 역할을 분담하여 효율성을 높이기 위한 노력을 기울이고 있다. 예를 들면, TRL 1~2는 학계, TRL 3~7은 연구계, TRL 6~9는 방위산업계가 맡아 역할을 분담하고 서로 협력한다. 또한, 연구개발 단계를 기초기술연구Basic Technology Research는 TRL 1~2, 실행가능성입증연구Research to Proof

34 기술성숙도(TRL)라는 용어는 1989년 나사(NASA)에서 우주산업에 대한 기술투자위험도를 관리할 목적으로 처음 도입되었으며, 그 후 객관적인 지표로 널리 활용되고 있다. 우리 국방 분야에서도 방위사업청에서 '기술성숙도 평가(TRA) 업무 지침'(2014년 5월 23일 개정)을 마련하여 적용하고 있다.

Feasibility는 TRL 2~4, 소요기술 개발TechnIcal Development는 TRL 3~5, 기술 실증Technical Demonstration은 TRL 5~7, 체계/부체계 제작System/Sub System Production은 TRL 6~9, 체계시험 시행 및 조작System Test Launch & Operation은 TRL 8~9 수준으로 나누어 담당 기관이 관리하고 있다. 이를 도식으로 정리하면 〈그림 3〉과 같다.

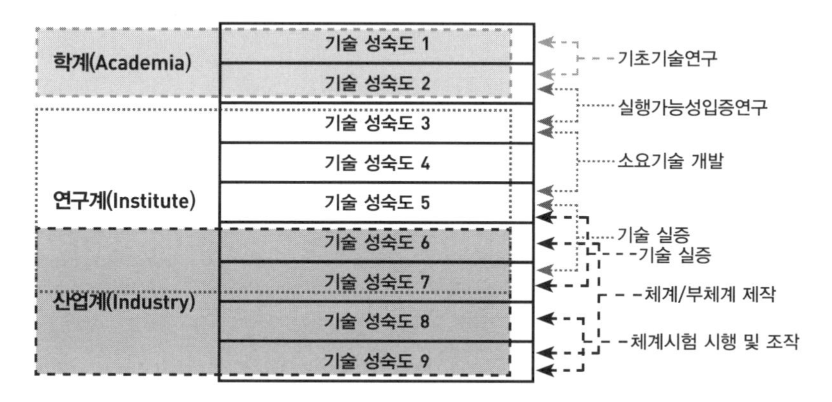

〈그림 3〉 기술 성숙도와 기관별 역할 분담

이처럼 자원이 적은 국가들은 세분된 책임 분담과 관리를 통해서 중복을 피하고 제한된 투입비용과 인적 자원의 효율적 운영을 위해 노력하고 있다. 우리도 연구개발의 효율성을 어떻게 높일 것인지에 대한 진지한 고민과 노력이 필요하다.

5. 방위산업의 향후 진로

방위산업은 국가안보와 산업 분야에서 중요한 한 축을 담당하는 핵심

산업이다. 방위산업의 육성은 국가의 안위를 보존하고 유사시 타국의 간섭을 배제하기 위해 긴 안목을 가지고 추진해야 한다. 만약 충실한 방위산업 기반을 가지지 못한다면 자국의 무기를 국외에 전적으로 의존해야 하며, 의존도가 심하면 심할수록 위기 시 국제관계의 영향을 더 많이 받을 수밖에 없다.

방위산업은 제조업의 한 분야이면서도 여타 제조업과는 상이한 특성을 가지고 있다. 대부분의 제조업은 그 성과를 예측할 수도 있고, 수년이라는 비교적 짧은 기간 내에 사업의 성패가 결정되지만, 방위산업은 그보다 훨씬 더 긴 안목과 호흡으로 전략적 관점에서 관리해야만 한다. 그 이유는 무기체계의 수요자가 국가로 제한되고, 대부분의 국가가 자국의 소요만으로는 경제성을 충족시키기 어렵기 때문이다. 그러므로 방위산업은 국가 전략적 차원에서 자국의 소요와 수출 등을 모두 고려한 세심한 관리가 필요하다는 당위성이 부여되는 것이다. 물론, 가장 바람직한 것은 국내 소요만으로 경제성 충족이 가능하고, 지속적인 기술 개발과 수출을 통한 새로운 수요를 창출해나가면서 부가가치를 꾸준히 만들어나가는 것이다. 그러나 '대량생산'에서 '소량 다품종 주문생산'으로 변화해가는 방위산업 환경에서 방위산업을 육성할 수 있는 국가는 일부 선진국 이외에 없다고 해도 과언이 아니다.

방위산업은 막연한 선언적 구호만으로 육성할 수 없다. 방위산업은 국가가 어떤 목표를 가지고 정책을 어떻게 수립·관리하는지, 군 및 연구기관 등 관련 기관들과의 협력체제를 어떻게 구축하는지, 방위산업체들의 역량은 어떠한지 등 많은 요소들의 영향을 받는다. 그러한 배경에서 국가의 정책적 측면과 유관기관의 인식과 입장, 방위산업체의 입장과 역량 등의 측면에서 현재의 실태를 점검해보고 앞으로 나아갈 방향에 대해 짚어보는 것은 의미 있는 일이다. 방위산업은 비단 생산뿐만 아니라 소요 제기, 획득과 개발, 시험 평가 등과 밀접한 연관이 있으며, 무기체계와 연구개발에 대한 올바른 이해가 전제되어야 한다.

무기체계 소요는 군의 필요성, 운용 개념, 소요량, 소요 시기, 연도별 물량 등 여러 가지 요소를 포함하여 기획한다. 획득 방법은 국내 기술 수준과 경제성, 전력화 요청 시기 등을 고려하여 국내 개발 또는 국외 도입 등으로 구분하며, 국내 개발이 결정되면 무기체계 개발 절차에 따라 핵심 기술 개발, 탐색 개발, 체계 개발, 시험평가 등이 이루어진다. 연도별 양산 계획은 소요량과 전력화 시기, 가용 예산, 생산라인 유지 등을 고려하여 확정한다. 특히, 이 중에서 방위산업체의 생산라인 유지는 유사시에 대비해 생산 능력을 관리하기 위한 목적에서 반드시 필요하다. 이는 유사시 가장 짧은 시간 내에 국내에서 필요한 적정 무장 수단과 물량을 안정적으로 공급할 수 있는 능력을 유지하기 위한 것으로, 대단히 중요한 고려사항 중 하나이다. 일본조차도 방위산업 능력을 유지하기 위해 1950년대 후반부터 꾸준히 전차 개발을 추진해왔으며, 61식 전차, 74식 전차, 90식 전차, 10식 전차 등 새로운 모델을 지속적으로 개발하면서 방위산업 능력을 유지하기 위해 노력하고 있다.

이와 같이 무기체계의 개발 또는 획득은 여러 가지 요소를 고려하여 결정하기 때문에 소요량 변동이나 연도별 물량의 조정은 신중해야 한다. 방위산업체는 계약된 물량의 납기 준수를 위해 인력의 확보 및 양성, 원자재와 주요 구성품, 해외 조달 품목 등에 대한 조달 계획을 수립하게 된다. 그런데 만약 정부가 임의로 물량을 조정하게 되면 인력의 확보, 원자재와 구성품의 조달, 해외 조달 품목의 계약 조정 등 생산과 관련된 모든 계획과 원가 등에 대한 재검토와 조정이 필요하게 된다. 따라서 소요량의 조정과 연도별 물량의 변동은 관련 물자의 조달과 원가 관리의 안정성 및 효율성을 해치는 결과를 초래하게 되므로 신중해야 하는 것이다. 이는 올바른 정책을 수립하고 그것을 효율적으로 추진·관리할 때만 가능하며, 그것을 온전히 할 수 있는 주체는 오로지 정부뿐이다. 일부에서는 그러한 위험은 산업체가 마땅히 감당해야 하는 것이므로 정부가 고려할 사항이 아니라는 주장을 하기도 하지만, 그것은 무책임한 태도이다. 그로 인해 발생하는 불필요한 자재의 재고 누적, 금융 부담의 증가, 도입 가격의 변동 등은 원가 상승 등의 부정적 효과를 유발하게 되어 국가와 산업체 모두에게 피해를 준다. 결국 그것은 국가적 차원에서 국부國富 손실인 것이다.

무기체계의 가격에 대한 관리 측면에서도 우리는 원가 관리를 하고 있는데 현시점에서는 지금과 같은 방식의 원가 관리가 적합한 것인지에 대한 진지한 고민이 필요한 시점이다. 조달청의 원가 규정은 60여 쪽에 불과하지만, 방위사업청에서 관리하는 원가 규정은 400여 쪽에 달한다. 원가 규정이 세부적으로 잘 작성되어 있다고 해서 원가 관리가 잘 되고 있다고 할 수는 없다. 그것은 오히려 그만큼 세부적으로 규제하고 있다는 것을 반증하는 것이기도 하다. 해외에서 무기를 도입할 경우, 원가 자료를 요구한다고 해도 제출하는 해외 방위산업체는 없다. 무기의 가격은 협상 조건에 따라 달라지는 것이며, 원가 자료는 영업비밀이기 때문이다. 우리나라는 국가가 국가권력이라는 우월적 지위를 이용하여 원가 자료를 제출하도록 강제하고 있다. 원가에 대한 운용 결과를 분석해보면, 우리나라는 결과적으로 목표가와 유사하게 무기체계 가격을 관리하고 있음을 알 수 있다. 즉, 사업이 종료될 시점에서 최종 가격은 사업계획 수립 과정에서 검토되었던 목표가에 근접한 가격으로 확정되는 것이 대부분이다. 과거 방위산업을 장려하던 시기에는 방위산업체의 이익률을 9~16% 보장하는 선에서 관리했다. 그러나 지금은 철저한 원가 분석을 통해 최저 이익만을 보장하는 제도를 운영하고 있다. 일반적으로 제조업의 영업이익률은 2016년의 경우 4~16%였다.[35] 그러나 방위산업체의 이익률은 그보다 훨씬 낮은 수준이다. 최근 보도된 자료[36]에 의하면 2017년 LIG넥스원의 영업이익률은 0.24%이었으며, 한화그룹 계열의 방위산업체도 1.8~3.9%를 기록했다고 한다. 우리나라 제조업의 평균 이익률인 8.3%에 크게 못 미치는 수준이다. 일반적으로 세계 각국은 합리적인 목표가를 산정해서 가격 관리를 하고 있다. 우리도 합리적인 분석과 방위산업체의 적정 이익률 등을 반영하여 목표가를 산정하고 그것에 의해 무기체계의 가격을 관리하는 것이 더 합리적일 것이다. 그래야만 방위산업을 육성할 수 있고, 세계 시장에서의 경쟁력을 확보할 수 있으며, 우수한 무기체계를 개발할 수 있다.

무기체계와 기술 개발에 대해서도 심도 있는 이해와 배려가 필요하다. 우리는 단 한 번의 개발 과정을 통해 완전한 무기체계를 개발해야 한다는 잘못된 생각이 팽배하다. 무기체계는 목표로 하는 성능을 단계

---

35 조귀동 기자, "2016년 한국기업 평균 영업익 6.1%", 조선비즈, 2017년 5월 30일.

36 유용원 기자, "날개 없이 추락하는 한국 防産", 조선일보, 2018년 11월 7일.

적으로 달성해가면서 완성하는 것이고, 전장에서 그 성능을 입증해 보여야만 비로소 우수한 무기체계가 되는 것이다. 제2차 세계대전 당시 명품이라고 인정받은 러시아의 T-34 전차 역시 개발이 완료되어 전장에 투입된 이후에도 2년여의 운용과 개량 과정을 거친 다음에야 비로소 우수한 무기체계로 인정받을 수 있었고, 그 후에도 수차례의 개량을 거쳐 오랜 기간 동안 운용되었다. 그러한 사례는 수없이 많이 관찰된다. 산업 분야에서도 하나의 상품이 완성되어 상품성을 갖추고 이득을 창출하기 위해서는 아이디어의 형성과 상품화를 위한 숙성 기간, 생산 및 공급, 마케팅 등 다양한 활동이 결합되어야 한다. 아무리 좋은 아이디어라 하더라도 숙성 과정을 거쳐 상품으로서의 가치를 훌륭하게 담아내지 못하면 상품으로서의 생명력을 가질 수 없다. 그러나 그 숙성 과정은 오랜 시간과 많은 자본의 투입을 필요로 한다. 아이디어로부터 상품화하는 숙성 과정에는 많은 시간과 재원 투입이 필요한 '개념형성역량'이 요구되며, 생산·시장 공급·마케팅 과정에는 '실행역량'이 요구된다. 개념형성역량은 전체 가치의 70% 가량을 차지하며, 실행역량은 30% 정도에 불과하다. 세계 방위산업 시장에서도 개념형성역량을 보유한 기업은 통상 이익률이 20%를 넘는 등 실질적인 이익의 대부분을 차지한다. 그러나 실행역량만을 보유한 기업은 독자적 요소 기술을 개발한다 해도 개념형성역량을 갖춘 기업의 승인 없이는 체계에 적용할 수 없으며, 이익률도 2~3%에 불과한 것이 현실이다. 이러한 제한을 극복하기 위해 일부 방위산업체는 개념형성역량을 갖춘 업체와 협력해서 새로운 부가가치를 만들어냄으로써 자신의 가치를 인정받는 새로운 접근을 시도하여 성과를 거두는 사례가 나타나고 있다. 예를 들면, 무인항공기의 엔진을 개발하려면 많은 시간과 노력, 예산이 투입되어야 하므로 이미 개발된 엔진에 대한 개조, 개량 권한을 확보하여 부가가치를 만들어냄으로써 독자적 영역을 개척해나가는 것이다.

오늘날 세계 방산 시장은 미국과 이스라엘이 주도하고 있다고 해도 과언이 아니다. 이들이 세계 무기 시장을 주도할 수 있게 된 데에는 우수한 기술력과 역량 있는 산업체의 뒷받침 이외에도 군과의 밀접한 협력관계가 가장 중요한 역할을 하고 있다. 우리는 군, 방위사업청, 연구소, 방위산업체 등 관련 집단의 긴밀한 의사소통과 협력이 불가능하고, 소통과 협력보다는 일방적 요구를 반영해야 하는 '갑을관계'에 의해 작동하는 구조를 가지고 있다. 또한, 모든 과정과 문제를 의혹의 시선으로 바라보는 감독체계로 인해 소신 있는 사업 추진보다는 책임지지 않으려는 눈치보기식의 업무 관행이 심화되고 있는 실정이다. 결국 군에서 필요로 하는 것이 무엇인지 정확히 파악하기도 어렵고, 군과 사업관리 기관에 의해 제시된 조건에 맞춰나가는 피동적인 방식으로 사업이 추진되고 있는 것이다. 이와 같이 창의성이 결여되고 수동적이며 일방통행식의 경직된 업무 행태는 군의 능력 향상을 효과적으로 지원하기 어렵다.

미국은 2000년대 초, 스트라이커Stryker 차륜형 전투차량을 인터넷 공모를 통해 불과 3년 만에 전력화했으며, 신속혁신펀드Rapid Innovation Fund, 해외비교시험Foreign Comparative Test, 방위혁신실험부대Defense Innovation Unit-eXperiment 등 다양한 신속획득제도를 운영하고 있다. 미국의 방위산업 시장에 들어가려면 이러한 프로그램에 참여할 수 있어야 한다. 이러한 프로그램의 참여는 인맥이 있다고 해서 되는 것이 아니며, 전투에서 적용

가능한 유용한 해법과 수단을 제시할 수 있어야 하고, 미군에 의해 채택되어야만 가능한 것이다. 이스라엘은 미국과는 다른 획득 시스템을 운영하고 있지만, 실전을 통해 획득한 경험과 우수한 기술력을 바탕으로 해외비교시험 등을 통해 미국의 획득 프로그램에 적극 참여하고 있다. 우리 또한 세계 방위산업 시장에서 생존하려면 많은 부분에서 변화가 필요하다. 특히, 지난 40여 년간 운영해온 기존의 획득 시스템은 변화하는 환경에서 효율적으로 작동할 수 없기 때문에 획득 환경 변화와 기술 발전, 무기체계 특성 등을 고려한 시스템의 정비가 시급히 이뤄져야만 한다. 그러기 위해서는 군의 필요성과 무기체계의 특성에 따라 융통성 있게 적용할 수 있고, 긴급한 군의 작전 소요를 충족시킬 수 있는 다양한 획득 모델을 만들어야 한다.

방산 수출 또한 지금과 같이 과거에 개발한 몇몇 무기체계가 동남아, 중동 등 일부 국가에서 채택되는 선에서 머문다면 치열한 국제 경쟁에서 살아남을 수 없으며, 그마저도 곧 끝나버릴 가능성이 많다. 무기는 통상 20~30년 동안 운용하게 되므로 지속적인 운영유지와 성능 개량 등을 필요로 한다. 무기는 한번 도입하면 오랜 기간 동안 원천기술을 보유한 공급 국가로부터 수리부속의 구매, 기술 데이터의 획득 및 관리, 성능 개량 등 지속적인 영향을 받을 수밖에 없으며, 소프트웨어의 비중이 크면 클수록, 기술 난이도가 높은 첨단 무기일수록 의존도는 더욱 커지게 된다.

그러므로 무기 수출은 새로 발생하는 군사적 과제를 해결할 수 있는 접근법과 체계, 핵심 기술, 성능 개량 방안 등을 꾸준히 제시해야 한다. 이와 같이 무기 도입부터 폐기 전까지 운용의 전 과정에 걸친 이익 창출 모델을 구축할 수 있어야만 제대로 된 방위산업이 되고, 무기 수출의 유효성도 높아지는 것이다. 이것이 군사적 해법의 발굴과 기술 개발이 지속적으로 이루어져야 하는 또 다른 이유이기도 하다. 꾸준한 기술 개발 노력을 통해 발굴된 군사적 해법은 자국에 먼저 적용하여 경험 사례Reference를 만듦으로써 자국의 군사적 역량을 향상시키고, 이를 기반으로 새로운 이익 창출 모델을 만들어낼 수 있다. 이 과정에서도 설사 외국의 수준에 미치지 못한다 하더라도 국내에서 개발된 기술을 우선 적용하면서 발전시켜나가는 자세가 절대적으로 필요하다. 외국의 것에 비해 낮은 기술이라고 적용하지 않고 우수한 외국의 기술만을 추구한다면 자국의 기술 발전은 요원해진다. 우리 주변에서 그런 사례는 수도 없이 많이 찾아볼 수 있다. 그렇게 해서는 방위산업의 발전이나 새로운 성장 동력으로의 육성은커녕 기술의 향상조차도 불가능하며, 무기 수출 또한 성사된다고 하더라도 일회성 이벤트로 끝나버릴 가능성이 크다.

최근 사물 인터넷Internet of Things, 클라우드 컴퓨팅Cloud Computing, 빅데이터Big Data, 무선통신망Mobile Network 등으로 대표되는 소프트웨어 중심의 현대 군사 기술의 발전과 우리를 둘러싼 안보 환경 및 위협 양상의 변화는 앞으로 우리의 군사적 역량을 지속적으로 개선하고 방위산업을 육성하기 위해서 어떻게 해야 할 것인가에 대한 새로운 해법 모색을 요구하고 있다. 그것에 대해서는 여러 가지 접근법이 있을 수 있다. 그러나 우선 그 접근법은 미래 지향적인 것이어야 하고, 치열한 국제 경쟁에서 살아남을 수 있는 것이라야 하며, 지속적인 이익을 창출할 수 있어야 한다. 이를 위한 가장 좋은 방법은 유관기관 간의 긴밀한 소통과 협력

뿐이다. 지금처럼 벽을 쌓고, 각을 세우는 환경에서는 결코 이뤄낼 수 없다. 모든 문제의 발굴은 군에서부터 시작되어야 하며, 이를 해결하기 위해서는 정부, 군, 산학연 등 모든 유관 집단들이 함께 지혜를 모으지 않으면 안 된다. 그러므로 평소 소요 단계에서부터 군과 사업관리기관, 기술개발기관, 방위산업체가 긴밀히 협력할 수 있는 시스템을 구축해야 하고, 방위산업체가 생존해나갈 수 있는 토양과 환경을 만들어나가야 한다. 우리의 현재 시스템에서 일부라도 수정하고 보완한다면 많은 부분을 개선할 수 있으며, 그러한 노력과 병행해서 관련 제도의 혁신적 개선을 추진한다면 더욱 효율적일 것이다. 그 출발은 제도를 혁신하고 인재를 키우는 일에서부터 시작되어야 한다. 문제는 의식의 변화와 소신 있는 업무 수행 환경의 조성, 적절한 시스템의 구축, 전문성이 결여된 인력이 아닌 진정한 전문가 집단에 의한 관리 등이 동반되지 않으면 안 된다는 것이다.

CHAPTER 5

군 쇄신을 위한 으뜸과제 : 인재의 육성과 활용

1. 국운을 좌지우지하는 군의 인사

건강한 조직은 현실에 안주하기보다는 조직의 존속과 지속적 발전을 위해 진지하게 고민하고 준비하는 노력을 게을리하지 않는다. 미래는 누구에게나 불확실하고 두렵기도 하지만, 무한한 가능성이 열려 있는 미지의 영역이다. 미래는 준비하는 자들의 몫이며, 어떻게 준비하느냐에 따라 지속적인 발전을 거듭해나갈 수도 있고, 역사의 뒤안길로 쓸쓸히 사라져버릴 수도 있다. 우리 인류 역사에서 존경받고 오래 기억되는 위인들은 항상 도전적 자세로 자신의 미래를 개척해나갔던 사람들이었다. 또한, 역사적으로 강대국으로 군림하면서 영화를 누렸던 국가들은 관용을 기반으로 미래에 대해 국민과 함께 고민하고 준비하는 지도자가 있었던 나라들이었다.

유사시 국운國運을 걸고 중대한 결심을 해야 하는 군의 간부나 지휘관에 대한 인사人事는 남다른 함의含意를 가진다. 국가의 안위와 이익, 국민의 생명과 직결된 중요한 결정을 내려야 하는 위기의 상황에 봉착했을 때, 능력이 없거나 임무 수행 준비가 되어 있지 않은 그저 그런 인물이 결정을 내린다는 것은 끔찍한 일이다. 그러므로 군의 인사는 차선이 아닌 최선을 지향해야 하며, 안배가 아닌 능력을 갖춘 우수자가 검증 과정을 거쳐 발탁되어야 한다. 인물에 대한 검증은 작위적作爲的이어서도 안 되고, 인사권자의 결정을 합리화하고 자기 사람을 앉히기 위한 수단이 되어서도 안 된다.

국가의 명운을 걸고 임무를 수행해야 하는 핵심 직위는 군종이나 출신과 기수, 현역 또는 예비역을 고려하지 않고 가장 우수한 인재를 선발해 기용해야 한다. 특히, 군 수뇌부는 군의 미래에 대해 항상 고민하고, 조직이 나아갈 방향을 설정하여 이끌어나가야 할 책무가 있으므로 무엇보다 능력이 우선되어야 한다. 필요하다고 판단되면 전역한 인재도 다시 기용할 수 있어야 한다. 능력이 아닌 다른 사유들이 인사의 흐름을 좌우한다면 군은 강한 조직이 될 수 없다. 국방개혁이 제대로 추진되지 않는 이유도 정제되고 전문성 있는 컨텐츠를 가진 능력 있는 인물이 이끌어가고 있지 못하고 있기 때문이다.

인재를 어떻게 활용하는 것이 바람직한가? 이에 대한 정답은 없다. 그러나 우리가 참고로 할 수 있는 사례는 수없이 많다. 세계가 부러워하는 독일군 참모본부를 만들어낸 샤른호르스트Gerhard Johann David von Scharnhorst, 그나이제나우August Neidhardt von Gneisenau, 클라우제비츠Carl von Clausewitz, 몰트케Helmuth Karl Bernhard Graf von Moltke로 이어지는 독일의 사례도 그 중 하나이다. 미국의 하이먼 리코버Hyman Rickover 제독은 무려 63년을 해군에서 복무하며 오늘날 미국의 핵항공모함 전단과 핵잠수함 세력을 만들어냈다. 소련의 해군총사령관 세르게이 고르시코프Sergei Gorshkov 원수는 1956년부터 1985년까지 무려 29년에 걸친 노력 끝에 태평양함대를 건설하고 오늘날 러시아 해군력의 기초를 다졌다.

현대에 이르러서는 이스라엘의 사례에서 배울 수 있다. 이스라엘은 항재전장恒在戰場의 사고를 하면서 국가안보 문제를 다루고 있다. 지금까지 이스라엘군을 지휘하는 총참모장은 통상 2~5년 동안 재직했다. 우리처럼 기수마다 참모총장을 임명하지 않는다. 능력 있는 지휘관이 있으면 임기 보장은 물론, 필요에 따라 필요한 기간만큼 근무할 수 있도록 배려한다. 지난 2011년 2월에 이스라엘 총참모장으로 취임한 베니 간츠Benny Gantz 중장은 2010년 말에 전역한 군인이었다. 이스라엘은 2011년 초에 총참모장의 교체를 결정하고 인물을 물색하던 중 2010년 말에 전역한 베니 간츠 장군을 현역으로 복귀시켜 2015년까지 4년간 총참모장으로 기용하여 이스라엘군의 변혁變革을 추진케 했다. 그가 추진한 이스라엘의 변혁은 2012년부터 테펜Tepen 계획을 수정 보완하여 2016년까지 5년간 추진된 할라미시Halamish 계획이다.

이스라엘의 사례에서와 같이, 전역한 군인을 복귀시켜 활용하는 사례는 다른 국가에서도 흔히 관찰된다. 미군도 전시가 되면 전역한 군인들을 현역으로 복귀시켜 활용한다. 인재는 산삼처럼 흔하지 않으며, 쉽사리 양성되는 것도 아니다. 군의 각 분야에서 필요한 자원은 요구되는 자질과 능력을 분석하여 적합한 자원을 선발하고, 전공 학문 이수와 실무 교육을 통해 양성해야만 우수한 자원을 확보할 수 있다. 인재를 양성하고 활용하는 것은 인사권자의 권한이기도 하지만 책무이기도 하다. 사람을 잘못 발탁하여 일을 그르쳤다면 인사권자도 그 결과에 대한 책임을 져야 한다.

중대한 결심을 수시로 해야 하는 자리에는 그에 걸맞는 우수한 업무 수행 능력을 갖춘 준비된 인물을 기용해야 한다. 그래야만 보직과 동시에 부여된 권한을 행사하여 업무를 장악하고, 조직을 올바른 방향으로 이끌어나감은 물론, 책임을 완수할 수 있기 때문이다. 군의 핵심적인 직위는 그 직위에 보직된 이후 설명을 듣고 업무를 이해하거나 새롭게 업무를 배워서 중요한 결정을 내릴 수 있을 정도로 그렇게 한가하지 않다. 국가의 중요한 업무를 책임져야 하는 직위의 고위 관료는 업무를 새롭게 배우고 이해해서 결정을 내릴 수 있는 시간적 여유가 주어지지 않기 때문에 보직되는 즉시 임무 수행이 가능해야 한다.

군은 분야별로 전문가가 성장할 수 있는 풍토가 조성되어야 하며, 각 분야에서 가장 유능한 사람이 정점頂點에 올라 업무를 수행할 수 있어야 한다. 우리 국민은 군에게 어떤 기대를 할까? 국민은 전장에서 승리할 수 있는 유능한 군을 원하는데 과연 정치지도자들도 그러할까? 자신들의 의도에 들어맞고 그저 지시에 잘 따르고 맹종하는 군을 원하는 것은 아닐까? 이러한 의문은 군과 관련된 현상들을 다루는 가운데 드러나는 문제 중에서도 가장 우려되는 주요 논쟁거리 중의 하나이다.

공정한 인사, 바람직한 인사가 되려면 주어진 인재 풀pool에서 가장 훌륭한 인품과 최고 전문성을 갖춘 사람을 발탁함으로써 모두가 인정하고 공감하며 승복하는 풍토가 조성되어야 한다. 군 인사에서 형평성을 빙자한 안배나 임의적 조정은 조직의 건강을 해치는 옳지 않은 행위이다. 또한, 특정 기관이나 인물들이 인사에 자신의 영향력을 행사해서도 안 되고, 행사할 여지를 남겨두어서도 안 된다. 안배는 마지막 단계에서 불가피할 때 부분적으로 조정하는 것으로 최소화되어야 한다. 만약 인사가 지역, 출신, 기수, 진급 연차 등 형평성에 기초한 안배를 지향하게 되면 강군强軍은 결코 도달할 수 없는 신기루 같은 것일 뿐이다.

군은 다양한 요소들로 구성되기 때문에 매우 복잡하며 어떠한 상황이 발생할지 예측하기 어렵다. 독일의 저명한 군사이론가인 클라우제비츠는 그것을 '전장의 안개', '전장의 마찰'이라고 표현했다. 전장에서는 지휘관 한 사람의 판단과 결심에 따라 전투의 승패가 결정되고, 전쟁 국면의 흐름이 바뀌는 경우가 비일비재하다. 능력에 기반을 둔 인사를 하지 않는 것은 병사들을 위험이 가득한 사지死地로 내모는 것과 다를 바 없다. 그러므로 군은 반드시 능력에 기초한 인사를 해야만 한다. 이것이 군 인사가 다른 조직의 인사보다 더 중요한 이유이다.

군은 엄정한 정치적 중립을 지켜야 하며, 정치 지도자들 또한 군이 정치권을 바라보게 해서도 안 된다. 군으로 하여금 정치권을 바라보게 만드는 것은 군을 정치에 끌어들이는 것과 다르지 않다. 진급 및 보직 심사 결과가 공개되고 그 결과에 대해 대부분의 사람이 수긍하고 승복할 수 있을 때 올바른 인사가 이뤄졌다고 할 수 있다. 중요한 직위와 직무에 적임자라고 공감할 수 있는 인물들이 발탁될 때 조직의 기강이 바로 서며, 그 조직의 건강한 발전과 임무 수행 역량의 향상이 가능해지는 것이다. 올바른 인사는 조직의 기강을 바로 세울 뿐만 아니라 적재적소에 인재를 배치함으로써 조직의 역량을 더욱 높은 수준으로 끌어올릴 수 있다. 지연, 학연, 근무연, 출신 구분 등과 관계없이 우수한 자질과 능력을 갖춘 사람이 발탁되는 분위기가 조성되면 모두가 분야별로 최고 전문가, 능력자가 되기 위해 노력할 것이다. 그렇게 되면 우리 군은 누구나가 다 인정하고 부러워하는 우수한 군대로 변모할 것이다.

우리는 능력 있는 사람보다는 결함이 없는 사람을 찾으려 하는 경향이 있으며, 공정한 인재 발굴을 통한 적재적소의 인사를 운영하기보다는 자기 사람을 앉히기에 급급한 모습이 종종 관찰되기도 한다. 또한, 형평성을 이유로 지역, 출신, 기수 등 다양한 안배를 통해 마치 자신의 인사 운영이 공정하고 정의로운 것처럼 보이려고 애쓰기도 한다. 그러나 우선 고려해야 할 사항은 직무 수행 능력의 유무有無이며, 능력을 갖춘 사람 중에서 품성과 도덕성이 비교 우위에 있는 사람을 발탁해야 한다. 조직 운영의 출발점이 사람을 발탁하는 것에서부터 시작되고, 어떤 사람을 발탁해 적재적소에 배치하느냐에 따라 조직의 분위기와 성과가 달라지기 때문이다. 고집과 편견, 편가름에 따른 인사는 조직을 해치고 실패의 나락으로 가는 지름길이다. 사람을 잘못 기용해 일을 그르치는 경우는 우리 주변에서 흔히 볼 수 있는데, 사람을 잘못 기용함으로써 발생하는 피해와 후유증은 계량하기도 어렵다. 그러므로 반드시 능력이 검증된 인재를 발탁해야 한다. 다만, 능력에 기초한 인재 선발 결과를 놓고 안배가 필요하다고 판단될 때 최소한의 배려를 하면 되는 것이다. 그러나 배려가 지나치면 인사의 건전성을 해치게 된다.

군은 다양한 품성과 능력을 갖춘 인재들을 필요로 한다. 때로는 똑똑한 지휘관이 필요하지만, 어느 국면에서는 교활하고 기민한 지휘관이 필요하기도 하며, 어느 국면에서는 고집이 세고 완강한 성품을 가진 지휘관이 필요하기도 하다. 다양한 품성과 능력을 갖춘 사람들을 적절하게 발탁해서 적재적소에 배치하고 능력에 맞는 소임을 맡겨야 예측불허의 위기 상황에서 적절하게 대응할 수 있는 것이다. 무색무취無色無臭의 개성이 없고 흠결이 없는 사람들만 선발한다면 유사시 상황에 부합符合하는 인적 자원을 선택해서 활용할 수가 없다. 군인은 단순히 월급을 받는 직업인이 아니다. 군인은 투철한 사명감과 프로정신으로 무장하고 승부 근성이 강한 사람이어야 한다.

윗사람들은 자신의 시각과 생각만으로 사람을 판단해서는 안 된다. 사람을 선발하고 활용하는 것에 흔히 실패하는 이유 중 하나가 바로 이 때문이다. 조직을 이끄는 사람은 사람의 본모습과 그 사람의 성품을 파악할 줄 알아야 하고, 능력이 검증되지 않은 사람을 중용해서는 안 된다. 검증은 여론에 따라 좌우되어서는 안 되며, 한번 검증한 결과가 이해할 만한 이유 없이 번복되게 되면 인사검증체제는 신뢰를 잃게 된다. 바람직한 조직 운영을 위해서는 능력과 인품을 모두 갖춘 사람이 중용되어야 한다. 그러나 능력인가 인품인가, 둘 중에 더 중요한 덕목을 굳이 따진다면 조직에서는 당연히 능력이 우수한 사람이 우선되어야 한다. 조직이 크든 작든 성공적으로 운영하고 바람직한 성과를 창출하기 위해서는 사람을 잘 쓰는 것이 핵심核心이다.

2. 인재의 체계적 양성과 적재적소 활용

우리나라는 좁은 국토와 빈약한 부존자원을 가지고 있으며, 우리보다 큰 국력을 가진 강대국들에 둘러싸여 있다. 이러한 환경 속에서 국가의 생존을 지켜내고 지속적인 성장을 추구하려면 인재를 길러내는 것이 가장 빠르고 효과적인 방법이다. 군은 미래에도 온전히 국가를 지켜나가려면 미래에 대비하기 위한 많은 고민과 준비를 해야 하며, 군의 수뇌부는 군의 미래에 대해 진지하게 고민하면서 준비시켜나가야 한다. 그것은 조직을 책임지고 있는 지도자가 반드시 추진해야 할 과업임과 동시에 책무이기도 하다.

군의 미래를 준비하는 것 중에서 가장 중요한 것은 인재를 양성하는 일이다. 모든 문제의 해결은 사람으로부터 출발해야 하며, 사람에 대한 투자만큼 확실한 것은 없다. 인재 양성은 분명한 목표를 설정하고 일관성 있게 추진해나가는 것이 중요하다. 그러나 대부분은 마치 이벤트성 행사처럼 인재 양성을 위한 제도만 번지르르하게 만들어놓고 양성 과정과 배치, 활용에 대해 관심을 두지 않음으로써 용두사미로 끝나버리는 경우가 많다. 인재 양성은 지속적인 진단과 관리, 보완이 필요하며, 양성된 자원에 대한 활용이 제대로 되고 있는지에 대한 추적 관리가 되지 않으면 본래의 취지와 목적을 달성할 수 없다.

이스라엘은 1967년 제3차 중동전쟁 이후, 다음 전쟁에 대비하기 위해 항공 전력과 기갑 전력의 보강을 위해 많은 노력을 기울였다. 그러나 기갑 전력의 확충은 자신의 능력과 노력으로 해결할 수 있었으나, 항공 전력은 항공 분야 기술 부족으로 인해 스스로 해결하지 못하고 국외에 의존할 수밖에 없었다. 제4차 중동전쟁이 임박하면서 프랑스로부터 도입 예정이었던 전투기의 인도가 거부됨에 따라 커다란 곤경에 빠지게 되었다. 이에 따라 골다 메이어 수상은 극비리에 미국을 방문해 담판을 함으로써 미국의 군사 지원을 끌어냈고, 결국 전쟁을 승리로 이끌 수 있었다. 1973년 10월, '욤 키푸르Yom Kippur 전쟁'에서 이스라엘이 겪은 전쟁 초기의 판단 착오와 과거 전쟁에서와 같은 방식의 대응은 극심한 혼란과 심각한 과오를 범하게 만들었다. 히브리 대학 교수들은 이러한 뼈아픈 경험을 교훈 삼아 고등학교를 갓 졸업한 이스라엘 젊은이들의 재능을 활용하여 군사력을 향상시키는 방안을 이스라엘군에 제의했다. 이를 바탕으로 이스라엘군은 히브리 대학 교수들과 함께 선발, 교육, 훈련, 복무, 활동 등 모든 과정에 대한 종합적이고도 세밀한 검토를 거쳐 세계적으로 모범이 되는 '탈피오트Talpiot'라는 인재양성제도를 만들어냈다. 오늘날 이스라엘은 다양한 인재 육성 프로그램을 운영하면서 자국에서 필요한 인재들을 맞춤식으로 육성·활용하고 있다.

위의 프로그램을 통해 양성된 인재들은 전역 후에도 이스라엘의 과학기술계에서 국가 경제를 견인하는 중요한 역할을 담당하고 있다.

이스라엘의 사례는 계획적 인재 육성의 대표적인 모델이다. 이스라엘은 적은 인구와 좁은 국토, 빈약한 자원 그리고 적대적 세력에 둘러싸인 환경에서 생존하기 위해서는 계획적 인재 양성과 철저한 활용이 가장 중요하다고 판단했다. 그들은 분야별로 필요한 인재 소요를 판단하고, 분야별 인재에게 요구되는 자질과 능력이 무엇인지를 먼저 식별한다. 그 후, 심리학자를 포함한 전문가팀이 분야별 특성에 부합하는 자질을 가진 인재를 선발하고, 이렇게 선발된 인재들은 학문적 지식을 갖추기 위한 전문교육을 받은 뒤 실무 경험을 쌓는 인재 양성 과정을 거친다. 그런 다음 목적에 맞는 인재를 적재적소에 배치해 활용한다. 이처럼 인재 양성과 활용에 대한 이스라엘의 인식은 투철하다 못해 처절하다.

우리나라의 경우, 우수한 자원 선발을 통한 계획적 인재 양성과 기초군사교육과정을 마치고 배치되는 자원 중에서 선발·활용하는 보완적 방법을 동시에 적용하면 보다 효과적으로 인재를 양성할 수 있다. 군에서 필요한 인재는 목적을 가지고 체계적으로 양성하고, 목적에 맞게 활용해야 한다. 인재 양성 따로, 활용 따로라고 한다면 그 효과는 크게 반감될 것이다. 그뿐만 아니라 형평성을 우선하는 현재의 시스템은 비효율적이다. 형평성은 기회의 평등에 초점이 맞추어져야 한다. 우리나라는 이스라엘에 비해 면적은 5배 넓고, 인구는 7배 이상 많은 큰 나라이며, 그들보다 더 많은 것을 해낼 수 있는 기반과 역량을 가지고 있다. 그러므로 우리나라가 짜임새 있는 인재 양성을 통해 국가 발전을 도모하는 것은 불가능한 것이 아니다.

이스라엘 정보국 예하에 RICent[Real time Intelligence Center]를 운영하는 영상 정보 관련 조직이 있다. 이 조직은 30여 명 남짓한 적은 인원으로 구성된 조직이지만 업무의 집중도와 전문성은 최고 수준이다. 18세에서 22세 사이의 고등학교 졸업자 중에서 인터넷이나 게임 등에 푹 빠진 마니아들을 선발하여 소정의 교육과정을 거쳐 배치한다. 바로 이스라엘의 9900부대이다. 그런데 그들 중에는 자폐 증세가 심한 인원이 많다는 사실에 주목해야 한다. 그들은 그런 인적 지원들마저도 특성에 맞는 자리에 배치해서 활용하는데 우리는 어떠한가? 우리는 그런 자원들을 적재적소에 배치하여 활용하지 못하고, 전산으로 무작위로 배치하여 전·후방 각 부대로 보낸다. 그러고 나면 각 부대는 그 자원들을 관심병사로 분류하고, 간부들은 그들을 관리하는 데 골머리를 앓는다. 우리는 지나친 평등의식에 빠져 컴퓨터로 무작위로 배치하는 데 반해, 그들은 그중에서도 옥석[玉石]을 가려 적재적소에 활용하기 위해 많은 노력을 기울이고 있다.

군은 현역 복무에서 요구되는 역량과 전역 이후 종사하고자 하는 분야에서 필요로 하는 역량이 가급적 연계되도록 해야 하며, 우수한 전문성을 갖춘 인재들을 많이 키워내야 한다. 많은 젊은이들이 군 복무를 통해 군 복무 이후의 활동영역에서 필요로 하는 역량을 갖출 수 있다면 각 개인이 비전과 목표를 가지고 군 생활을 할 수 있으며, 국가도 훌륭한 인적 자원을 확보할 수 있다. 군은 각 분야에서 학문적 지식과 실무 경험이 풍부한 훈련된 인재를 많이 필요로 하고 있다. 이를 위해 군은 우선 조직의 목적 달성과 필요에 따라 요구되는 인재의 자질을 식별하고, 필요한 직책에 적합한 자질을 가진 인적 자원을 엄선하여 체계적으로 키워나가야 한다. 그 과정을 좀 더 자세하게 살펴보면, 먼저 조사와 분석 등을 통해 각 분야에서 요구되는 능력과 인적 특성을 식별해야 한다. 그 다음 인재 양성의 목표를 설정하고 선발과 양성을 위한 구체적인 계획을 수립한 뒤 추천, 서류 심사, 필기 및 실기 테스트, 면담, 워크숍 등 다양한 검증 과정을 거쳐 우수한 인적 자원을 선발해야 한다. 선발된 인적 자원들은 전문교육과정과 실무와 연계된 적응 과정을 거쳐 반드시 선발된 분야에서 활용해야 한다. 전문교육과정은 대학에서, 실무 적응 과정은 군의 활용 부서에서 담당하는 것이 효율적이다. 모든 분야에서 동시에 적용할 수는 없을 것이므로 몇몇 분야에서 시범적으로 추진한 다음에 문제점을 식별하여 보완 과정을 거친 다음 확대 적용한다면 시행착오를 줄일 수 있을 것이다.

군의 인재는 양성교육 이외에도 보수교육, 수시교육 등 다양한 교육과정을 통해서도 성장할 수 있어야 한다. 그러나 군에 입대하는 모든 자원에게 전문성을 부여할 수 있는 교육 기회를 제공할 수는 없다. 그렇지만 군에서 필요로 하는 전문 분야의 인적 자원을 체계적으로 양성할 수 있다면, 양성된 자원들은 군의 전문성을 향상시킴과 더불어 전역 이후에 사회에서 보다 효율적으로 활용될 수 있을 것이다. 그뿐만 아니라 군에 입대하는 자원들은 군 복무에 대해 보다 긍정적이고 유익하게 생각할 것이며, 그들에게 군 생활이 결코 무익한 것이 아니라는 인식을 심어줄 수 있을 것이다. 군이 계급과 직책에 따라 지속적인 보수교육을 하는 것도 이러한 필요성 때문이다. 군에서 계급과 직책에 따라 보수교육을 하는 것도 필요하지만, 다양한 주제를 가지고 진행하는 수시교육도 병행해야 한다. 주제는 함께 공유해야 할 주요 정책현안이나 교리의 변화, 새로운 장비·물자의 보급 등 다양한 주제를 발굴할 필요가 있다. 이러한 유형의 수시교육은 공감대를 넓히고 왜곡을 바로잡기 위한 노력이기도 하지만, 군의 간부들에게 새로운 지식을 끊임없이 제공하기 위한 노력이기도 하다. 군은 수시교육을 통해 조직 내부에서 반복적으로 왜곡되는 현상을 바로잡고, 새로 투입되는 자산에 대한 올바른 사용법을 지속해서 익힐 다양한 기회를 제공할 수 있어야 한다

인재의 선발과 양성 못지않게 중요한 것이 활용이다. 인재의 선발은 어떤 분야에서 어떻게 활용할 것이냐에 따라 고려사항과 조건이 달라져야 하며, 선발 조건이 세분될수록 적합한 인재를 맞춤식으로 선발할 수 있다. 인재는 소정의 교육과정을 거쳐 조직에서 필요로 하는 해당 분야의 전문성과 경험을 쌓아야 비로소 가치 있게 활용할 수 있는 것이다. 어떠한 조직이든 인재 양성과 활용이 합목적적이고 목표지향적으로 추진되지 않으면 우수한 인적 자원의 선발, 양성, 활용이라는 궁극적인 목표에 도달하기 어렵다.

양성된 인재를 잘 활용하려면 선발 목적에 맞는 적재적소適材適所에 배치해야 한다. 정교한 과정과 절차를 통해 인재가 양성되었다고 하더라도 적재적소에 배치해 활용하지 않으면 능력을 발휘할 수 없게 되고, 애써 양성한 의미가 퇴색될 수밖에 없다. 적재적소는 양성된 인재를 양성 목표에 맞게 배치하고, 능력에 맞는 업무를 부여하는 것을 말한다. 인재를 적재적소에 배치하는 것은 해당 분야에 합당한 능력을 갖춘 사람이 적합한 자리에 보직되어야만 조직 장악력과 업무 효율성을 높일 수 있기 때문이다. 인재의 활용은 합리적이고 모두가 이해할 만한 분명

한 원칙이 있어야 한다. 인사의 원칙 중에서도 가장 우선시해야 하는 원칙은 능력에 기초한 인사이다.

국익과 관련된 핵심 업무는 형평성이 아니라 능력에 기초해 발탁한 가장 우수한 인재에게 맡기고 존중하는 풍토가 조성되어야 한다. 우수한 인재는 업무 성과를 높임은 물론, 조직원들에게 동기를 부여하고 조직원들을 단합시킴으로써 활력을 부여하고 조직을 바람직한 방향으로 이끌어간다. 각 군이 핵심 업무를 수행하는 자리에 자군의 인적 자원을 배치하고 싶다면 쓰임받을 수 있는 유능한 인재를 많이 키워내면 되는 것이다. 유능한 인재를 육성하려는 노력은 하지 않으면서 2:1:1, 1:1:1 등 산술적 할당을 주장하는 것은 치졸한 집단이기주의에 불과할 뿐이다. 각 군은 영향력 있는 자리를 차지하기 위한 경쟁보다는 유능한 인재를 키워내기 위한 경쟁에 더욱 관심을 가져야 한다.

객관적으로 인재가 발탁되고 적재적소에 인사가 이루어진 것이라면 잘된 인사임이 틀림없다. 인사를 하고 난 뒤에 흔히 누구는 어떤 분야에서 오랜 경력을 쌓은 전문가이고, 또 누구는 어느 분야에서 많은 경험을 쌓은 전문가라고 말한다. 그런데 이런 말들에 커다란 오류가 존재한다. 특정 분야에서 오랜 경력, 많은 경험을 쌓았다고 해서 전문가라고 할 수 있을까? 경력이나 경험이 많은 사람과 전문가는 분명히 구별되어야 한다. 경력이나 경험이 많다고 해서 전문가일 수는 없다. 경력이나 경험은 특정 분야에서 그저 거쳐가는 것만으로 쌓을 수 있지만, 전문성은 경험을 심화시키고 관련 지식을 쌓는 자기 노력, 체계적인 훈련 등을 필요로 한다. 전문가가 충분한 경험까지 갖춘다면 금상첨화錦上添花이겠지만, 대부분은 그냥 경험만 많을 뿐인 경우가 대부분이다. 자기 노력이 없었거나 부족했기 때문이다. 특정 분야에서 오래 근무했다고 해서 전문성이 높아지는 것은 아니다. 특정 직위에서 근무를 원한다면 그에 걸맞은 능력을 갖추어야 하며, 능력을 쌓을 기회는 누구에게나 동등하게 주어져야 한다. 주어진 기회를 활용하느냐, 못 하느냐는 본인의 선택과 노력 여하에 달린 것이다.

위키백과사전을 보면, 전문가는 자신이 종사하는 직역職域에 정통한 전문지식과 능력을 갖춘 사람이라고 정의되어 있다. 경험이 많은 사람이 전문가가 되려면 경험 이외에 꾸준한 자기 노력을 통해 학문적 기초와 전문지식을 갖추어야 하며, 번지르르한 말의 잔치가 아닌 학문적 전문성과 경험을 바탕으로 설득력 있게 자기의 소신을 펴는 것은 물론, 다른 사람들을 납득시킬 수 있어야 한다. 전문성은 한두 차례 경험을 쌓는다고 해서 저절로 쌓이지 않는다. 자신의 노력이 없이는 그저 경험일 뿐이다.

우리의 가장 큰 문제는 인재 양성을 위한 분명한 철학이 없고, 벤치마킹하는 제도도 제대로 이해하지 못한 상태에서 도입하고는 이벤트성 행사로 끝나버린다는 것이다. 이스라엘의 탈피오트 프로그램Talpiot Program[37]을 벤치마킹하려고 시도했던 사례와 몇 해 전 해프닝으로 끝난 '병역특례제도 정비' 시도 사례는 우리에게 교훈을 준다. 첫 번째 사례

---

37 탈피오트 프로그램(Talpiot Program)은 이스라엘군이 매년 최상위권 고교 졸업생 중에서 50명을 뽑아 양성하는 프로그램이다. 이 프로그램은 1979년부터 이스라엘의 이공계 리더를 양성할 목적으로 시작되었으며, 제4차 중동전쟁의 산물이다. 선발된 50명은 히브리 대학에서 3년간 수학한 다음, 원하는 부대에서 6년간 장교로 근무하면서 대학과 이스라엘군으로부터 부여받은 기술적으로 난해한 과제들을 풀어나가는 훈련 과정을 거친다. 이 같은 농축적인 교육과 실습을 거친 사람들은 전역 이후 이공계의 리더와 유망한 벤처기업가로 변신함으로써 이스라엘의 산업계를 이끄는 핵심 계층이 되어 이스라엘 발전의 원동력이 되고 있다.

는 우리가 탈피오트 프로그램을 벤치마킹하여 도입한 '과학기술사관제도'이다. 탈피오트 프로그램의 근본을 이해하려 하지 않고 외형만을 베껴서 도입한 다음, 정작 실행 단계에서는 해당 기관에 맡겨버리고 아무도 관심을 보이지 않았다. 탈피오트 프로그램의 핵심은 제도 자체가 아니라 목적에 도달하기 위한 치밀한 양성과 운용에 있음에도 불구하고, 기본정신은 제대로 이해하지 못하고 제도만 도입한 것이다. 우리가 도입한 과학기술사관제도는 또 하나의 병역특례제도 그 이상도, 그 이하도 아니다. 두 번째 사례는 2020년대 중반에 예견되는 병력자원의 급감 때문에 폐지해야겠다는 단순한 사고에서 출발하여 낭패를 본 '병역특례제도 정비 시도'이다. 그렇게 접근해서는 안 된다. 앞으로 병력특례제도는 일부 소수 인원에게 주어지는 혜택이 되어서는 안 된다. 병역특례제도를 올바르게 정비하려면 현재 병역특례에 대한 문제점을 분석한 후에 국민의 의식 변화에 부합되도록 제도를 개선해야 하며, 그것은 국가와 군이 필요로 하는 인재 양성과 맞물려서 발전되어야 한다.

인재를 체계적이고 계획적으로 양성해서 성공한 사례는 많이 있다. 이스라엘은 탈피오트 프로그램 이외에도 여러 가지 유사한 제도가 있으며, 싱가포르는 대통령장학생선발제도를 운영하고 있다. 러시아도 국가 차원에서 국방 과학기술 인재를 양성하기 위해 파격적인 제도를 시행하고 있다. 지난 2012년 블라디미르 푸틴Vladimir Putin은 대통령으로서 집권 3기를 시작하면서 군 내부에 2개의 특수중대를 창설하도록 지시했다. 소위 공업고등학교나 공과대학 출신의 우수한 과학기술 인재들을 선발하여 군 복무기간에도 연구개발을 할 수 있도록 허용하고, 그 성과를 전력증강에 활용하고 있다. 나아가 그들이 전역한 후에는 방위산업계로 진출하여 방산 엔지니어들의 고령화를 막는 데 일조하도록 유도하고 있다. 제도의 외형만을 베껴서 도입하는 것은 하책下策 중의 하책이며, 제도의 취지와 목적, 운영 방법 등을 잘 이해하고 우리 환경과 조건에 맞게 보완하여 제도의 취지를 잘 살려서 적용해야만 성공할 수 있다.

3. 복합적이고도 다변하는 군 조직의 운영

군에는 다양한 특성을 가진 조직과 분야가 있다. 정부부처 중에서 국방부만큼 복잡하고도 다변적인 조직은 없다. 정책, 예산의 기획·계획·집행, 보건복지, 인사행정, 사법 등 국가행정 기능 중에서 국방부가 독립적으로 가지고 있지 않은 것이 없기 때문이다. 실로 '작은 정부'라고 불릴 만하다.

학문적 관점에서 보더라도 군사 분야와 연관되지 않는 학문 분야가 없다. 군사 분야는 행정학, 경영학, 공학, 심리학, 예술 등을 망라하는 모든 학문 분야의 전문지식이 필요하다. 그러므로 군사학은 하나의 독립된 학문 분야로 정립하기 어렵다. 전통적으로 군사학을 학문의 한 분야로 인정해온 것은 러시아 등 주로 과거 동구권東歐圈의 나라들이다. 군사학 분야에서는 전쟁을 통해 수없이 많은 원칙이 정립되고 있다. 물론 그 원칙들 중에서 변하지 않고 여전히 적용되는 원칙도 있지만, 전쟁 양상의 변화와 과학기술의 발전 등에 따라 수정되고 변하는 원칙도 있다. 전장에서는 주어진 상황과 여건에 따라 다양한 선택이 있을 수 있으며, 오직 전쟁에서는 승리만이 진리이고, 정답인 것이다.

이처럼 복잡다변한 영역에서 임무를 수행하려면 다양한 분야의 지식을 갖춘 사람들이 필요하다. 그러므로 군의 구성원이라면, 특히 상위 직위에 진출하고 싶다면 끊임없는 자기 노력과 다양한 경험 축적을 통해 깊은 학문적 지식과 통찰력을 쌓아야 한다. 상급자는 막연하게 답이 없는 지침이나 미사여구美辭麗句로 부하들을 혼란시켜서는 안 된다. 상급자일수록 전문성과 경험에 기초한 경륜으로 논리정연하고 차분하게 부하들이 알아들을 수 있도록 지도하고 이끌 수 있어야 한다.

군은 장교와 준사관, 부사관, 병으로 구성되는 다층적 구조이며, 주로 장교들이 작성하는 계획과 지침에 의해 부대 운영이 결정되는 상명하복의 임무 수행 구조로 되어 있다. 장교는 다양한 계획을 발전시키고 결심을 해야 하므로 담당 분야의 학문적 지식과 전략적·작전적·전술적 부대 운영을 위한 군사 전문지식, 강인한 체력, 고매한 인품 등 수준 높은 소양과 능력을 갖추어야 한다. 그러므로 장교들에게 복무기간 중에도 민간대학 등 전문교육기관에서 관련 분야의 전문지식을 쌓을 수 있도록 충분한 교육과 자기 발전 기회를 부여해야 한다. 장교들이 관련 분야의 전문지식을 풍부하게 갖추고 있을 때, 복합적이고도 다변하는 군을 효과적으로 지휘하고 운영할 수 있는 것이다. 특히, 과학기술 분야에 대한 소양素養은 현대 군대를 운영하기 위해 장교가 갖추어야 하는 필수 요소이다.

장교는 자신의 발전과 단련을 위해 스스로 끊임없이 노력하여 언제라도 쓰일 수 있는 준비가 되어 있어야 한다. 본인 스스로가 노력하지 않고 준비되어 있지 않으면서 발탁을 기대해서는 안 된다. 진급이 끝나면 마치 모든 것이 끝난 것처럼 행동하고, 또다시 진급 시점이 다가오면 걱정 속에 다시 준비를 시작한다면 준비의 깊이가 깊어질 수 없고, 진급 시기만 되면 항상 걱정을 되풀이하는 자신을 발견하게 될 것이다.

4. 합리적인 인재 양성, 그렇게 어려운가?

나폴레옹Napoléon Bonaparte에게 수차례 패전의 치욕을 겪었던 프로이센은 샤른호르스트부터 몰트케에 이르기까지 수십 년간 독일군 고유의 참모제도를 발전시켜나가면서 훌륭한 참모장교들을 많이 양성했다. 독일은 이를 기반으로 하여 1866년 보오普墺전쟁과 1870년 보불普佛전쟁 등에서 승리하고, 통일의 기틀을 마련했다. 오늘날에도 독일군 참모장교는 우수한 것으로 정평이 나 있다. 독일군이 임무형 전술이라는 훌륭한 개념을 만들어낼 수 있었던 것도 인재 양성에서부터 출발한 것이다. 많은 예산을 할당하고 훌륭한 무기체계를 사들이는 것도 어느 정도는 필요하겠지만, 그것보다 더 중요한 것은 사람을 키우는 일이다. 훌륭한 인재를 키워내는 것은 모든 과업의 출발점이다.

우리는 군이 필요로 하는 인재를 어떻게 선별하고 양성할 것인가에 대해 깊이 고민해야 한다. 기회는 누구에게나 주어져야 하며, 선택은 본인의 의사에 따라, 그 결과는 노력 여하에 따라 결정되어야 한다. 노력하지 않는 사람은 주어진 기회를 활용할 수 없으며, 스스로 노력하지 않아 능력을 갖추지 못한 사람에게는 중요한 역할을 맡길 수가 없는 것이다. 능력이 아니라 산술적 평등만을 고려한 인사 운영은 외형적으로는 공평해 보일지 모르지만 효율적이지 않다. 강대국들의 틈바구니에서 생존하려면 공평하기보다는 효율적이어야 한다.

인재 양성은 분명한 목적의식目的意識을 가지고 추진해야 한다. 능력 있는 군을 만들기 위해서는 군의 각 분야에서 필요한 인재를 활용 목표에 부합하는 선발과 교육과정을 통해 양성해야 하며, 활용 단계까지 지속적으로 추적 관리해야 한다. 그래야만 군이 필요로 하는 인재를 일관성 있게 양성할 수 있으며, 양성된 인재를 목적에 맞게 유용하게 활용할 수 있다.

현재 우리는 어느 분야에 어떤 능력을 갖춘 인재가 필요한지에 대한 소요 부서의 판단 없이 인사 부서에서 수립한 막연한 소요 판단과 선발 절차에 따라 인재를 양성하고, 정해진 형평성에 따라 순환 배치하고 있다. 즉, 실무 분야의 업무 필요에 따라 인재를 양성하지 않으며, 그나마 양성된 인력도 전문성과 무관하게 산술적 평등성을 추구하는 인사로 인해 비효율적으로 운영되고 있다는 것이다. 미국 하버드 대학에서 경영학을 전공하고 귀국한 사람을 형평성을 고려하여 군단급 야전부대에 배치한다면 그 자원이 할 수 있는 업무가 무엇일까? 그것이 올바른 활용일까? 능력을 고려하지 않고 형평성만을 강조하여 설정된 활용 목표와 관계없이 인재를 배치하는 인사 시스템이라면 고급교육과정을 이수할 필요가 없으며, 교육에 투자된 예산과 시간을 무의미하게 낭비하는 셈이다.

이스라엘은 탈피오트를 비롯하여 맘람Mamram, 하바트잘롯Habatzalot, 브라킴Brakim, 프사곳Psagot 등 다양한 맞춤식 인재 양성 프로그램을 운영하고 있다. 이는 적은 인구와 부족한 자원을 가지고 생존하기 위해서는 적재적소에서 활용할 수 있는 우수한 인적 자원을 양성하는 것 외에는 대안이 없다는 절박한 현실 인식에 기초한 것이다. 그들은 인재 양성 과정에서 해당 분야에 필요한 인재에게 요구되는 자질을 분석하고, 학문적 지식과 실무적 경험을 쌓을 수 있는 교육훈련과정을 연계하여 맞춤식으로 인재를 양성한 후 적재적소에 활용하며, 궁극적으로는 그러한 인재가 사회로 진출해 관련 분야에서 능력을 발휘할 수 있도록 주도면밀한 노력을 기울이고 있다. 그러한 노력의 결실이 오늘날의 그들을 있게 한 것이다.

인재 양성은 활용 목표가 분명해야 하고, 활용 부서의 업무 수행에 적합한 자질을 가진 자원들을 선발하여 학문적 소양과 실무를 통한 훈련 과정을 함께 거치도록 해야 한다. 이 과정에서 잊지 말아야 할 것은 목표지향적 관리이다. 학문적 소양을 쌓는 기간에도 학습하는 과정에 대한 모니터링을 통해 필요로 하는 학문 분야에 대한 수학修學이 제대로 이루어지고 있는지를 지속해서 점검할 필요가 있다. 실무 부서에서 근무하는 동안에도 대학과 활용 부서의 군 관계자가 면담과 협의를 통해 양성 목표에 들어맞는 과제를 식별하여 부여하고 평가하는 등 충분한 훈련이 이루어질 수 있도록 관리해야 한다. 인재 양성은 목표지향적인 집중력을 잃어버리고 배치 부서에만 맡겨버리면 원하는 목표를 달성할 수 없다. 그 대표적인 성공 사례는 이스라엘의 '탈피오트'이며, 실패 사례는 우리의 '과학기술전문사관제도'이다.

5. 개인의 발전과 연계한 조직의 역량강화

우리 속담에 "백지장도 맞들면 낫다"라는 말이 있다. 군은 조직 특성상 개인의 능력보다 조직의 역량이 더 중요하다. 그러나 조직 내에서 각 개개인의 능력이 발휘되지 않으면 조직의 역량이 축적되고 발전될 수가 없다. 그렇다면 개인의 능력은 어떻게 발휘될까?

개인의 능력은 업무에 대한 숙련도에 따라 다르며, 업무의 숙련도는 자기 노력과 동기 부여 여하에 따라 달라진다. 개인의 업무 숙련도는 자신의 노력과 체계적인 교육훈련을 통해 배양되며, 동기 부여는 부여된 임무에 대한 호응도와 조직에서 업무를 담당하는 간부계층의 노력 여하에 따라 좌우된다. 그러므로 조직 구성원의 한 사람으로서 개인의 능력을 발휘하는 것은 각 개인의 축적된 능력과 조직의 동기 부여, 거기에 더하여 스스로 직무에 대한 성취감을 얼마나 느끼느냐가 관건이 될 것이다.

군이 각 구성원의 능력과 제대별 역량을 극대화하려면 보다 구체적이고 직접적인 동기를 부여하는 것이 가장 효과적이다. 막연하거나 추상적인 목적을 제시한다면 동기 유발도 쉽지 않고 설득력도 부족할 뿐만 아니라 목표하는 행동을 끌어내기도 어렵다. 거창하게 국가와 민족을 위한다는 추상적인 이유보다는 자기 자신, 내 가족, 내가 추구하는 가치, 내가 공감할 수 있는 동기 등 직접적인 이유가 있다면 한층 더 설득하기 쉬울 것이다. 그것을 찾아내서 국민과 함께 공유할 수 있는 사회적 가치로 변환시키고 내재화시키는 것은 정치지도자와 지휘관의 몫이다.

과거 제4차 중동전쟁이 발발했을 때 미국의 어느 언론매체가 귀국하려는 이스라엘과 이집트의 유학생들을 만나 "왜 고국으로 돌아가려고 하는가?"라는 질문에 대해 답을 듣고 난 후에 이스라엘의 승리를 장담했다고 한다. 이집트 유학생들은 국가와 민족을, 이스라엘 유학생들은 자신이 사랑하는 가족과 자신의 미래를 지키기 위해 귀국한다고 대답했다고 한다. 어느 동기가 더 직접적이고 강렬한 것일까? 당연히 자신들과 직접 연관 있는 이스라엘 유학생들의 동기가 더 강할 수밖에 없다. 개인의 동기는 개인에게 절실한 것일 때, 집단의 동기는 공감을 불러일으킬 수 있을 때 그 가치가 더 커지는 법이다.

개인의 임무는 그 사람의 소양과 관심, 전공, 숙련도에 따라 부여하는 것이 바람직하다. 개인의 능력은 군에서만 소용所用되는 것이 아니므로 자신의 장래와 연관 있는 부분을 찾아 능력을 길러주고, 그 능력을 군에서 활용하는 방법을 찾아야 한다. 군은 다양한 분야에서 다양한 능력을 필요로 하므로 각 개인의 특성에 맞는 능력을 찾아서 키워줄 수 있다. 그런 사례 중 하나가 소프트웨어 전문가를 양성하는 것이다. 군에서는 단순하게 컴퓨터 운용에서부터 사이버전 수행을 위한 전문 분야까지 많은 훈련된 인력이 필요하다. 많은 학생 중에서 컴퓨터와 소프트웨어 분야에 대한 특별한 능력을 갖추고 있는 우수한 학생들을 선발해서 해당 분야의 전공 과정을 이수하게 하고, 관련 분야에서 실무 훈련을 거쳐 활용하면 된다. 어느 분야든 간에 체계적인 양성 및 훈련, 실무 적응 과정을 거친 숙련된 자원은 사회에서도 얼마든지 환영받을 수 있다. 책임만을 면하려 하거나 "좋은 것이 좋다"는 식으로 적당히 현실에 안주하는 산술적 평등주의와 무사안일주의에 매몰되어서는 할 수 없는 일이다.

이스라엘은 소양 있는 인력을 선발해서 체계적인 교육을 하고, 실무 적응 훈련을 거쳐 작전에 투입한다. 그리고 전역하게 되면 그런 자원들이 뭉쳐서 활발한 창업 활동을 벌인다. 3세대 보안체계도 소프트웨어 분야에서 특화된 인적 자원들이 개발한 것이다. 과학기술, 정보 분석, 영상 해석 등 다양한 분야에서 특화된 인적 자원들이 육성되고 배출된다. 그러므로 이스라엘은 일반 민간회사에서도 군부대 근무 경력을 우대한다. 기업이 사람을 모집할 때에 "OO부대 출신을 모집합니다"라는 광고를 내기도 한다. 그것은 특정 기능 부대에서 수행하는 임무 수행에 적합하도록 잘 훈련되어 있는 인재라면 사회에서도 유용하게 활용할 수 있기 때문이다.

우리는 산술적 평등에 매몰되어 가장 유용한 자산인 인적 자원을 효율적으로 활용하지 못하고 있다. 군도 인력 배치의 관점이 형평성에 지나치게 기울어져 있다. 대표적인 사례가 신병의 자대 배치를 난수표를 적용한 컴퓨터 출력 결과에 의존하는 것이다. 그렇게 해서는 각 기능 분야에서 능력에 맞는 인재를 선별해서 활용할 수 없다. 군에 입대하는 자원의 운용은 형평성보다는 능력의 개발과 활용에 초점을 맞추어야 한다.

군에서의 인재 활용과 의무복무를 하는 병사들의 배치에도 '산술적 형평성만이 아닌 적재적소'라는 원칙이 적용되어야 한다. 그렇게 해야만 개개인의 능력을 보다 효율적으로 활용할 수 있고, 각 개개인의 능력을 키워나갈 수 있는 보다 나은 시스템으로 발전시켜나갈 수 있다. 개인과 조직의 능력 극대화는 서로 매우 밀접하게 연관되어 있다. 인력을 보다 효율적으로 운용할 수 있도록 징집제도를 발전시키고 인재를 체계적으로 양성하여 실무에 투입한다면 국가와 개인 모두에게 매우 바람직한 결과를 가져올 것이다. 군에서 문제해결 능력을 갖춘 양성된 인력이 병역을 마치고 사회로 나온다면 국가 발전과 경제성장에도 커다란 기여를 할 수 있을 것이다.

우리가 지금부터라도 병역자원관리 개념을 바꾼다면 제한된 인력을 훨씬 더 효율적으로 쓸 수 있다. 그렇게 된다면 개인의 능력은 물론, 군의 능력도 크게 향상될 것이며, 핵심 인력의 국외 유출도 막을 수 있다. 우리나라의 인재 유출은 매우 심각한 실정이다. 스위스 국제경영개발연구원IMD, International Institute for Management Development이 발표한 우리나라의 두뇌유출지수BDI, Brain Drain Index[38]는 1995년 7.53에서 2015년 3.98로 감소했다고 한다. 두뇌유출지수가 낮아졌다는 것은 그만큼 두뇌 유출이 더 심각해졌다는 것을 의미한다. 특히, 중국은 메모리 반도체 부문의 세계시장 장악을 목표로 우리 반도체 핵심 인력의 스카우트에 갈수록 열을 올리고 있다. 국내에서 은퇴한 주요 과학기술 분야의 적잖은 고급인력들이 국내에서 자리를 찾지 못하고 중국을 비롯해 국외로 나가고 있다.

은퇴한 고급인력이 밖으로 나간다는 것은 기술과 경험이 함께 유출된다는 것을 의미한다. 과학자와 고급 엔지니어들을 정년이 되면 아무런 대책 없이 '정년 도래'라고 하는 용도폐기 방식으로 몰아내는 국가는 지구상에서 우리나라밖에 없을 것이다. 그들에 대한 효율적인 활용

---

38 두뇌 유출이란 고도의 교육을 받은 고급인력이 국외로 유출되는 현상을 말한다. 두뇌유출지수(Brain Drain Index)는 1부터 10까지의 숫자로 표기되며, 10이면 모든 인재가 자기 나라에 남으려 하는 것이고, 1이면 다 떠나려고 하는 것을 의미한다.

방안을 찾아야 한다. 이때 외국의 은퇴 과학자에 대한 유인책도 함께 제시한다면 더욱 효과적일 것이다. 인재를 육성하고 유치하는 문제는 국가 차원에서 다루어야 할 매우 중요하고도 시급한 문제이다.

6. 상급자는 왜 솔선수범해야 하는가?

어느 조직에서나 지도자들이 아랫사람들의 본보기가 되는 것은 매우 중요하다. 특히 군의 경우에는 이것이 다른 어떤 조직보다 더 절실하다. 평소 일상에서 발현되는 상급자의 진심 어린 행동은 상급자에 대한 신뢰를 고양하고, 극단적인 상황에서 하급자의 자발적인 복종을 이끌어내는 원동력이 되기 때문이다. 모든 계층과 제대에서 상급자의 솔선수범은 필수 덕목이다. 솔선수범하려면 자신의 안위와 편안함을 제쳐두고 조직의 목표와 공익을 먼저 생각할 줄 알아야 한다. 특히, 중요한 국면에서는 기꺼이 자신을 희생할 줄도 알아야 한다. 국가가 희생의 덕목을 소중히 여기고 그 가치에 대해 존중하며 고양해나갈 때, 국민이 모두 군을 인정하는 사회적 분위기가 형성될 것이고, 군인들은 자신의 희생을 기꺼이 마다하지 않게 될 것이다. 그러나 국가가 나라를 지키기 위한 개인의 희생을 숭고한 가치로 인정하지 않고 군을 모욕한다면, 위기 상황에서 누구도 헌신적이고 적극적인 임무 수행을 하지 않음은 물론, 기꺼이 희생하려 하지도 않을 것이다.

군은 목숨을 담보로 임무를 수행하는 집단이다. 로마 시대에는 군인의 봉급은 '목숨을 담보하는 것'이라는 의미가 있었다고 한다. 상급자는 하급자에게 막연하고도 추상적인 충성을 요구하기보다는 평소 군본연의 역할과 희생의 가치 등에 대해 직접적이고도 충실히 가르쳐야 한다. 상급자 스스로가 무엇을 해야 하는지를 정확하게 인지하지 못하면서 하급자에게 일방적인 복종만을 강요한다면, 하급자의 자발적인 임무 수행 욕구를 끌어낼 수 없다. 그러나 상급자일수록 솔선수범을 보이기는 쉽다. 일상생활에서 사소하지만 본보기가 되는 상급자의 진심에서 우러나는 행위를 보고 부하들은 감동하는 법이다. 그러나 그것이 가식假飾임이 밝혀지면 상급자에 대한 인정과 존경은 금방 무너지게 마련이다. 상급자의 솔선수범은 일상생활에서 가식 없이 꾸준히 나타나는 몸에 밴 것이라야 한다.

인간의 본성은 누구나 편안함을 추구하기 마련이다. 그러나 상급자가 되고 싶고 위로 올라가고자 하는 야망이 있다면 일상에서 기꺼이 자신의 안일을 포기하고 불편을 감수할 줄 알아야 한다. 그럴 각오가 되어 있지 않은 사람은 고위직이나 중책을 탐해서는 안 된다. 솔선수범은 다른 사람을 이끌 수 있는 가장 쉬운 방법이면서도 실천하기 어려운 것이다. 위관장교는 행동으로, 영관장교는 행동과 능력으로, 장관급장교는 행동과 능력과 인품으로 솔선수범해야 한다. 그래서 윗사람이 되는 것이 힘든 것이고, 윗자리에 앉는 것이 어려운 것이다. 책임과 솔선수범을 망각하고 권위에 젖어 시간을 보낸다면 은퇴 후에 아름다운 뒷모습을 기대하기 어렵다. 철저한 자기 관리와 끊임없는 수양만이 유일한 답이다.

7. 후진 양성을 위해 어떤 노력을 할 것인가?

군 생활을 함에 있어 종종 방향을 설정하지 못하고 방황하는 경우를 주변에서 흔히 볼 수 있다. 많은 직업군인이 심사숙고 과정을 거쳐 자신의 진로를 결정하지 못하고, 그저 일상에 빠져 지내다가 군 생활을 마치는 경우가 많다. 군인을 직업으로 선택하면서도 군에는 어떤 분야가 있는지, 그 분야에서는 무슨 일을 하는지, 어떤 전문적인 지식을 요구하는지, 어떻게 경력을 쌓아나가는 것이 바람직한지 등에 대해 살펴볼 여유도 없고, 아무도 가르쳐주지 않는다. 그저 스스로 터득하는 방법뿐이다.

장기복무 장교의 경우, 군 생활의 장래를 결정하는 몇 가지 중요한 전환점이 있다. 그 첫 번째는 병과를 선택하는 것이고, 두 번째는 어떤 참모 분야 혹은 특기에서 근무할 것인지를 결정하는 것이며, 세 번째는 대대장 보직을 마치고 어떤 부서에 보직되느냐 하는 것이다. 이외에 어떤 사람들을 만나느냐도 군 생활의 향방을 결정하는 중요한 전환점이 될 수 있다. 군인은 고도의 전문성이 요구되는 직업이다. 군인으로서의 전문성을 갖추려면 자신의 진로에 대한 진지한 고민이 선행되어야 한다.

후진 양성을 위한 노력은 아무리 강조해도 지나침이 없다. 그중에서 가장 중요한 것은 후진들에 대한 진로 지도가 아닐까 생각한다. 선배들은 후배들에게 군에는 어떤 분야가 있는지, 본인이 원하는 분야에서 일하기 위해서 요구되는 전문성은 무엇이고 어떠한 노력을 해야 하는지, 함께 갖추어야 할 학문적 배경은 무엇인지 등에 대해 가르치고 지도해야 한다. 그래야만 후배들이 자신의 희망과 소양에 부합되는 진로를 선택하고 목표를 정하여 노력하면서 앞으로 나아갈 수 있다. 막연한 생각과 희망을 품고 목표 없는 노력을 한다면 본인이 추구하는 바를 달성하기도 어렵고, 전문성을 충실하게 쌓을 수도 없다. 선배들은 후배들의 군 생활을 잘 지도하여 분야별 전문가로서의 소양과 능력을 갖춘 간부로 성장할 수 있도록 이끌어줄 수 있어야 한다. 구체적으로 군에는 어떤 분야가 있고, 각 개인의 특성에 맞춰 성장하기 위해서는 어떤 분야의 학문 지식을 갖추어야 하며, 어떠한 경력과 경험을 축적해나가야 하는지 등에 대해 지도할 줄 알아야 한다는 것이다.

나의 경우, 위탁 교육을 마치고 대위大尉가 되어 야전으로 돌아오면서 향후 진로에 대해 깊은 고민에 빠졌었다. 2년여 동안 군을 떠나 대학에서 공부하고 돌아와보니 군에 대해 아는 것이 하나도 없었다. 도대체 무엇을 어떻게 해야 할지 전혀 방향이 보이지 않았다. 주변의 선배들을 찾아가 상담을 해봐도 돌아온 조언이나 충고는 여전히 나 자신을 더욱 답답하게 했다. 아마도 야전에서의 생활이 계속되었더라면 그저 그런 일상의 연속에 푹 빠져 지내는 생활이 계속되었을지도 모른다. 군 생활의 방향을 설정하지 못하고 방황하며 보내는 시간은 대위 초반初盤부터 중령으로서 사단 참모를 마칠 때까지 계속되었다. 그 후, 우연한 인연으로 정책부서에 근무하게 되면서 비로소 내가 가야 할 길을 찾을 수 있게 되었다. 대위 때부터 자료실을 드나들면서 닥치는 대로 읽었던 많은 자료가 정책부서에 근무하면서 어느 사이 정리가 되었고, 그동안의 노력이 무의미한 것이 아니었음을 깨닫게 되었다. 군 생활의 방향을 좀 더 일찍 정했더라면 그 긴 방황의 시간을 짧게 줄이고 원하는 방향에 대한 전문적인 지식을 쌓기 위한 노력을 좀 더 기울이지 않았을까 하는 아쉬움이 크다. 우리 후배들에게는 그런 시행착오 과정이 최소화될 수 있도록 이끌어주는 선배들이 많았으면 좋겠다.

"위관장교는 몸으로, 영관장교는 머리로, 장군은 배짱으로 지휘한다"라는 말이 있다. 무엇이든지 기초부터 튼튼하게 잘 쌓아야만 높이 쌓아 올릴 수 있는 것이다. 위관장교 시절에는 무엇이든 몸으로, 손으로 익히고 행동으로 솔선수범해야 한다. 또한, 영관장교는 축적된 경험과 내재화된 지식을 활용하면서 실질적인 업무를 수행하는 핵심 계층이 되어야 한다. 과거 전쟁에서 수립되었던 중요한 계획은 대부분 영관장교의 머리에서부터 착안되었고, 검토와 토의 과정을 통해 보완되었다. 그러므로 학문적 기초와 전문지식을 쌓는 노력은 위관장교 시절부터 이뤄져야 하고, 빠르면 빠를수록 좋다. 장관급 장교는 폭넓게 상황을 관조하고 주어진 임무에 내재한 참모습을 파악할 수 있는 통찰력을 갖추어야 한다. 장군은 통찰력을 갖춤으로써 문제의 핵심을 신속히 파악하고 해결책을 모색할 줄 알아야 하며, 자기 소신과 배짱을 가지고 조직을 이끌어나갈 수 있어야 한다. 근거 없는 소신과 배짱은 무모함일 뿐이다.

훌륭한 간부가 되기 위해서는 전문성을 갖추는 것도 중요하지만 그에 못지않게 고급장교로서의 인품과 소양을 꾸준히 키워나가는 것 역시 중요하다. 인품과 소양은 하루 이틀에 쌓을 수 있는 것이 아니기 때문이다. 이를 위해서는 군사 분야 이외에도 자신만의 취미, 자신만의 장기長技를 만들어가는 것이 좋다. 운동도 좋지만, 클래식이나 팝송과 같은 음악적인 소양을 키우는 것도 좋고, 회화나 사진 등의 취미생활도 좋고, 다양한 관점을 키워나갈 수 있는 깊이 있는 역사 공부도 좋을 것이다. 위스키, 코냑, 포도주 등이 어느 지방에서 어떻게 만들어지는지, 맛은 어떻게 차이가 나는지, 어떻게 마셔야 하는지를 제대로 안다면 폭음하는 일도 없을 것이다. 어느 분야에서든 전문가적 소양을 갖출 수 있으면 제대로 즐길 줄 아는 능력이 생긴다. 좋은 취미를 갖는 것은 자신의 인격을 고양하고 단련시키는 데 큰 도움이 된다. 장교들에게 자신의 삶을 풍요롭게 할 수 있는 취미를 가질 것을 적극적으로 권장하고 싶다. 장교는 풍부한 소양과 인격을 갖추어야 하며, 평소에 쌓은 훌륭한 소양은 전장에서 올바른 판단을 할 수 있는 밑거름이 되기도 한다.

제2차 세계대전 종료 직전 독일 파리점령군 사령관이었던 콜티츠 Dietrich Hugo Hermann von Choltitz 장군은 "나는 히틀러의 배신자가 될지언정 파리를 불바다로 만들어 인류의 죄인이 될 수는 없다"라며 히틀러의 명령을 거부했다. 콜티츠 장군이 히틀러의 파리 파괴 명령을 거부할 수 있었던 것은 파리가 소중한 인류문화유산임을 인식하고 있었던 그의 소양과 인격에서 발현된 것이다.

CHAPTER 6

군 내부 역량강화를 위한 실천 과제

1. 군사력 구성과 운용을 위한 개념체계

군사력은 무형無形과 유형有形의 요소로 구성된다. 군대는 자국의 군사사상과 가용 자원 등을 바탕으로 여러 가지 유형과 규모의 부대로 구성된다. 무형의 요소로는 교리, 훈련, 리더십 등을 들 수 있으며, 유형의 요소로는 편성, 장비 및 물자, 인력, 시설 등을 들 수 있다. 이러한 유·무형의 요소들이 어우러져 부대部隊라고 하는 유형의 군사력의 형태로 나타나며, 운용 능력에 따라 군사력의 강약强弱이 결정된다. 설혹 똑같은 유형의 군사 자산으로 군사력을 구성했다고 하더라도 무형의 요소에 의해 결정되는 운용 능력에 따라 그 결과는 커다란 차이가 나타난다. 모방은 외형적으로 그럴듯하겠지만, 운용 능력의 차이까지 상쇄시켜주지는 못하기 때문이다.

1983년 소련의 니콜라이 오가르코프Nikolai Ogarkov[39] 대장과 마크무트 가레예프Makhmut Gareyev[40] 대장 등이 주창한 작전기동집단OMG, Operational Maneuver Group 운용[41]과 군사기술혁명MTR, Military Technical Revolution[42] 개념이 등장했을 때 서방 측에서는 이에 대해 별로 주목하지 않았다. 그런데 86

---

39 니콜라이 오가르코프(Nikolai Ogarkov)는 1977년부터 1984년까지 7년간 소련군 총참모장으로 재직했다. 오가르코프 장군은 총참모장 재임 시절, 소련군의 재래식 군사력을 양적 우위 중심에서 정찰-타격 복합체계(Reconnaissance Strike Complex) 개념에 입각한 첨단 전력으로의 개편을 구상했다. 이러한 개념의 주창은 미국 등 서방 진영의 군사혁신을 유발시키는 단초를 제공한 것으로 알려져 있다.

40 마크무트 가레예프(Makhmut Gareyev)는 1970년대 말 소련군 총참모부 작전총국장을 지냈으며, 전선에 형성된 돌파구를 통해 종심 깊은 적 후방으로 신속히 침투함으로써 적의 전술핵무기 사용 기회를 박탈하고 후방에 위치한 적의 지휘체계와 보급소 등을 타격·포위하고 격멸한다는 작전기동집단(OMG) 운용 개념을 제안했다.

Army Division과 공지전투Airland Battle 개념에 기초하여 군사력의 구성과 운용 개념을 발전시켜오던 미국은 1991년 걸프전을 통해 그들이 생각해오던 것과 전혀 다른 경험과 결과에 직면했다. 미군은 이러한 전쟁 결과를 분석하는 과정에서 소련의 군사기술혁명MTR 개념을 새롭게 바라보게 되었다. 걸프전에 대한 미군의 분석 결과는 2년 정도의 숙려熟慮 기간이 지난 후인 1994년부터 공개되기 시작했고, 사단 전투실험 등을 통해 검증되고 발전되어왔다. 이 과정에서 앤드루 마셜Andrew Marshall, 앤드루 크레피네비치Andrew Krepinevich 박사 등이 참여하면서 더욱 보완되었다. 이와 같은 검토와 논의 과정을 거쳐 미군의 군사 능력을 혁신적으로 개선하고자 하는 RMARevolution in Military Affairs 개념이 등장하게 된 것이며, 우리에게는 군사혁신이라고 번역·소개되었다.

군사력은 개념에 기초하여 구성과 운용이 정교하게 발전되어야 한다. 아무리 훌륭한 외국의 군사체계라고 하더라도 자국의 가치관, 군사사상 등과 융화되고 결합하지 않으면 제대로 정착할 수 없다. 외부에서 도입되는 군사체계는 근본을 이해하지 못하고 맹목적으로 답습할 경우 필연적으로 시행착오와 실패의 길을 걸을 수밖에 없으며, 자신의 것으로 온전히 소화할 수도 없다. 새로운 군사체계의 도입은 충분히 내면화內面化하는 과정이 필요하며, 토착화土着化에 성공하기 위해서는 우수

---

41 작전기동집단(OMG) 운용 개념은 제2차 세계대전 당시인 1943년 민스크(Minsk) 지역에서 소련군이 독일군에게 구사한 기동집단(MG, Mobile Group) 운용 개념에서부터 출발했다. 작전기동집단 운용은 서방 측의 전술핵무기 사용에 대응하기 위해 진보를 거듭하고 있는 현대적 기동 수단을 기동집단(MG) 운용 개념과 결합해 적용하는 개념이다.

42 군사기술혁명(MTR)은 1983년 소련에서 주창한 것으로, 핵전(核戰) 상황에서 발전되고 있는 기술적 요소의 군사적 수단과의 결합을 강조한 것이다.

한 군사 리더십에 의한 지도와 각고의 노력이 필요하다. 그렇기 때문에 외국의 사례는 그 배경과 과정, 그들의 사고에 대해 깊이 이해하고 나서 우리의 군사사상과 결합하지 않으면 성공적으로 정착시키기 어려운 것이다. 우리는 우리 자신의 군사 문제를 다루는 데 있어 모든 면에서 「작전계획 5027」의 그림자를 벗어나지 못하고 있다. 그것은 오랫동안 우리의 군사력 구성과 운용을 주도해왔던 미군의 사고思考의 틀을 벗어나지 못하고 있기 때문이다. 이를 극복하는 유일한 길은 우리 자신의 기획企劃 능력을 키워서 스스로 이론을 발전시켜나가고, 외국의 사례를 벤치마킹하여 우리의 환경과 가치관에 접목시켜나감으로써 토착화하는 것뿐이다.

미군의 부대 편성과 일본, 중국, 러시아의 부대 편성이 다른 이유는 왜일까? 그것은 그들의 군사사상이나 군사 문제에 대한 접근방식이 다르기 때문이다. 미국은 지금까지 운용해오던 군단-사단-여단 체계를 왜 새로운 편제編制로 바꾸었을까? 그 차이는 무엇인가? 그러면서도 군단, 사단의 명칭은 왜 계속 사용하고 있는 것일까? 우리가 군사 문제를 다루려면 먼저 이러한 문제들을 정확히 이해해야 한다. 우리가 양복을 입는다고 해서 영국신사가 되는 것이 아니며, 어느 드라마의 대사처럼 비단금침을 깔고 잔다고 해서 좋은 꿈을 꿀 수 있는 것도 아니다. 첨단무기를 도입하거나 외국군의 훌륭한 군사제도를 받아들였다고 해서 강군이 되지 않는 것도 같은 이치이다. 우리는 현대식 군대를 보유한 지가 이미 70여 년이 지나고 있다. 이제 우리는 우리 몸에 맞는 옷을 입어야 할 때이다.

군사력의 구성과 운용은 개념에 근거해서 검토가 이루어져야 하며,

적보다 지정학적 환경과 가용 자원, 국가의 능력 등을 고려해야 한다. 대적對敵은 상대적인 것이고, 상대적인 것은 항상 변하게 마련이다. 주어진 지정학적 환경과 가용 자원 등을 조합하는 것은 우리 스스로가 주도하고 결정할 수 있다. 보다 구체적으로는 군사력의 구성과 운용의 기초를 결정함에 있어서 일반적인 조건을 바탕으로 하는 개념에 기초해야 한다. 그러나 구성된 군사력의 운용은 운용되는 지역의 지형과 기상 그리고 직접 상대해야 하는 적을 구체적으로 고려해야만 하는 것이다.

군사력의 구성과 운용에 대한 기초를 쌓으려면 깊은 성찰이 필요하며, 단순한 모방模倣만으로는 해결할 수 없다. 왜냐하면 근본적으로 각 국가마다 처해 있는 지정학적·지리적·전략적 상황이 다르고 능력과 의지에 차이가 있으며, 운용 방식과 가용 자원 또한, 다르기 때문이다. 군사력의 구성과 배치 문제를 다룰 때에는 지정학적 요소와 전략 개념, 가용 자원, 군사사상 및 교리 등을 함께 고려해야 한다. 우리는 국방개혁의 추진을 통해 군사력 규모를 줄이고 있다. 군사력 규모를 줄인다는 것은 배치가 달라지고, 싸우는 개념 또한, 달라져야 함을 의미한다. 그러한 의미를 인식하지 못하고 국방개혁을 추진한다면 유사시有事時 커다란 위험에 봉착하게 될 것이다.

국방개혁의 목표는 단순히 군사력을 줄이는 것이 되어서는 안 되며, 가용 자원을 바탕으로 군사력의 효율성을 극대화시키는 것에 목표를 두어야 한다. 가용 자원이 한정되어 군사력을 줄일 수밖에 없는 상황이라면 그때 줄이면 된다. 단, 군사력을 줄임으로 해서 발생할 수 있는 문제를 미리 예상하고 그것에 대비한 방안을 사전에 마련해야 하며, 실제로 발생했거나 발생하는 문제에 대해서는 그것을 해결할 수 있는 방안을 함께 발전시켜나가야 한다. 결과적으로 군사력을 줄일 수밖에 없다면 준비태세를 해치치 않는 범위 내에서 문제점을 보완하고 효율성을 높여가면서 단계적으로 줄이는 방안을 찾아야 한다. 그 방법은 운용 개념과 편성, 배비, 운용 등을 바꾸거나 군사력의 질을 개선하는 등 여러 가지 방안을 고려할 수 있다. 단순히 책상에 앉아서 떠오르는 얄팍한 아이디어나 선입견先入見만 가지고 국방개혁을 추진하는 것은 위험천만한 일이다. 특히, 군에 대한 애정이 없거나 깊은 이해를 갖고 있지 못한 사람은 국방개혁에 참여해서는 안 된다. 국방정책을 주도하는 사람은 자신이 마치 모든 문제를 다 알고 있는 전문가처럼 생각하는 어설픈 착각에서 벗어나야 한다. 중요한 업무를 수행하는 사람은 자신이 듣고 싶은 것만을 들으려 해서는 안 되며, 다양한 의견 수렴 과정을 거치면서 신중하게 추진해야 그나마 시행착오를 줄일 수 있다.

국방개혁을 추진하면서 군사력 규모와 편성이 달라지면 기존의 부대 배치와 운용에 대한 근본적인 의문을 제기해야 한다. 군사력 규모를 줄일 수밖에 없다면 기존의 모든 편성과 운용 개념에 대한 의문을 제기하고, 그 대안을 검토해야 한다는 것이다. 예를 들면 군사력 규모가 줄어든다면 어떤 문제가 발생할 것인가, 과거와 같은 운용 개념에 의한 부대 배치와 작전적·전술적 운용이 과연 합당한 것인가, 문제가 있다면 배비는 어떻게 조정하고 운용 개념은 어떻게 변경해야 할 것인가 등이다. 일반적으로 배치 규모가 줄어든다는 것은 부대 간의 간격이 넓어지고, 방어종심이 얕아진다는 것을 의미한다. 이 경우, 적의 돌파에 취약해지기 때문에 부대 간의 간격 통제와 돌파에 대한 대비책을 심각하게 고려해야 한다. 이러한 변화는 필연적으로 싸우는 방법의 변화를 가져오게 되며, 그렇기 때문에 군사력의 구성과 배치, 기동성과 화력에 대한 전반적 검토와 보완의 필요성 여부, 보완 방안 등을 종합적으로 검토해야 하는 것이다.

군사력의 구성, 즉 부대를 편성할 때에는 기본적으로 자원의 가용성 이외에도 과학기술의 발달에 따른 무기 설계와 조직 편성, 지원 등의 개념 변화를 함께 고려해야 한다. 훈련체계 또한 기존 방식을 답습하기보다는 변화하는 무기체계의 능력과 훈련 기법 등이 반영된 실전적 교육훈련이 될 수 있도록 훈련체계, 훈련장, 평가 방법 등 모든 것을 변화시켜나가야 한다. 특히, 개념 단계에서는 적보다 지정학적 환경에 대한 적응과 싸우는 방식 등에 보다 더 큰 비중을 두고 구체적인 실행 방안을 만들어가야 한다. 소위 말하는 군사력 구성에 직접적인 영향을 미치는 D·O·T·L·M·P·F 등 7개 요소[43]에 따라 세부적 구성과 운용에 대한 기초가 내실 있게 다져져야만 능력을 갖춘 견실한 군사력의 구축이 가능해지는 것이다. 이와 같이 복합적인 문제들을 검토하려면 종합적인 관점에서 문제를 조감할 수 있는 전문지식과 깊은 성찰이 필요하며, 단편적인 떠오르는 아이디어만으로 해결할 수 있는 것이 아니다.

개념 단계에서 발전되는 구상은 군사력 구성과 운용에 대한 기초를 제공한다. 미래에 구축하고자 하는 군사 능력은 보통 개념적으로 설정

---

43 미 합동참모본부는 전투발전요소를 교리(Doctrine), 편성(Organization), 간부 개발(Leader Development), 물자(Material), 인력(Personnel), 시설(Facilities) 등 7가지 요소로 분류하여 적용하고 있다. 그러나 우리 합동참모본부는 교리, 구조/편성, 교육훈련, 무기/장비/물자, 인적 자원, 시설 등 6개 요소를, 육군은 교리, 구조 및 편성, 무기/장비/물자, 교육훈련, 인적 자원(예비전력 포함), 시설, 간부 개발 등 7개 요소로 분류하여 적용하고 있다.

될 수도 있을 것이다. 그러나 목표 연도에 완성되어야 하는 군사력의 구성과 운용 개념은 현실적 바탕에서 출발한 구체적인 것이어야 하며, 실현 가능해야 한다. 콜린 파월Colin L. Powell은 미래를 기획할 때에는 현재의 시점에서 미래를 보고 기획하는 것이 아니라, 미래 목표 연도의 시점에서서 현재를 보고 기획해야 함을 강조했다.[44]

전략戰略과 작전술作戰術, 전술戰術의 단계는 구축된 능력의 운용과 관련된 부분이다. 우리는 개념[45]과 전략, 작전술, 전술 등의 논리체계hierarchy와 상호관계를 이해하는 데 있어 종종 혼란을 일으키고 있다. 그 결과, 동일한 사항에 대해 어떤 사람들은 개념의 관점觀點에서, 또 어떤 사람들은 전략이나 작전술의 관점에서 바라보고 논의하거나 의견을 제시하기도 한다. 그 과정에서 서로의 관점이 다르기 때문에 충돌하는 모습이 종종 관찰되기도 한다. 문제를 바라보는 관점이 다르다는 것은 같은 이야기를 하면서도 서로 전혀 다른 방향을 바라보고 있다는 것을 의미한다. 하나의 주제에 대해 토의하려면 용어의 통일이 먼저 이루어져야 한다. 그래야만 공통의 관점을 가지고 문제에 접근할 수 있고, 의미 있는 토의와 합리적인 결론에 도달하는 과정을 충실하게 거칠 수 있다. 만약 토의에 참석한 사람들이 서로 다른 관점을 가지고 있거나 윗사람의 의견 또

---

44 토니 콜츠, 남명성 옮김, 『콜린 파월의 실전 리더십』(서울: 샘터사, 2013). 콜린 파월(Colin L. Powell, 1937년~)은 아프리카계 미국인으로 미 합동참모본부 의장과 국무장관을 지냈다.

45 개념의 사전적 의미는 '어떤 사물 현상에 대한 일반적인 지식'이라고 정의된다. 그렇기 때문에 개념이라는 용어는 대단히 폭넓게 사용되고 있다. 그러나 군사력의 구상과 운용 관점에서 개념이란 전략, 작전술, 전술과 달리, 상대를 특정하지 않은 일반적인 운용 조건에서 지형과 기상, 가용 자원 등에 바탕을 두고 군사력을 어떻게 구성하고 운용할 것인가에 대한 논리적인 절차를 구상하기 위한 것이다. 군사력의 구상과 운용의 관점에서의 '개념'이란 말은 과거부터 전장 운영 개념, 기본 개념, How to Fight 등 여러 가지 용어로 변경하여 사용해왔다.

는 주장에 따라 획일적劃一的으로 끌려가게 되면 도출된 결론에 대해 깊은 이해와 공감을 얻어낼 수가 없다.

조직의 리더는 참여자들이 중구난방식衆口難防式으로 개진하는 의견들을 토의 목적에 맞게 조정해나가면서 중요한 요점要點을 정리하고, 합리적 결론에 도달할 수 있도록 토의를 이끌어갈 줄 알아야 한다. 그래야만 논의의 방향성方向性을 유지하기가 용이하고 건전한 결론에 도달할 수 있다. 건전한 합의 과정을 거치게 되면 조직원의 역량과 노력을 결집시키기가 훨씬 수월하다. 조직의 리더는 수렴된 의견들을 정리하여 목표를 설정하고, 가용한 모든 노력을 목표 달성을 위한 실행에 집중시켜야 한다. 목표를 달성하기 위해서는 수많은 방책方策들을 구상하고, 수립된 방책들은 실행 과정에서 지속적인 평가를 통해 보완해야 한다. 목표에 수렴되지 않거나 효과가 적다고 판단되는 방책은 과감하게 정리하고 새로운 방책으로 즉각 대체해야 한다.

군사전략의 수립은 구축된 군사 능력에 기초하여 달성 가능한 군사 목표를 수립하고, 이를 달성하기 위한 실행 방안을 구체화해나가는 과정을 거친다. 우리는 오랜 기간 한미연합방위체제 속에서 안주해왔다. 미군의 시스템은 매우 훌륭한 것임에는 재론의 여지가 없으나, 우리가 그대로 답습하기에는 너무나 커다란 간격이 존재한다. 우리 군은 작전통제권 행사 과정에 참여하고 있음에도 불구하고 미군이 주도하는 미군의 사고체계와 시스템의 틀에서 벗어나지 못하고 있다. 우리가 수립하고 있는 모든 개념의 발전과 계획 수립에는 「작전계획 5027」 사고思考의 틀을 벗어나지 못하고 있음이 이를 단적으로 입증해주고 있다. 이러한 흐름은 한국군 내에서도 스스로 자립적이고 창의적인 사고와 목표를 가지지 못하게 되는 결과를 가져왔다. 그러다 보니 우리 고유의 사고에 기초한 계획의 발전, 시스템 구축 능력은 퇴화退化되고 말았다. 미군의 시스템은 분명히 과학적이고 훌륭한 것이기는 하지만, 우리에게 적절한지의 여부는 별개의 문제이다.

이제는 우리 스스로의 독창적 사고와 능력을 발굴해서 발전시켜나아가야 할 때이다. 이를 위해서는 우리 자신의 개념체계부터 정교하게 다듬어야 한다. 그리고 진지한 토의와 활발한 의견 교환을 통해 공감대를 형성함으로써 우리의 인식과 사고 그리고 한국적 군사사상에 기초한 군사력 구성 및 운용을 완성해나가야 한다. 앞으로도 개념의 혼란이 지속되고 스스로 창의적 사고를 발전시키지 못한다면, 한국적 군사사상의 발전과 독자적인 군사력 운용 능력의 구축은 꿈도 꾸어보지 못하고 과거와 같은 실패와 시행착오를 반복하게 될 것이다.

군사전략과 작전계획을 수립할 때에는 보유하고 있는 능력에 기초해야 한다. 능력에 근거하지 않는 기획과 계획은 말장난에 불과하다. 작전계획은 작전 환경, 부여된 임무와 가용 수단, 적의 의도와 능력 등에 기초해 수립해야 한다. 군사작전은 하급 제대로 내려갈수록 임무를 수행해야 할 시간時間과 장소場所, 상대해야 할 대상對象을 구체화해야 한다. 전략과 작전술, 전술은 상호 연계성을 갖도록 발전시켜야 하며, 작전계획 수립 시 상황에 따라 유연하게 대응할 수 있도록 우발계획을 함께 검토해야 한다. 전투력을 효과적으로 운용하기 위해서는 시시각각 변화하는 적의 위협과 상황에 대해 창의적이며 융통성 있게 대처할 수 있도록 다양한 우발계획을 검토하고 사전 충분한 연습을 실시해야 한다.

지휘관은 작전이 진행되는 동안 획득된 정보를 검토하고 새로운 정보 요구를 발전시키는 등 정보 운영과 부대 역량의 통합을 주도해나가면서 향후 상황 발전과 차후 작전에 대비한 복안을 구상하고 발전시켜나가야 한다. 또한, 참모들은 진행 중인 현행 작전의 효율적 실행과 상황 조치에 전념하면서 우발계획 등 지휘관의 복안을 검토하고 상황을 아군에게 유리하게 발전시켜나가야 한다. 계획에서 최초의 배치와 편성을 제외한 나머지 요소들은 상황에 따라 가변적이므로 상황 진척에 따라 계획을 지속적으로 수정·보완해야 한다. 따라서 최초 계획에 집착하는 것은 무모한 행위이며, 실패로 가는 지름길이다. 수립된 계획에 기초하면서 상황 변화에 유연하게 대처하여 작전을 성공으로 이끌 수 있느냐의 여부는 훈련을 통해 양성되는 지휘관과 참모의 능력에 달려 있다.

작전사급 전략제대에서 수립하는 작전계획은 전략지침에서 제시되는 목표 달성에 직접적으로 기여할 수 있어야 한다. 작전술 차원의 작전계획은 전략목표 달성을 위해 가용한 노력을 어느 시간과 공간에, 어떻게 집중할 것인가를 선택하는 것이기 때문이다. 작전술 차원의 작전계획은 군사력의 투입 방향投入方向과 노력의 지향점指向點을 결정하게 된다. 따라서 이때 상대해야 할 적은 가변성可變性을 가지게 되는 것이며, 접전接戰 중인 적보다 종심에 배비配備되어 있는 적 예비대의 성격性格과 투입 규모, 방향에 더 큰 관심을 가져야 하는 것이다. 이 과정에서 아군의 예비대 운용은 매우 중요한 고려 요소이다. 따라서 작전사급 이상 부대에서 수립하는 작전술 차원의 작전계획은 전략목표 달성을 위해 전투력의 투입 방향과 시간, 규모, 노력의 지향점 등을 어느 방향으로 어떻게 결정할 것인지를 종합적으로 검토하면서 계획을 발전시켜야 한다.

전술 제대에서 수립하는 작전계획은 상급부대의 작전목표를 달성하기 위해 작성되는 수많은 작전계획 중 하나이다. 전술 제대의 작전계획은 할당된 전투력으로 지정指定된 시간과 장소에서 대치對峙하는 적을 어떻게 격멸할 것인가를 구체화하는 것이다. 전술 제대의 작전계획은 작전술 차원의 상급부대 작전계획에 기여할 수 있어야 하며, 작전술 차원의 목표에 수렴되어야 한다. 전술 제대에서 수립한 작전계획은 직접적인 전투를 통해 실행되며, 이 단계에서는 구체적인 행동으로 연결하기 위한 전투기술戰鬪技術이 뒷받침하게 된다.

여기에서 전투기술이란 가용한 전투력, 즉 병력과 화력, 기동력 등을 짜임새 있고 조화롭게 운용하는 방법과 절차를 말한다. 전투기술은 변화하는 적 그리고 상황과 직접적으로 연계되어야 하므로 소부대 지휘관은 상황에 맞는 전투기술을 조건반사적으로 구사할 수 있도록 훈련되어야 한다. 전장의 급변하는 상황에 대처하기 위해서는 초급 지휘관의 임기응변적臨機應變的 대응 능력이 매우 중요하기 때문이다. 소부대 지휘관은 반복적 훈련을 통해 전장의 급변하는 상황에서도 조건반사적으로 대응할 수 있어야 하고, 창의적인 사고를 할 수 있어야 한다. 그래서 실전과 같은 현실감 있는 훈련이 중요한 것이다. 피상적皮相的이며 형식적形式的인 훈련으로는 변화하는 상황에 유효하게 대처할 수 없다.

종합하건대, 군사력 구성과 운용을 위한 개념과 전략, 작전술, 전술은 고유의 논리체계를 가지고 상호 보완적으로 구체화되면서 발전한다. 개념은 '군사력의 구성과 운용에 대한 기초를 제공하는 것'이며, 전략과 작전술, 전술은 '제대별로 수립된 목표 달성을 위해 How to Fight 개념을 기초로 하여 가용한 군사적 능력을 운용하는 것'이다. 미래 전장에서 필요로 하는 군사적 능력은 목표 연도까지의 예상되는 변화를 반영하여 군사력의 구성을 구상하고 운영 방안을 설정해야 한다. 이 과정에서 우리는 많은 혼돈을 일으키고 시각의 차이를 드러낸다. 군사 문제에 대한 개념과 논리체계에 대한 깊은 이해와 공유共有야말로 올바른 토의의 장場으로 나아가기 위한 첫걸음이다. 논의 과정은 논리체계에 대한 공감을 가지고 지혜가 다듬어지는 토론의 장이 되어야 하며, 공유할 수 있는 결론을 도출할 수 없는 갑론을박甲論乙駁으로 인한 논쟁의 장으로 변해서는 안 된다.

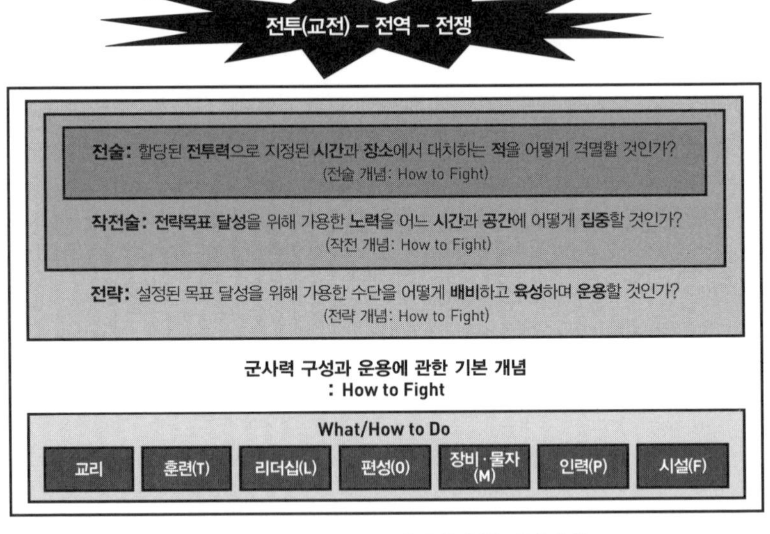

〈그림 4〉 군사력 구성과 운용을 위한 개념체계

토론을 하고자 하는 것은 여러 사람의 지혜를 모으고자 하기 위함이다. 중지衆智를 잘 모으려면 남의 이야기를 잘 듣는 것이 중요하다. 그리고 각자의 주장을 펴기 전에 전체 논리 구조를 잘 이해하는 것이 전제되어야 한다. 논리를 세우고 원칙을 만들어갈 때는 치열한 논의와 합의合意에 이르는 과정이 필요하며, 운용 단계에서는 창의적 사고를 통한 독창적인 응용 능력應用能力이 요구된다. 서로 생각하는 논리 구조에 대한 이해가 다르고 생각의 출발점이 다르면 합리적인 결론에 도달하기 어렵다. 합리적인 결론을 이끌어내는 것은 리더의 몫이며, 리더는 전체를 조감鳥瞰하는 가운데 각 구성원의 논리를 파악하고 올바른 방향으로 의견을 수렴해나가면서 설득력 있게 정리할 줄 알아야 한다. 토론에 참석하는 사람들은 토론 과정에서 개인의 의견을 차분하게 제시하되, 다른 사람의 의견이 더 합당하다고 생각되면 인정하고 받아들일 줄도 알아야 한다. 자신의 의견에서 부족한 점을 알았을 때 그것을 인정하고 다른 사람의 의견을 받아들이는 것은 매우 용기 있는 행위이다. 우리 군에서 치열한 논쟁과 합의의 과정을 거쳐 우리 군의 미래를 바람직한 방향으로 발전시켜나가는 건설적인 분위기가 조성되기를 학수고대鶴首苦待한다.

2. 작전 환경을 고려한 편제의 발전

군사력의 구성을 결정하는 편제編制는 적절한 무장과 인력으로 편성되고, 합리적인 교리教理로 뒷받침되어야 한다. 편제는 적절한 무장과 인력, 교리가 담긴 그릇과 같은 것이다. 편제 업무는 교리, 군종·병종·기능별 역할, 무기체계의 능력과 운용 방법 등에 대해 깊이 이해하지 못하면 할 수 없다. 이와 같은 관련 요소들에 대해 깊이 이해하지 못하고 편제 업무를 수행한다면 그나마 만들어진 편제마저도 심각하게 왜곡시키게 될 것이다. 잘 짜인 편제란 운용 개념과 전술적 능력에 맞는 무기체계의 배치, 적절한 계급 구조와 인원 편성, 합리적인 지원 능력 배분 등을 통해 교리를 행동으로 구현할 수 있도록 인력과 무장 등을 짜임새 있게 구성한 것을 말한다. 전투력戰鬪力은 양성된 유능한 간부가 교리를 잘 이해하는 가운데 실전적 훈련을 통해 인력과 무장을 통합하고 숙달해야 완성되는 것이다. 완성되는 전투력은 간부의 능력에 따라 큰 차이가 난다. 부대의 수준은 간부의 능력에 의해 좌우되기 때문에 "불량한 지휘관은 있어도 불량한 부대는 없다"라는 격언이 생겨난 것이다. 설혹 형편없다고 손가락질을 받는 부대라 할지라도 유능한 지휘관을 만나면 그 한 사람에 의해 부대는 일신一新할 수 있다.

피터 드러커Peter F. Drucker[46]가 지적한 바와 같이, 현대의 조직은 과학기술의 발달로 인해 조직에 존재하는 수직적 경계, 수평적 경계, 지리적 경계, 외부적 경계 등 조직의 경계를 극복할 수 있게 됨에 따라 경계 없는 조직으로 발전되고 있다. 지금까지의 군사력 운용은 상황에 따라 유연하게 변화하는 편조編造 중심의 임시 편성되는 제병협동 개념이 주류를 이루었으나, 과학기술의 발전과 군수지원 개념의 개선에 따라 고정 편성되는 제병협동 개념으로 변화하고 있다. 1980년대에 들어서면서

46 피터 드러커(Peter F. Drucker, 1909~2005)는 오스트리아 빈 출신의 미국인 경영학자로서 많은 저서를 출간했으며, 그의 저서들은 학문적으로나 대중적으로 많은 사람에게 널리 읽혀지고 있다. 그는 인간이 사업과 정부기관과 비영리단체를 통해 어떻게 조직화되는가에 대한 문제를 주로 다루었다. 민영화와 분권화, 일본 경제의 발전, 사업에서의 마케팅의 중요성, 정보화 사회의 발현과 평생교육의 필요성 등 미래 우리 사회의 많은 변화들을 예측했다.

전자 및 소프트웨어기술의 발달은 무기체계의 설계는 물론, 군수지원 개념까지 크게 변화시켰다. 특히, 네트워크의 도입과 실시간 또는 근近 실시간 전투지휘, 작전속도의 급속한 증가, 무기 설계에서 모듈화 개념의 적용, 기술 발전에 따른 사전 예측 보급 개념의 도입 등은 군 운용과 군수지원 개념에 커다란 영향을 미쳤다. 이에 따라 군 조직은 경계 없는 조직 개념과 새로운 군수지원 개념의 개선을 동시 수용하면서 계층 구조의 단순화와 모듈화 개념을 수용하는 추세이다.

편제를 논의함에 있어 논의의 주 관점이 지상군을 대상으로 흐를 수밖에 없는 이유가 있다. 지상군과 해·공군은 구성과 운용에서 현격한 차이가 있다. 특히, 지상군은 기상과 지형의 제한을 극복하고 다양한 임무를 수행해야 하기 때문에 많은 병종과 기능으로 구성된다. 그러므로 최근 발전하고 있는 과학기술 등 환경 변화에 큰 영향을 받을 수밖에 없다. 미군이 1990년대 중반부터 합동 차원에서 발전시켜온 여건조성작전SO, Shaping Operations, 신속결정적작전RDO, Rapid Decisive Operations, 효과중심작전EBO, Effect Based Operations과 탄도미사일 위협에 대응하기 위한 킬체인, 해군이 발전시키고 있는 협동교전능력CEC, Cooperated Engagement Capability, 공군이 운용하고 있는 공격편대군Strike Package 등은 모두가 개념, 교리, 운용 방법에 대한 것들이다. 이러한 개념들은 합동 차원에서 합동성合同性을 강화하고, 해·공군의 자산資産을 효율적으로 운용하기 위한 노력의 일환으로 발전시킨 것이며, 편제에 미치는 영향은 그다지 크지 않다.

일례를 들면, 미 해군은 협동교전능력을 구현하기 위해 위성통신망으로 연결되는 네트워크를 구성하여 가용 정보를 취합하고 전력을 운용하기 위한 소프트웨어와 콘솔을 추가했다. 또한, 미 공군은 공중조기

경보통제기AWACS라는 새로운 무기체계를 도입하여 다양한 기능을 수행하는 여러 유형의 항공기로 구성되는 공격편대군을 통제하고 할당된 전력을 관리한다. 달리 표현하면, 해·공군은 근본적으로 기지基地를 기반으로 하여 전력을 운용한다. 또한, 해·공군은 통상 임무와 가용 자산에 따라 할당된 전투력을 임시 편성되는 전투 조직으로 구성하여 운용하기 때문에 기술 발전과 운용 환경 변화 등의 영향이 편제에 반영될 여지가 많지 않다. 반면에 지상군은 기지가 아닌 임의의 지형에서 편성된 부대의 능력과 상급부대로부터 지원되는 수단 및 기능을 조합하여 부대 운용 기반을 구축해야 한다. 그리고 상황에 따라 이동하면서 전투를 수행해야 하기 때문에 기술의 발전과 개념의 변화, 운용 방법의 새로운 접근 등이 편제에 크게 영향을 미칠 수밖에 없다. 최근 군사 분야에 영향을 미치는 요소들은 지상군에게 많은 변화를 요구하고 있다. 지상군은 변하지 않으면 앞으로 다가올 미래 환경에 적응할 수 없게 될 것이다. 그렇기 때문에 편제를 논함에 있어서도 주요 대상이 지상군이 될 수밖에 없는 것이다.

오늘날 무기의 설계와 운용체계에는 비약적으로 발전을 거듭하고 있는 전자 및 소프트웨어 기술이 빠르게 수용되고 있다. 그뿐만 아니라 모듈화 설계, 반도체 부품과 소프트웨어의 증가, 전장피해평가 및 복구 등 새로운 개념이 도입되면서 야전에서의 정비가 제한되는 결과를 가져 왔다. 이러한 개념의 도입은 군수지원 및 정비 개념 역시 변화할 수밖에 없는 직접적인 동인動因이 되었다. 전통적으로 서방 국가들의 경우에는 사용자 정비, 부대 정비, 직접 지원정비, 일반 지원정비, 창 정비 등 5계단 정비 개념을 적용해왔다. 그러나 러시아를 비롯한 구舊공산권 국가들은 소小수리, 중中수리, 대大수리 등 3계단 정비 개념을 적용해왔다. 이러한 차이는 전투장비의 설계와 운용 개념의 차이에서 기인起因하는 것이다.

1980년대부터 정보통신 기술이 발전함에 따라 야전 정비가 극심한 한계를 드러내면서 서방세계에서도 정비체계 단순화單純化의 필요성이 야기되었다. 또한, 무기체계의 첨단화尖端化로 인해 과거부터 적용해오던 해체해서 정비 후에 재조립하는 기능 회복 중심의 '창 정비Overhaul' 개념만으로는 부족하다는 것이 판명됨으로써 새로운 접근을 필요로 하게 되었다. 이에 따라 많은 국가에서 '복원Reset[47], 개장改裝, Retrofit[48], 재자본화Recapitalization[49], 해체정비Refurbishment[50], 폐품을 이용한 수리Cannibalization[51]' 등 새로운 정비 개념의 도입은 물론, 구형 장비에 새로운 기술을 접목시켜 성능을 고도화高度化시키려는 다양한 노력을 시도하고 있다. 이러한 변화가 지원체계의 변화를 유발시키고, 그 변화가 다시 편제와 운용의 변화를 유발시키는 등 연속적으로 영향을 끼치고 있다. 우리는 새로

---

47 복원(Reset)은 장비를 구성하는 부품 중에서 소모성 부품이나 마모된 부품을 신품으로 교체하여 장비의 출고 시점과 동일하게 장비의 운용시간을 '0'으로 다시 초기화하는 것으로, 해체정비를 통해 본래의 기능을 회복하는 창 정비(Overhaul) 개념보다 발전된 개념이다.

48 개장(Retrofit)은 운용 중인 항공기나 함정의 본체는 그대로 두고 탑재되어 있는 주요 구성품을 신형으로 교체함으로써 최신 생산품과 유사한 성능 수준으로 개조하는 것이다.

49 재자본화(Recapitalization)는 수명 주기가 도래한 구형 장비를 성능 개량을 통해 신형 장비 수준으로 개조·개량함으로써 신형 장비의 개발 또는 전력화하는 것과 유사한 효과를 내는 것이다.

50 해체정비(Refurbishment)는 야전에서 운용 중인 장비를 회수·분해하여 세척, 윤활, 표면처리, 핵심 부품 교체 등의 정비를 통해 장비의 성능을 유지 또는 개선하는 것이다.

51 군사 분야에서 폐품을 이용한 수리(Cannibalization)는 특정 장비를 폐기하기 전에 유용한 부품들을 분해해서 정비한 다음, 동일한 종류의 다른 장비에서 부품의 잔여 가치를 활용하기 위한 것으로, 동류전환과 유사한 개념이다. 폐품을 이용한 수리는 수명주기가 도래한 장비로부터 주요 부품을 탈거하여 단순히 활용하는 것이 아니라 신품 수준으로 정비하여 활용하는 것이다.

운 정비 개념의 도입이나 성능개량 또는 개선을 통한 구형 장비의 재활용을 위해 복원, 개장, 재자본화, 해체정비, 폐품을 이용한 수리 등에 대해 좀 더 많은 관심과 노력을 기울일 필요가 있다. 이러한 개념들을 적극적으로 적용하려면 효율성을 개선하기 위한 노력과 경제성經濟性에 대한 새로운 시각視覺과 이해, 접근방법 등을 함께 고려해야 한다.

우리도 1980년대에 들어 K계열 장비들이 개발·배치되면서 반도체 부품과 전자통신기술이 도입되고, 소프트웨어 사용 비중이 점차 높아지게 되었다. 이러한 경향은 야전에서의 장비 정비와 유지를 점차 어렵게 만드는 요인이 되고 있으며, 교육만으로 극복하기에는 한계가 있다. 그러므로 미국, 터키 등 많은 나라가 선택한 것과 같이, 군수지원 개념의 변화와 함께 새로운 편성 개념을 도입하는 것은 필연적必然的이고도 당연한 귀결이 될 수밖에 없을 것이다. 미국은 1990년대 후반에 이르러서 야전에 배치된 장비의 운용을 보장하고, 가동률과 지원의 효율성을 높이기 위해 정비와 보급 등 군수지원 개념을 획기적으로 변경했다. 이는 전투부대의 편성에도 커다란 영향을 끼치게 되었다.

미군은 2000년대 초반까지 군단-사단-여단-대대의 편제를 유지하면서 사단을 기본 전술 단위로 발전시켜왔다. 그러나 미군은 1990년대 중반부터 다양한 전투실험을 통해 여단을 지상군 제병협동작전 수행을 위한 기본 전술 단위로 설정하고 여러 유형類型의 여단을 발전시켰다. 그뿐만 아니라 2000년대 중반부터는 UEy-UEx-UA-대대[52]라는 새로운 계층구조階層構造로 전환하기 시작했다. 이러한 변화는 네트워크

---

52 UE는 Unit of Employment, UA는 Unit of Action을 말함.

개념의 적용과 새로이 정립된 군수지원 개념을 적극적으로 수용한 결과이다. UA 예하에 편성되는 전술제대의 운용 개념도 임무에 따라 임시 편성되는 편조 개념의 제병협동 구조에서 벗어나 고정 편성 개념의 제병협동 구조를 도입했다. 사단은 여러 유형의 여단을 배속받아 운용하는 작전지휘 제대로 변경했으며, 여단급 이하 제대는 고정 편성된 제병협동조직으로 변화했다. 이와 같이 전술적 운용 개념과 편성이 변경된 것은 네트워크의 도입에 기인한 바가 크다. 지휘관계가 자주 변경되는 편조編造 개념은 전술이동통신망으로 구성되는 네트워크 운용 조건에서 빈번하게 생성·소멸되는 전장정보戰場情報를 안정적으로 유통·처리하기가 어렵기 때문이다.

UEy는 지역사령부와 군단의 기능을 조합한 중간 형태로서 지휘와 지원 역할을 주로 수행하는 제대이다. UEx는 전투사령부로서 군단과 사단의 중간 형태로 전투임무를 수행하는 작전지휘 제대이며, UA는 증강된 여단급의 전투부대로서, 예하에 모듈화 개념으로 편성된 여러 개의 대대로 구성된다. UA는 제병협동 전투 수행을 위한 기본 전술 단위로서 통상적인 기존의 여단과 사단의 중간 규모이며, 고정 편성되는 제병협동 개념으로 편성된다. UEx는 부여받은 전투임무 수행을 위해 임무에 따라 복수의 기갑 또는 기계화 UA, 보병 UA, 전투항공 UA, 화력 UA, 전투지속 UA 등이 포함되는 5~7개의 UA를 배속받아 완전한 제병협동부대로 구성된다. UEx는 사령부를 지원하는 대대급 1개 부대 이외에는 예속부대를 보유하지 않는다. 사령부를 지원하는 대대급 부대는 사령부 내부 관리와 C4I 및 통신체계를 전개·설치·관리하는 기능을 주로 수행한다. UEx의 규모와 능력은 과거의 사단을 훨씬 상회하며, 명칭은 전통을 존중하는 미국의 관습에 따라 기존 사단의 고유 명칭을 사용하고 있다. 이것은 미래 조직의 기본 방향이라고 하는 계층구조의 단순화, 모듈화 편성, 레고 블록처럼 유연한 조직 운용 개념 등을 함께 반영한 결과이기도 하다.

군 조직의 편성은 그 국가의 군사사상과 지리적 환경, 무기체계의 발전, 운용 개념 변화 등에 따라 발전되어왔다. 우리 군의 사단은 1960년대에 미군이 발전시킨 7-ROKA 사단과 임무목적재편성사단ROAD, Reorganized Objective Army Division 개념을 기반으로 발전되어왔다. 그 후, 1980년대 중반에 이르러서 사단의 새로운 편성을 모색하기 시작했고, 1990년대 중반부터 개편을 시작하여 오늘날에 이르렀다. 그러나 오늘날 우리의 보병사단 편성은 기능적 부조화와 편성의 완전성이 결여된 어정쩡한 모습을 유지하고 있다. 참모 및 기능부서는 교대근무와 부여된 기능의 효율적 운용을 고려하지 않고 최소 인원으로 편성했으며, 각 제대 역시 교리 구현을 고려한 편성보다는 병력 절감 등 다른 요소를 우선 적용하다 보니 편성의 완전성이 결여되는 결과가 초래되고 말았다.

부대의 편성은 운용 개념인 교리를 구현할 수 있도록 적절한 무기체계가 구성되어야 하며, 계급구조와 인력이 적절하게 배정되어야 한다. 보병분대를 몇 명으로 편성할 것인가를 결정하는 것도 분대 전술과 그 운용에 대해 잘 이해한 상태에서 분대에서 운용할 무기를 식별하고 몇 명 수준으로 편성하는 것이 적절할지를 판단해야 한다. 그저 가용한 인력 수준에 끼워 맞추는 식이 되어서는 안 된다. 미군과 러시아군 모두 보병분대를 9명으로 편성하고 있으나, 운용 개념은 상이하다. 미군이 4명 2개조로 분할하여 운용하는 데 반해, 러시아군은 3명 3개조로 분할하여 운용한다. 외형적인 조직 규모는 같을지라도 어떤 운용 개념을 가지고 만드느냐에 따라 실전에서의 운용 양상은 크게 달라지는 것이다.

미·러 양국兩國의 보병분대 편성 차이는 각국의 고유한 군사적 사고思考와 무기체계 등 제반 여건이 해당 부대의 구조를 결정한다는 것을 보여준다. 1990년대 중반부터 개편을 시작하여 적용하고 있는 우리 군의 차기 보병사단 편성은 전술적 운용보다는 병력 차출이라는 부가적 요소에 함몰되어 과오를 범하지 않았는가를 새삼 되돌아보게 만든다. 당시 우리 육군은 차기 보병사단을 편성함에 있어 특정 부대 증편을 위한 인력 차출을 목적으로 소대 전술의 핵심 무기체계인 7.62mm 기관총을 편제에서 삭제削除했다. 이는 5.56mm 분대용 기관총Squad Automatic Weapon과 7.62mm 중中기관총Multi-Purpose Machine Gun의 운용 개념을 제대로 이해하지 못하고 병력 차출에 지나치게 집착한 데서 비롯된 것이다. 당시 적 중대 전술과 아군의 분·소대 운용 개념에 대한 심도 있는 이해와 검토가 있었더라면 보다 신중한 접근이 가능했을 것이다. 즉, 7.62mm 기관총이 편제에서 제외될 경우 소대의 전술적 운용에 어떤 문제가 일어날 수 있는가를 면밀히 살폈어야 했으나, 이를 소홀히 했던 것이다. 그로 인해 누락된 7.62mm 기관총 편성의 필요성을 관계자들에게 이해시키고 다시 소요에 반영하기 위해 4년여의 시간이 소요되었다.

그런데 우리가 운용 중인 보병사단의 편성을 좀 더 세부적으로 들여다보면 전술 개념에 부합되지 않는 부분들을 다수 발견하게 된다. 그러한 결함은 병력을 줄여야 한다는 잘못된 목표, 전술과 무기체계 운용에 대한 이해 부족 등으로 인해 편성의 완전성完全性을 도모圖謀하지 못한 결과이다. 잘못되거나 부족한 부분이 있다는 것을 알았다면 고쳐나가면

되는 것이다. 그러나 지금은 현재 운용 중인 편제를 단순하게 고쳐나가기보다는 근본적인 검토를 통해 조직과 기술 발전, 운용 개념의 변화 등을 수용하여 미래에 대비해나가는 노력이 더 절실히 필요하다. 그 이유는 미래의 작전 환경이 지금까지의 정치적·군사적·기술적 배경과 달리, 새로운 접근과 발상發想의 전환轉換을 필요로 하기 때문이다. 그러므로 우리의 미래 부대 구조는 현재의 부대 구조를 단순히 수정·보완할 것이 아니라 근본적으로 새롭게 재구상해야 한다.

무기체계가 갈수록 고성능화되고 지속적인 버전 업Version up을 필요로 하는 전장정보체계 등 전자장비의 운용 확대는 야전에서의 장비 유지와 관리를 더욱 어렵게 하고 있다. 과거 기계식 장비는 어느 정도 시간이 지나서 운용 경험이 쌓이게 되면 운용 부대에서 정비계단을 초과超過하는 정비도 가능했었다. 그러나 반도체 부품과 소프트웨어의 비중이 높은 고성능 무기체계는 야전에서 단순한 고장故障을 진단하는 일조차 쉽지 않다. 최신 기술이 접목된 고성능 무기체계는 장비 보급과 함께 지급되는 고장 진단 장비를 이용하여 고장 내용을 파악하여 보고하거나 모듈 단위 교체 또는 IC카드 단위 교체 이상以上의 야전 정비를 기대하기 어렵다. 따라서 정비체계의 조정調整은 선택이 아니라 야전에서의 무기 성능을 유지·운용하기 위해서 반드시 추진해야만 하는 필수과제가 되어버렸다.

미군의 군수지원 개념은 자원 가시화를 통한 사전 예측 보급, 이에 따른 피지원부대의 요청에 의해 보급하는 풀Pull 개념에서 지원부대가 피지원부대의 상황을 파악하여 지원하는 푸시Push 개념의 보급지원체계로의 변환, 물자의 적재와 하화下貨 개념의 발전, 새로운 수송 개념의 도입 등 군수지원 개념 측면에서 많은 개선을 추진해왔다. 이러한 변화는 적용 과정을 거쳐가면서 지속적으로 보완·발전되고 있으며, 결국은 편성에도 영향을 주어 UEy-UEx-UA-대대라는 새로운 편성 개념을 도출해내게 된 것이다. 이에 따라 미군의 정비체제도 UA에 편성되어 예하부대를 지원하는 정비부대에서 고장 진단과 아울러 모듈 단위 교체의 교환 위주 1계단 정비, UEx에 배속되는 지속지원여단에서 제한된 수리를 담당하는 2계단 정비, 창 또는 생산 공장에서 해체 수리하는 3계단 정비 등으로 변화되었다.

그러한 조건에서 우리에게 가장 적합한 부대 편성과 배비는 무엇일까? 편성은 효과적인 전투임무를 수행할 수 있도록 완전성을 먼저 고려해야 하며, 편성된 부대의 배비는 우리가 어떤 전략을 선택하느냐에 따라 결정하면 된다. 완성도完成度가 높고 잘 훈련된 소수小數의 부대가 부적절하게 편성되고 훈련되지 않은 다수多數의 부대보다 훨씬 더 유효한 결과를 만들어낼 수 있다. 물론, 소수와 다수의 비율이 어느 선이 적정한가의 여부는 상대적인 것이며, 또 다른 검토 과제이다. 미래 우리 군의 편성 개념은 운용 개념이 어떻게 변화해야 할 것인지를 깊이 고민하고, 우리의 군사사상, 자원의 가용성, 지원 개념의 설정 방향 등을 종합적 관점에서 심층 검토하여 도출해내야 한다. 이미 우리는 네트워크중심전 개념을 도입했을 뿐만 아니라 군사 분야 전반에 걸쳐 전자부품과 소프트웨어 기술을 폭넓게 적용하고 있다. 앞으로도 이러한 변화는 더욱 가속화될 것이다. 그러므로 우리는 기술 발전에 따른 무기체계 설계 개념, 군수지원 개념, 병력 감축에 따른 전략적 배비 등 모든 변화에 부합하는 군사력 혁신 방안을 지속적으로 발전시켜나가야 한다. 그렇지 않으면 우리 군은 더욱 낙후되고 준비태세는 급격히 저하될 것이다. 더 이상 머뭇거릴 시간이 없다.

3. 실시간 의사소통이 가능한 지휘통제체계

지휘통제체계指揮統制體制는 군의 신경조직이다. 지휘 조직과 하부 조직 그리고 기능 간에 원활하게 의사소통이 되지 않는다면, 그런 조직은 유효하게 작동할 수 있는 조직이 아니며, 능력을 발휘할 수 없는 죽은 조직이다. 머릿속에 아무리 훌륭한 생각을 가지고 있다고 하더라도 손과 발에 전달되어 적시적인 행동으로 이어지지 않으면 유효하지 않은 상상에 불과하기 때문이다. 아무리 훌륭한 계획이라도 유효한 결과를 창출하려면 행동으로 옮겨져야만 한다.

C4I체계의 발전은 전장을 가시화可視化하고 상황을 좀 더 용이하게 파악할 수 있도록 지원하지만, 각 구성원이 자신의 역할에 맞게 기초자료를 입력하지 않으면 전장정보의 생성을 방해·왜곡하는 등 부작용을 초래할 가능성을 배제할 수 없다. 그렇기 때문에 C4I체계의 운용은 운용 절차 숙달은 물론, 필요로 하는 데이터의 산출 여부 등 전장정보의 흐름을 파악하고 관리하는 것이 매우 중요한 것이다. C4I체계를 운용하는 부대의 지휘관 및 참모는 훈련을 통해 전장에서 생성되는 각종 데이터의 흐름을 파악하고 각자가 임무수행을 통해 어떠한 산출물産出物을 만들어내야 하는지를 잘 이해해야 한다. 전투지휘戰鬪指揮는 지휘소 구성요원들이 C4I체계에 입력하는 자료를 바탕으로 해서 지휘 결

심 또는 참모판단, 명령 등으로 발전되기 때문이다. 이를 위해 전장에서 생성되는 자료의 입력과 지휘 및 참모 판단 절차를 반복적으로 숙달할 수 있도록 고안해낸 훈련체계가 전투지휘훈련계획BCTP, Battle Command Training Program이다.

미군은 통상 2년여의 재임 기간에 통상 수개월 단위로 여러 차례의 연습 기회를 부여하고 보직 만료 이전以前에 능력을 평가하고 있다. 또한, 부대를 전장에 투입하기 전에 지휘관 및 참모 훈련을 수차례 실시하여 그 능력을 검증하는 과정을 거친다. 우리는 지휘관 재임 기간 중에 단 한 번, 그것도 불과 6~7시간의 짧은 연습 기회를 부여하고 이어서 평가 과정을 거치지만, 그것만으로는 지휘 및 참모 판단 절차를 충분히 숙달할 수가 없다. 현재 우리 군의 전투지휘훈련계획BCTP은 지휘관과 부대 평가를 위한 수단으로 운용될 뿐, 지휘관과 참모의 능력 향상을 위한 훈련 목적으로 충분히 활용되지 못하고 있다. 즉, 훈련 도구를 평가 도구로 잘못 운용하고 있는 것이다.

참모가 편성되어 있는 대대급 이상 제대는 지휘관과 참모가 데이터 흐름을 이해하고 C4I체계 운용에 숙달되어야 제 기능을 발휘할 수 있는 것은 물론이고 주어진 임무를 올바르게 수행할 수 있다. 전장에서 생성되는 데이터 흐름과 의미를 이해하지 못하면 C4I체계의 실시간 운용이 불가능하며, 단지 수시간 이전의 시점에 일어난 결과들을 뒤늦게 들여다보는 부정적인 결과만을 초래한다. 그것은 유효하지 않은 뒤늦은 조치措置와 지시指示만을 남발하는 결과를 초래하게 될 것이다. 지휘관 및 참모는 실제 상황과 가장 근접한 시간대의 전장정보를 적보다 먼저 파악할 수 있어야 실시간 전투지휘가 가능하고, 전투의 흐름을 장악할 수 있다.

군 지휘통제체제는 어떠한 상황에서도 간단間斷없이 유지되어야 한다. 그렇기 때문에 지휘소는 단절을 방지할 수 있도록 복수의 체계를 운용하도록 규정되어 있다. 군의 지휘통제체제는 상하, 좌우 제대 그리고 내부 기능이 간단없이 연결 유지되어야 하고, 피아彼我의 위치정보가 실시간으로 도시圖示될 수 있어야 한다. 지휘통제이론상으로는 지휘통제 관련 기술이 아무리 고도화되더라도 적의 위치정보는 50%, 아군의 위치정보는 80% 이상 파악할 수 있다면 성공적이라고 평가하고 있다. 그 이유는 적군이 자신의 의도意圖와 위치位置를 노출시키지 않기 위해 은폐·엄폐는 물론, 위장, 허식, 가장 등 다양한 기만작전欺瞞作戰을 수행하기 때문이다. 또한, 아군의 경우에도 전쟁의 마찰과 불확실성, 보고 누락 등으로 인해 아군의 위치정보를 100% 파악할 수 없으므로 전장을 가시화하는 것은 현실적으로 가능하지 않다고 보기 때문이다.

오늘날의 군 지휘통제체제는 컴퓨터와 소프트웨어, 빅데이터Big Data, 인공지능AI, Artificial Intelligence 등의 기술 발전에 힘입어 지속적으로 개선되고 있다. 과거 종이 지도에 의존하던 것이 디지털 지도로 대체되었고, 실시간으로 적과 아군의 위치가 표시될 뿐만 아니라 지휘관의 결심에 필요한 다양한 전술 상황과 판단 자료들이 일목요연하게 전시되기도 한다. 컴퓨터가 도입되기 전의 지휘소는 종이 지도와 유무선 통신체계에 의존했고, 일일이 교신을 통해 전장 상황을 파악하여 피아 위치와 각종 전술 상황 등을 정해진 규약規約에 따라 그려넣어야 했었다. 그러나 컴퓨터와 GPS 등 새로운 기술의 도입은 실시간 부대 위치 파악과 의사결정을 위한 각종 전술 자료의 제공, 전술 상황의 자동 전시展示 및 공유 등을 가능하게 한다. 이러한 변화는 지휘소 편성과 운용에도 영향을 끼쳐 지휘소 운용 개념에도 커다란 변화를 가져왔다. 특히, 해·공군에 비해 훨씬 더 많은 지휘통제 요소로 구성되는 육군과 해병대 등 지상 작전을 수행하는 부대는 지휘통제의 구축과 운용 숙달을 위해 더 많은 노력과 관심을 기울여야만 한다.

구분	해군	공군	해병대	육군
지휘통제해야 할 대상의 숫자	10^1~10^2	10^2~10^3	10^3~10^4	10^4~10^5
하급 지휘관의 계급	가장 높음	→	→	가장 낮음
하급 제대와의 통신체계	최상	→	→	최하
보유하고 있는 정보의 정확도	정교함	→	→	모호함
전술적 융통성	가장 높음	→	→	가장 낮음
지휘 원칙	중앙집권적	→	→	분권적

〈그림 5〉 미 군별 조직의 특성: 지휘통제의 측면[53]

우리 군은 주主지휘소, 전술戰術지휘소, 후방後方지휘소, 예비豫備지휘소 등 4개 지휘소를 구성·운용하는 개념을 적용하고 있다. 그러나 주요 국가들은 C4I체계의 도입과 함께 새로운 지휘소 운용 개념을 발전시켜나가고 있다. 일례로, 미국은 주지휘소와 복수의 기동機動지휘소, 후방지휘소를, 독일과 이스라엘은 2개 주지휘소와 전방前方지휘소, 후방지휘소 등으로 구성되는 지휘소 운용체계를 정립했다. 또한, 기술 진보에 따라 지휘소 위치 변경變更을 위한 이동 중에도 지휘가 가능해졌을 뿐만 아니라 빅데이터, 데이터마이닝Data Mining, 인공지능 등 새로운 기법을

53 케네스 앨러드, 권영근 옮김, 『미래전 어떻게 싸울 것인가』(서울: 연경문화사, 1999), p.278.

적용하여 더욱 고도화된 지휘통제체계를 발전시켜나가고 있다. 그러나 우리의 지휘소 운용 개념은 아직도 C4I체계의 도입 이전의 개념을 그대로 유지하고 있으며, 지휘소 운용 개념도 구체적이지 못하고 세분화되어 있지 않다. 우리의 지휘소 운용 체계는 C4I체계를 도입하여 활용하고 있음에도 불구하고 기술적 진보를 수용할 수 있는 개념이 제대로 발전되지 않고 있는 것이다. 그로 인해 우리의 지휘소는 지휘소 구성을 위한 인원 및 차량 소요, 지휘소 차량의 내부 배치와 구성, 배치해야 할 컴퓨터의 수數 등 C4I체계 구성을 위한 세부 자산 소요를 판단할 수 없는 실정이다.

이로 인해 우리 군은 몇 개의 지휘소를 운용할 것인지, 각 지휘소 내에 들어가야 할 견고형ruggedized 전술컴퓨터를 몇 개로 할 것인지를 결정하지 못하고 있다. 2000년 초 C4I체계 도입을 결정할 당시에도 지휘소의 내부 구성과 운용에 대한 개념이 전혀 정립되지 않아서 정확한 수를 판단할 수 없었기 때문에 군의 건의를 기초로 임시방편臨時方便으로 결정할 수밖에 없었다. 그 후, 많은 시간이 지났음에도 불구하고 아직도 보완되지 않고 있다. 이는 지휘소 운용 개념과 내부 체계의 구성을 어떻게 할 것인가에 대한 연구와 검토가 전혀 이루어지지 않고 있기 때문이다.

우리가 작전을 효과적으로 지휘하려면 상·하 제대가 원활한 의사소통을 통해 실시간 전투 지휘를 보장할 수 있도록 지휘소 운용 개념이 잘 정립되어 있어야 한다. 정립된 지휘소 운영 개념을 토대로 내부 구성 인원이나 운용 장비의 적정화適正化도 함께 이루어져야 한다. 또한, 전장에서 최적의 지휘통제가 이뤄질 수 있도록 구성 인원이 충분히 훈련되어 있어야 함은 물론이다. 이를 위해서는 각 제대가 몇 개의 지휘소를 구성하고, 내부 구성 인원은 몇 명으로 하고 어떤 방식으로 교대 근무할 것인지, 내부 배치는 어떻게 할 것인지, 각 개인의 역할을 어떻게 정할 것인지, 예비를 포함한 견고형 전술컴퓨터의 수량을 몇 개로 할 것인지, 음성 및 데이터 통신 등 통신망 구성은 어떻게 할 것인지, C4I체계 운용을 위한 서버는 어떻게 할 것인지 등을 구체적으로 결정해야 한다. 그래야 비로소 각 제대와 지휘소별로 배치되어야 하는 C4I 자산의 수량과 구성, 배치 등을 판단할 수 있다. 이러한 판단은 지휘소 운용 개념의 구체화가 선행되어야 가능하다.

이스라엘은 수차례의 전쟁 수행 경험을 반영하여 디지털육군계획Digital Army Program을 추진했으며, 이 계획의 일환으로 지휘소운용체계를 발전시켜왔다. 이스라엘의 사단은 주지휘소 2개와 이동지휘소, 후방지휘소를 편성하는 지휘소 운용 개념을 설정했다. 주지휘소는 지휘소 위치 변환 간에 지속적인 지휘 보장을 위해 2개 세트로 구성했으며, 1개 세트에는 102대의 견고형 전술컴퓨터를 배치했다. 하나의 지휘소는 6개 셸터shelter(정보, 작전, 작전증원요원, 지원, C4I, 통신)와 3개 통신지원 셸터로 구성되며, 각 셸터는 17개 전술컴퓨터가 배치된다. 통신 셸터는 사단별로 8개가 배치되어 있으며, 그중 3개 통신 셸터는 1개 세트의 주지휘소를, 나머지 셸터 2개는 예하 여단을 지원한다. 서버 저장용량은 2~4테라바이트terabyte, CPU 처리속도는 30메가바이트megabyte/초sec 수준이다. 작전 수행 중에 임의의 셸터가 파괴되거나 정상 작동하지 않을 경우, 다른 셸터 내에 배치된 예비용 전술컴퓨터를 배정받으면 바로 임무를 수행할 수 있도록 배려하고 있다. 전술용 컴퓨터도 이동과 관리의 용이성을 위해 상자 형태로 접을 수 있도록 간결하게 만들어졌다.

1980년대부터 도입되기 시작한 C4I체계는 전술적 결심지원, 즉 의사결정을 지원하기 위한 도구로서 많은 발전을 거듭해왔다. 현시점에서는 우리 군도 합동참모본부로부터 대대에 이르기까지 거의 모든 제대가 C4I체계를 운용하고 있다. 우리 군에 C4I체계가 도입되기 시작한 것은 1991년 OO사단에서 처음으로 실시한 전투지휘훈련BCTP이 계기가 되었다. 어느 나라나 처음 시스템을 도입할 때에는 많은 시행착오를 거칠 수밖에 없으며, 운용하는 과정에서 발생하는 제반 문제점들을 모아서 수정·보완하는 과정을 통해 보다 향상된 체계로 발전시킨다.

C4I체계의 운용은 지휘소의 구성과 운용 절차 등 하드웨어적 지휘체계의 구축도 매우 중요하지만, 그에 못지않게 중요한 과제는 C4I체계에 탑재되는 소프트웨어 개발과 지속적 보완이다. 소프트웨어는 핵심기능만을 선별하여 우선 개발하고, 사용하면서 필요한 기능들을 점진적으로 보완해나가는 빌트업built-up 개념으로 추진해나가야 한다. 그래야만 시행착오를 줄일 수 있기 때문이다. 소프트웨어 개발 과정에서 어려운 과업 중 하나는 다양하게 제시되는 사용자의 요구를 관리하는 일이다. 통상 사용자는 많은 기능의 구현을 요구하는 경향이 있으며, 제시된 사용자의 요구도 수시로 변화하는 경우가 일반적이다. 그렇기 때문에 처음부터 사용자의 요구를 적절한 수준에서 관리하기가 어려울 뿐만 아니라 탑재되는 하드웨어에서 원활하게 운용하기 힘든 결과물이 나오기 십상이다. 그러므로 사업 관리자는 사용자 요구 중에서 핵심기능을 선별하여 먼저 개발해 사용할 수 있도록 잘 관리해야 한다. 그런 다음 필요에 따라 추가해야 할 기능을 모듈 단위로 개발해 통합하

는 방식을 취해야 개선도 용이하고, 전체 시스템이 기형화되는 것을 방지할 수 있다. 또한, C4I체계에서 운용되는 소프트웨어는 유지보수 개념과 연계하여 지속적인 버전업Version Up을 통해 소프트웨어의 기능을 보완하고 버그bug를 수정하면서 발전시켜나가야 한다. 그래야만 시행착오와 비용, 시간 등을 줄여나갈 수 있다.

미국의 경우에도 오래전부터 C4I체계를 개발하여 운용해왔다. 1996년부터는 GCCS-Joint, GCCS-Army, GCCS-Maritime, GCCS-Air Force 등 여러 가지 체계를 운용해왔고, 2008년부터는 JC2/NECC 등으로 전환하여 운용하고 있다.[54] 이와 같이 미군도 처음부터 시행착오 없이 완벽한 체계를 갖추고 운용하기 시작했던 것은 아니다. 그들도 수많은 시행착오 과정을 거쳐 오늘에 이른 것이다.

우리나라에도 소프트웨어 인력이 많이 양성되고 있고, 그 수준도 상당하다. 매년 국제 해킹대회에서 우수한 성적을 거두고 있음이 이를 잘 증명해준다. 그러나 우리나라는 소프트웨어에 대한 인식과 이해도가 매우 낮기 때문에 많은 시행착오試行錯誤를 거듭하고 있다. 그 근저根柢에는 소프트웨어에 대한 잘못된 인식이 자리 잡고 있다. 소프트웨어는 거저 얻을 수 있는 것처럼 생각하는 경향이 있는데, 아마도 눈으로 확인할 수 있는 실체가 없고 손에 잡히는 것이 아니기 때문일 것이다. 소프트웨어는 하드웨어 못지않게 값어치 있는 것이며, 그 가치와 중요성은 더욱 확대되고 있다. 소프트웨어는 합당한 가격을 지불해야만 하며,

---

54 GCCS: Global Command & Control System
JC2: Joint Command & Control
NECC: Network Enabled Command Capability

지속적인 업그레이드를 통해 취약점을 개선하고 성능을 향상시켜야 한다. 오늘날 무기체계의 성능은 소프트웨어의 기능 차이에 따라 결정된다.

우리는 앞서 발전하고 있는 국가의 사례를 벤치마킹하여 시행착오를 최소화하는 지혜를 발휘했어야 했다. 그것이 후발주자後發走者의 유리한 점이다. 그러나 여러 가지 이유로 그러한 과정을 충실하게 거치지 못하고, 사업 추진 과정에서의 투명성과 공정성에 매몰되어 효율성을 희생시키는 어리석음을 범했으며, 매번 유사한 시행착오 과정을 반복해왔다. 우리가 운용하고 있는 C4I체계는 공통성共通性을 확보하지 못했으며, 핵심 기능을 우선 개발하여 사용하면서 점차적으로 기능을 추가하는 빌드업Build-up 개념을 적용하는 단계적 개발 과정을 충실히 거치지 못했다. 이것은 사용자 관리를 제대로 하지 못했다는 것을 의미한다. 이로 인해 과다한 비용의 투입과 중복 개발, 상호 운용성의 부재 등 뼈아픈 시행착오를 되풀이해야만 했으며, 많은 문제점을 안게 되었다. 이는 사용자의 무리한 요구, 사업부서의 무지無知, 투명성과 공정성을 빙자한 지나친 경쟁 유도, 전문가의 적절한 조언 부재不在와 기술지원의 결여缺如 등 많은 악재惡材가 동시에 작용한 결과이기도 하다.

그래도 아직 늦지 않았다. 이제부터라도 한층 더 체계적인 관리 · 감독을 해나가면서 그동안의 어긋난 부분을 바로잡아나가면 된다. 정책부서는 관련 표준標準을 제정制定하고 명확한 정책지침政策指針을 부여해야 하며, 기술관리 주체主體를 지정하여 일관성 있는 기술관리와 표준의 적용, 공통성 확보 등을 위한 노력을 꾸준히 해나가야 한다. 또한, 사업을 체계적으로 관리하고 책임 있게 추진해나갈 수 있도록 권한과 책임을 부여해야 하며, 과오가 있을 때에는 책임을 물어야 한다. 지금처럼 주도적으로 이끌어가는 책임 부서部署도 없이 아무도 책임지지 않으려는 업무태도와 경쟁을 빌미로 개별 사업이 각개약진各個躍進하는 방식은 혼란만 불러올 뿐이다. 근본적으로 리더십의 결여에 그 원인이 있다. 책임 부서는 적용 기술, 운용 개념 등에 관한 조정 권한을 가지고 종합적으로 들여다보면서 책임성 있게 사업을 관리해야 한다. 특히, 소프트웨어는 지속적인 버전업을 통한 버그 수정과 기능 개선은 물론, 유지 보수에 각별한 관심과 지원이 필요하기 때문에 체계적이고도 책임 있는 관리가 뒤따라야만 한다. 이외에도 최근에는 사이버 위협의 심각성이 더해가고 있으므로 체계의 보안을 강화하고, 소프트웨어의 취약점脆弱點을 식별하여 보강하는 노력도 함께 병행해야 한다.

4. 바람직한 부대 운영을 위한 참모 업무

참모 업무는 지휘관을 보좌하는 업무이다. 모든 권한은 지휘관에게 있으며, 참모는 지휘관으로부터 위임된 범위 내에서 지휘관을 대신하여 소관 업무所管業務를 수행한다. 이 과정에서 다른 기능과의 협력協力은 필수적必須的이다. 참모 기능 편성은 국가별로 다소 차이가 있다. 우리는 미군의 참모 업무와 절차를 도입하여 운영해왔으나, 지금에 와서 우리의 참모제도參謀制度는 미군의 참모제도와 차이를 보이고 있다. 미군은 시대의 변화에 따라 참모제도의 운영을 보완하면서 발전해왔으나, 우리는 과거의 참모제도를 약간씩 다듬으면서 참모특기제도를 변경하는 것으로 만족해왔다. 시대적 변화와 기술적 요인의 증가에 따라 새로이 요구되는 기능들도 증가하고 있으며, 지휘활동指揮活動을 통해 수행해야 할 업무와 참모활동參謀活動을 통해 수행해야 할 업무를 식별하여 명확히 구분하고 재정립할 필요가 있다.

우리의 참모제도는 기본적으로 인사人事, 정보情報, 작전作戰, 군수軍需, 동원動員, 기획企劃 등 6개의 일반참모 기능으로 나누고 있다. 일반참모 기능에서 지원되지 않는 기능은 특별참모 기능을 별도로 두어 지휘관을 보좌한다. 참모 기능은 제대의 크기와 특성에 따라 일부 기능이 편성되지 않거나 다른 참모 기능에 통합하여 수행하기도 한다. 최근에는 C4I 체계 도입에 따라 작전사급 이상 제대에 지휘통제통신指揮統制通信 기능이 새로운 참모 기능으로 추가되기도 한다. 전략 제대와 같이 큰 조직은 본부장형 또는 부장형 등 어떤 유형의 참모제도를 도입하느냐에 따라 다른 제대와 상이한 참모 조직을 편성하여 운용하기도 한다. 그러나 조직은 꼭 필요하지 않은 일을 새롭게 만들어서라도 덩치를 키우려는 속성이 있기 때문에 기능의 세분화와 명확한 책임 분할을 통해 최적화 노력을 계속하지 않으면 효율성이 심각하게 손상될 수 있다. 특정 업무를 관리하는 인원이 많아지면 많아질수록 새로운 규제를 만들어서 조직의 권한을 강화하려는 속성이 있다. 그것은 규제가 그 조직의 권력으로 작용하기 때문에 악용되는 것이다. 그렇게 되면 통제를 받아야 하는 관련 조직 또는 기능의 자율성과 효율성을 심각하게 침해하는 결과를 가져오게 된다.

우리 군은 참모 특기를 부여받게 되면 해당 참모 특기에서만 근무하게 되는 다소 경직된 제도를 운영해왔다. 경험과 전문성 측면에서는 장점도 있겠지만, 한 가지 참모 특기만을 경험한 지휘관이 부대를 지휘할 때 타 참모 기능에 대한 이해가 부족함으로 인해 부정적인 영향을 미치는 경우도 많이 관찰된다. 육군의 경우, 참모특기제도를 운영하고 있는데, 참모 특기는 소령이 되면 참모 특기를 부여받게 되며, 이때 부여된 참모 특기는 군 생활을 마칠 때까지 적용된다. 우리 군의 발전적 운용을 위해서는 현재의 참모제도가 과연 바람직한 것인가에 대해서도 논의가 필요하다. 그러나 해군과 공군은 참모 특기보다는 병과 중심으로 운영되는 특성이 있는데, 해군은 항해병과, 공군은 조종병과가 중심이 되고 있다. 물론 육군도 병과를 부여하고 있으나, 육군의 참모 특기는 병과에서 세분화된 기능적 특성을 가지고 있다는 점이 다르다.

바람직한 참모란 어떤 참모일까? 훌륭한 참모도 중요하지만, 참모를 존중해주는 지휘관의 역할 또한, 중요하다. 참모는 강한 책임감과 창의적이고 치밀한 업무 수행을 통해 지휘관을 보좌해야 한다. 지휘관은 부대의 목표 달성을 위해 참모에게 명확한 지침을 부여하고, 참모가 마음껏 사고思考하고 창의력創意力을 발휘할 수 있도록 여건을 보장해주어야 한다. 참모는 여러 영역에서 많은 기능을 수행해야 하기 때문에 올바른 참모 업무를 수행하기 위해서는 다양한 전문성과 각별한 노력을 필요로 한다.

참모의 책임 분야에는 부대 운용을 위해 필요한 제반 활동들이 포함되어 있다. 참모부서는 부여된 기능을 다시 세분화하여 참모를 보좌하는 참모부서 요원들에게 임무를 할당하고, 참모는 이를 효율적으로 관리·통합하면서 지휘관을 보좌하게 된다. 제대별로 참모 업무의 범위와 특성은 차이가 있다. 상급부대일수록 정책적政策的 성격이 강하며, 하급

부대일수록 부대의 활동과 직접적으로 연계된 실무적實務的 성격이 강할 수밖에 없다. 참모 기능은 효율적으로 수행되어야 하며, 부대의 목표에 수렴收斂되어야 한다. 우리 군에서 수행하고 있는 각 참모 기능 중에서 일부 기능은 어떻게 하는 것이 보다 바람직할 것인지 되짚어볼 필요가 있다. 참모 기능은 부대 운영 개념이 변화하게 되면 연계해서 함께 검토가 이루어져야 한다.

참모의 기능은 어느 것 하나 중요하지 않은 것이 없다. 훌륭한 참모는 지휘관의 관심과 지도, 존중하는 분위기 속에서 성장하며, 훌륭한 참모는 지휘관을 리드할 수 있어야 한다. 참모는 지휘관으로부터 위임된 범위 내에서 지휘관을 대리하여 임무를 수행하는 것이므로 지휘관의 의도意圖를 잘 이해해야 한다. 모든 참모는 업무를 수행함에 있어 지휘관의 의도와 지침, 위임된 권한 범위를 벗어나서는 안 된다. 지휘관과 참모는 부대에 부여된 임무 수행을 위한 공동체共同體이며, 책임도 함께 져야 한다. 그러나 부대 운영의 성패에 대한 모든 책임은 궁극적으로 지휘관에게 있으며, 참모는 지휘관이 위임한 범위 내에서 참모 업무를 수행하며, 그 결과에 대해 참모 책임을 진다. 그러므로 지휘관은 복잡 다양한 업무를 처리하고 부여받은 임무를 완수하기 위해서는 참모를 잘 지도하고 능력을 발휘할 수 있도록 여건을 보장해야 한다.

5. 작전 분야 업무체계의 재정립

우리의 참모 기능 중에서 작전참모의 기능은 교범에서 제시하는 내용과 다르게 편성·운용하고 있다. 작전참모의 책임 분야인 작전作戰, 편성編成, 교육훈련教育訓練의 3가지 기능은 유기적으로 통합되어야 함에도 불구하고, 작전과 편성, 교육훈련으로 분할하여 운용하고 있다. 이러한 방식의 운용은 1990년대 중반부터 지난 20년 이상 지속되어왔다. 그러나 이제는 과연 그런 방식이 효율적인 것인지, 그 방식을 지속적으로 유지하는 것이 합당한 것인지에 대해 되짚어볼 필요가 있다.

하나의 참모부서 기능은 한 사람의 참모가 수행하기에 과중過重하다고 판단되면 참모부서의 보강 또는 참모의 직급 상향上向 등을 통해 문제점을 해소하는 것이 바람직하다. 우리는 사단의 작전참모가 중령인데 비해, 미군은 대령인 이유와 작전참모부서가 대폭 보강된 이유를 이해해야 한다. 20년 이상을 운용해오다 보니 동의하지 않는 사람도 있을 수도 있겠지만, 작전참모의 3대 기능인 작전, 편성, 교육훈련은 하나의 업무체계業務體系에서 수행되고 통합되는 것이 바람직하다.

작전, 편성, 교육훈련, 이 3가지 기능이 서로 밀접하게 연결되어 있음은 누구나 인정할 것이다. 작전을 모르면 편성과 교육훈련 업무를 제대로 수행할 수 없고, 부대의 편성 개념을 모르면 작전과 교육훈련 방향을 올바르게 운용하고 지도할 수가 없는 것이다. 편성이 변동되면 그것이 부대의 능력과 운용에 미치는 영향을 읽어낼 줄 알아야 한다. 또한, 교육훈련을 통해 축적된 예하부대의 전투 수행 역량을 참모가 정확하게 파악할 수 없다면 각 부대의 강점强占과 취약점脆弱點 등을 제대로 식별할 수 없고, 부대를 능력과 특성에 맞게 운용할 수도 없다. 어느 부대는 주간전투晝間戰鬪를 잘 하고, 어느 부대는 야간전투夜間戰鬪를 더 탁월하게 수행할 수가 있다. 작전참모는 모든 작전참모부서의 기능을 장악하고 있어야 부대별 강점과 특성에 맞게 운용할 수 있는 것이다. 편제 업무에도 정통하지 않으면 전투력 복원 업무 또한, 올바르게 수행할 수 없다.

전투력 복원 업무는 작전참모의 주요 기능으로서 참모 기능이 종합되는 업무 영역이다. 전투력 복원을 위한 부대의 재편성再編成과 재조직再組織은 전투력의 지속성 유지와 회복에 중대한 영향을 미친다. 오늘날 많은 지휘관과 참모들이 전투력 복원 업무에 대해 제대로 이해하지 못하고 있는 것도 이 때문이다. 전투력 복원 업무는 전투 수행 과정에서 부대의 전투력 회복을 위해 모든 참모 기능의 참여와 수준 높은 업무 수행 능력이 요구되는 매우 복잡하고도 중요한 업무 영역이다.

그뿐만 아니라 상급부대의 지휘관이나 참모가 전력증강계획에 의해 예하부대에 어떤 장비가 새로이 배치되었는지, 어떠한 훈련을 통해 부대 능력으로 통합해야 하는지를 알지 못하는 경우가 빈번하게 관찰된다. 그렇다 보니 상급부대는 예하부대에 구태의연한 방식의 훈련지침訓練指針을 반복적으로 부여하거나 전투지휘검열 등에서 부적절한 방식으로 예하부대를 평가하게 된다. 아래 사례는 관계자들이 예하부대에 어떤 장비가 배치되었는지, 그리고 그것을 어떤 방식으로 운용해야 하는지를 모르고 있음을 단적으로 보여준다.

보병분대에는 1990년대 이후 야간사격을 위해 분대장에게 개인 야간관측장비 AN/PVS-5/7과 야간표적지시기 PAQ-91이 각각 1대씩 지급되었다. 이것은 분대의 야간 관측 및 사격 능력을 향상시키기 위한 전력증강 노력의 일환으로 이루어진 것이다. 그런데 2007년 0군 사령부 검열단이 사단 전투지휘검열에서 적용한 측정 방식은 새롭게 편성·보급된 장비와 운용 개념은 전혀 고려하지 않은 채 1970~1980년대에 흔히 하던 구태의연한 것이었다. 이러한 현상은 야전의 부대 운용 과정에서 자주 발생하고 있다. 또한, 전차포 사격의 경우에도 전차가 수차례에 걸쳐 신형 장비로 교체되었음에도 불구하고 1970년대부터 사용해오던 동일한 훈련장에서 같은 측정방식을 그대로 적용했다. 그렇게 해서는 제대로 된 능력 평가를 할 수 없으며, 신규 보급된 장비의 정확한 사용법을 습득할 수 있도록 동기부여도 할 수 없다. 상급부대는 예하부대에 배치된 새로운 장비가 운용 목적에 맞게 편성되고 훈련되고 있는지, 그에 걸맞은 능력이 향상되고 있는지를 끊임없이 확인하고 감독해야 한다. 그러려면 새로 수립된 계획과 새로 배치된 장비의 성능, 특성에 대해 잘 알고 예하부대를 지도할 수 있어야 한다. 그저 상식 수준에서 예하부대를 관리한다면 전력증강 효과는 반감되고 말 것이다. 예하부대는 정책부서의 계획에 대해 제대로 이해하고 준비해야 할 책임이 있으며, 정책부서는 반복적인 순회교육을 통해 제대로 지도해야 하는 책임이 있다.

작전참모는 부대의 편제 장비와 훈련 방식의 변화에 대해 잘 이해하고 숙지해야 하며, 참모 활동을 통해 올바르게 부대 능력으로 내재화되도록 훈련을 지도하고 감독할 줄 알아야 한다. 그래야만 부대의 능력을 극대화하고 훈련을 통해 숙달된 능력을 전투에서 활용할 수 있다. 신형 장비의 배치가 단순히 구형 장비를 교체하는 것뿐이라는 사고思考는 매우 편협하고도 잘못된 생각이며, 무능無能과 무지無知의 소치所致이다. 중요한 위치에 있는 사람이 업무에 대해 무지한 것은 무능한 사람을 중요한 자리에 앉히는 것과 다르지 않다. 무지하거나 능력이 없는 사람은 중요한 직위에 있어서는 안 된다. 신형 장비가 배치되면 그 시점부터 부대의 전술적 운용부터 훈련 방식 등에 이르기까지 다각적이고도 복합적인 변화를 일으킨다는 사실을 알아야 한다.

지휘관은 신형 장비가 배치되면 새로운 장비의 운용 방법을 정확히 이해해야 하며, 참모들에게 명확한 지침을 하달하고 감독을 통해 부대의 능력으로 내재화시킬 수 있도록 이끌어야 한다. 지휘관과 참모들이 새로 배치되는 장비에 대해 정확히 이해하지 못하면 아무리 우수한 첨단 장비를 배치하는 전력증강계획을 추진한다 해도 부대의 능력 향상으로 이어지지 않는다. 신형 장비가 보급되면 교육훈련 방식도 바꾸고 훈련장도 개선해야 하며, 평가 방법도 바꿔야 한다.

신형 장비 보급에 따른 제반 조치사항을 상급부대가 빠뜨리지 않고 계획에 반영하여 추진하면 좋겠지만, 그렇지 못한 경우가 종종 일어난다. 그러면 그 부족한 부분은 어떻게 해야 할까? 야전부대의 지휘관과 참모들이 추가적인 소요 요구所要要求와 훈련 소요訓練所要를 제기해야 하고, 필요하다면 새로운 훈련 보조 장비의 획득과 훈련장 개선 등을 함께 건의해야 한다. 이와 같이, 부대 전투 능력 향상을 위한 보완적 활동은 정책부서와 야전 운용부대에서 상호 동시적으로 이루어져야 한다. 그러한 일들이 제대로 이루어지지 않았기 때문에 앞서 예시한 것과 같은 사례들이 반복적으로 발생하는 것이다.

각급 제대 지휘관은 전력증강계획에 의해 신형 장비가 보급되면 어떻게 사용하는 것인지, 운용 개념과 부대 운용에 어떤 영향을 미치게 될 것인지에 대해 깊이 고민해야 한다. 장비를 운용하는 부대의 지휘관과 참모들이 신형 장비의 운용에 대해 이해하려는 노력을 게을리하면 막대한 예산을 들여 오랜 기간 추진한 전력증강의 결과를 부대 능력으로 전환시킬 수 없게 된다.

위와 같은 현상은 전력증강이 부대 능력 향상으로 이어지지 않는 중요한 이유 중의 하나이며, 참모 업무를 제대로 수행하고 있다고 볼 수 없는 것이다. 그러므로 작전과 편성, 교육훈련 업무는 통합되어야 한다. 각 참모의 책임 분야가 해당 참모 영역에서 효과적으로 통합되지 않으면 지휘관이 이를 통합해야 한다. 부대 운영에서 지휘관이 통합해야 할 사항이 많으면 많을수록 지휘관은 부대의 중요한 임무에 집중할 수 없게 된다. 모든 참모 업무가 관련 참모의 업무 영역에서 효과적으로 통합되고 관리될 때, 지휘관은 부대를 폭넓게 관조하면서 운영할 수 있고, 보다 중요한 업무에 집중할 수 있으며, 사고의 폭도 넓힐 수 있다.

6. 실전적 훈련체제로의 변환

군이 아무리 훌륭한 장비로 무장되고 우수한 인원으로 구성되어 있다고 하더라도 그 능력이 훈련을 통해 전투력으로 전환되지 않으면 무의미無意味하다. 훈련은 전장에서 직면할 수 있는 다양한 상황에 효과적으로 대응할 수 있도록 반복적인 숙달을 통해 전투 현장에서의 적응력適應力을 키우기 위한 것이다. 훈련은 가급적 실전 상황과 유사한 환경 속에서 충분히 숙달되어야 한다. 반복적인 훈련에 의한 숙달은 구성원들 간의 단결력을 고양하고 돌발 상황에 대한 즉각적인 반응을 가능하게 한다.

우리 군은 지난 70여 년 동안 많은 변화와 발전을 이루어왔다. 편성과 교리, 무기체계도 발전을 거듭해왔고, 훈련체계도 수차례 바뀌었다. 그런데 현시점에서 훈련체계와 방식, 내용 등이 얼마나 바뀌었는지를 되짚어볼 필요가 있다. 우리는 안타깝게도 실전적 훈련을 위한 발전과 투자가 매우 소홀한 것이 현실이며, 새로 발전하는 훈련 방법을 접목하려는 노력은 제대로 하지 않고 외형적인 도입과 피상적인 접목에 그치는 면이 없지 않다.

우리 군의 전차포 사격장의 경우, 장비는 지난 수십 년 동안 M4A3, M47전차로부터 K2전차에 이르기까지 수차례 교체되면서 현대화되었으나, 사격훈련 및 평가 방식은 30년 전이나 지금이나 별로 변한 게 없다. 이것은 올바른 접근이 아니다. 장비가 현대화되면 그에 못지않게 훈련장도 현대화되어야 한다. 실전과 유사한 상황에서 훈련을 통해 장비의 성능을 숙달해야만 전투에서 제대로 된 능력을 발휘할 수 있기 때문이다. 부대의 능력은 훈련을 통해 완성된다. 장비와 운용체계가 아무리 현대화되고 훌륭하다 하더라도 훈련이 제대로 되지 않으면 무의미한 것이다.

경기도 OO지역에 미군의 현대화된 사격훈련장이 있다. 이 훈련장은 전차와 보병전투차량이 다양한 조건에서 사격훈련을 할 수 있는 사격장과 시가지 전투훈련을 할 수 있는 다양한 형태의 구조물들로 구성되어 있다. 이 훈련장은 1980년 초에 우리나라의 중소기업이 수주하여 건설했고, 그 후, 수차례에 걸친 개선을 통해 오늘날과 같이 현대화되고 과학화된 훈련장으로 탈바꿈했다. 사격장은 256개에 달하는 여러 가지 형태의 표적을 전술 상황과 유사하게 묘사할 수 있고, 380볼트의 교류 전기로 작동하도록 설계되어 있다. 또한, 부대장이 원하는 전술 상황을 프로그래머에게 제시하면 요구하는 상황에 부합되도록 유사한 표적으로 구성하여 묘사해주기도 한다. 표적은 전차포와 25mm 자동포, 기관총 등 편성된 직사화기만 훈련할 수 있도록 정지·이동 표적, 접근·퇴각 표적, 팝업pop-up 표적 등으로 다양하게 구성되어 있다. 그뿐만 아니라 사격 시작부터 종료까지 자동으로 채점되고, 지휘관의 요구에 따라 주요 사격 국면은 녹화하여 제공하며, 사격을 마치고 최초 출발 지점으로 복귀하면 합격, 불합격 여부가 즉각 판정된다. 녹화된 주요 사격국면은 주둔지에 복귀하여 차후 훈련을 위한 분석과 교정 훈련을 위해 활용되기도 한다.

개인 훈련에서부터 각 제대별 전술훈련에 이르기까지 실전적 훈련을 위한 투자를 소홀히 하면 전투력 향상은 요원해진다. 부대 주변 환경이 다소 복잡해지고 도시화된다고 하더라도 개인 훈련과 소부대 훈련은 주둔지와 그 주변에서 어느 정도 소화할 수 있다. 사격장과 같이 소음과 먼지를 유발하는 훈련장은 소음과 먼지의 감소와 안전을 위한 대책을 세심하게 고려하고, 지속적으로 보완해나가야 한다. 야외에서 충분히 숙달할 수 없는 부분은 실내에서 시뮬레이션이나 컴퓨터기반훈련CBT, Computer Based Training으로 보강하는 것도 한 가지 방법이다. 대대급 이상의 야외 전술훈련, 특히 기계화부대의 야외 기동훈련은 급속한 도시화와 통행차량의 증가 등으로 인해 점점 더 제한될 수밖에 없다.

참모조직을 가지고 있는 제대는 각 참모 책임 분야에 대한 업무 절차 숙달과 타 참모부서와의 원활한 협조를 통해 지휘관을 보좌할 수 있는 능력을 갖추어야 한다. 과거에는 지휘관과 참모들이 야외 기동훈련을 통해 각각의 책임 분야에 대해 훈련하고 숙달했다. 그러나 이제는 야외 기동훈련 여건이 점점 더 악화되어감에 따라 과거와 같은 훈련은 점차 불가능해지고 있다. 다행스럽게도 오늘날 대대급 이상 제대의 전술훈련은 컴퓨터 시뮬레이션에 의한 훈련 기법과 도구들이 발달되면서 주둔지 내에서도 반복 훈련이 가능하게 되었다. 그것이 바로 전투 상황을 유사하게 묘사하여 절차 숙달을 가능하게 하는 전투지휘훈련BCTP이다. 컴퓨터를 이용하는 전투모의훈련은 실기동훈련에서 경험할 수 있는 일부 내용이 제한되는 등 다소 실전감이 떨어지는 부분이 있지만, 실전과 유사한 전장 상황을 묘사하여 지휘 및 참모훈련을 실시하는 데에는 부족함이 없다.

컴퓨터를 이용한 전투모의훈련은 지상군의 제병협동훈련뿐만 아니라 해·공군, 해병대도 함께 훈련할 수 있는 매우 효율적인 방법이다. 각 군별, 제대별 훈련도 가능하지만 합동 및 연합훈련도 가능하다. 대대급 이상 제대는 컴퓨터에 기반을 둔 전투모의훈련 기법을 이용한 반복적 훈련을 통해 지휘 및 참모활동에 대한 숙달과 다양한 전술 상황에 대한 상황조치 등 충분한 훈련 성과를 달성할 수 있다. 그러나 이 또한, 유사한 훈련을 반복적反復的으로 실시하고 절차節次에만 매달리게 되면 훈련 효과가 현저하게 저하될 수 있으므로 통상적인 훈련의 반복이 되지 않도록 다양한 상황 묘사를 통해 창의력을 키워나가는 리더십 발휘가 필요하다. 훈련 과정에서 주요 책임자들이 자신이 담당하는 기능과 부서에 대한 세밀한 지도와 관리가 병행되지 않으면 훈련을 위한 훈련, 즉 계획된 훈련을 이행하기 위한 형식적인 훈련으로 끝나기 쉽다.

오늘날 과학기술의 발전에 힘입어 실기동live과 컴퓨터 모의constructive,

가상현실virtual reality 등을 결합한 보다 실전적 훈련이 가능해지고 있다. 발전되고 있는 과학화 훈련 기법은 개인 훈련으로부터 대부대 훈련에 이르기까지 광범위하게 적용할 수 있다. 점차 악화되는 야외 기동훈련 여건을 극복하고, 보다 첨단화되어가는 무기체계의 발전 추세에 부응하기 위해서는 실전 상황에 부합하는 다양한 훈련 기법의 개발이 꾸준히 지속되어야 한다. 전투력 향상을 위해서는 무기체계의 획득 못지않게 훈련 기법의 현대화와 훈련 여건의 개선도 매우 중요하기 때문이다. 새로운 무기체계를 개발·배치하는 것에 우선을 둘 것인가? 아니면 보다 실전적인 훈련 여건을 개선하고 향상시키는 데 먼저 투자할 것인가? 그중 양자택일兩者擇一을 하라고 한다면 훈련 여건을 개선하고 과학화하기 위한 투자를 우선해야 함은 물론이다.

최근 들어 병사들의 의무복무기간을 18개월로 단축하는 계획이 추진되고 있다. 복무기간의 단축은 병사들의 숙련도에 직접적인 영향을 미치며, 숙련도의 저하는 필연적으로 준비태세와 전투력의 약화로 이어지게 된다. 이러한 부작용을 방지하려면 보다 효율적인 대책을 강구해야 한다. 요즘 젊은이들은 개인주의적 성향이 강하고, 다른 사람들의 간섭에 대해 매우 민감하다. 따라서 통제보다는 자율적인 활동을 보장하는 것이 더 바람직하다. 이러한 조건에서 병사 개개인이 숙달해야 하는 훈련 과제는 개인책임제로 전환하는 것이 바람직하다. 그러려면 각 개인이 달성해야 할 목표를 부여하고 이 목표를 달성하지 못했을 경우 개인에 대한 불이익이 있음을 분명히 할 필요가 있다. 그저 좋은 것이 좋다는 식으로 해서는 안 된다. 그뿐만 아니라 병사들의 개인 숙달 과제는 각자의 노력으로 스스로 목표를 달성할 수 있는 환경과 조건을 제공해주어야 한다. 적절한 지원 없이 목표만 부여하고 달성하라고 강요하는 것은 유효한 효과를 기대할 수 없으며, 오히려 불평불만만 키우는 꼴이 될 뿐이다. 개인의 노력으로 훈련 목표를 달성할 수 있는 여건 보장과 훈련 기법의 발전이 동시에 추진되어야 기대하는 효과를 거둘 수 있다. 최근 기술의 발달에 힘입어 개인화기 사격 수준이 향상되고 팀 훈련을 위한 유용한 훈련 도구가 제공됨으로써 개인이 훈련 목표를 훨씬 더 쉽게 달성할 수 있는 환경이 조성되고 있다. 사격술 예비훈련, 체력단련 등 개인 숙달 과제는 주둔지에서 여가시간에 자율학습을 통해 개인 스스로가 달성하도록 권장하고, 일과시간에는 팀 위주의 훈련에 집중하도록 해야 한다.

실전적 훈련을 지속적으로 강화해나가는 것 못지않게 중요한 것이 평가評價이다. 평가는 성과 측정을 통해 문제점을 식별하고 보다 나은 개선책을 마련함은 물론, 자원과 시간을 투입하여 실시한 결과에 대한 책임감을 고양시키기 위해서도 반드시 필요한 것이다. 평가는 주기적으로 실시되는 정기평가定期評價와 불시에 실시되는 수시평가隨時評價로 구분할 수 있다. 정기평가는 사전 계획된 것으로, 일정 기간 시간 간격을 두고 그 부대의 훈련 성과를 측정하는 것이며, 수시평가는 통상 불시에 예하부대의 전투준비태세 수준을 가늠하기 위해 실시한다. 또한, 상급부대에서 예하부대의 능력을 평가하기 위한 외부평가外部評價와 자체 훈련 성과를 점검하기 위한 내부평가內部評價가 있다. 외부평가는 상급부대에서 예하부대의 훈련 수준과 전투준비태세 수준을 측정하기 위해 정기 또는 불시에 실시하며, 내부평가는 훈련 결과를 점검하고 취약점을 분석·보완하기 위해 해당 지휘관이 필요에 따라 실시한다.

각급 제대 지휘관은 항시 부대의 준비태세가 유지될 수 있도록 최상의 상태로 부대를 관리하고 훈련시켜야 한다. 각급 제대 지휘관과 참모들은 주기적인 훈련과 점검을 통해 그 성과를 측정해야 하며, 결과에 대해서도 책임을 져야 한다. 측정 결과는 반드시 개인능력평가에 반영해야 하며, 신상필벌信賞必罰을 통해 경각심을 고취할 필요가 있다. 각 부대는 훈련을 통해 왜곡된 운용을 식별하여 바로잡고, 원칙에 충실한 기준을 만들어나가야 한다. 각급 제대에 배치되는 무기체계는 설정된 전술적 목적 달성을 위해 제대별 능력에 부합되도록 설계하고 편제에 반영한다. 그러나 시간이 지나면 지날수록 본래의 운용목적에서 벗어나 운용 방식에 대한 왜곡歪曲과 편법便法이 생기게 마련이다. 그러한 오류誤謬는 훈련 과정에서 점검과 평가를 통해 바로잡아 나가는 노력을 강구해나감으로써 교정矯正해야 한다. 훈련의 성과는 평시에 부대의 전투력 수준을 가늠할 수 있는 잣대이다. 따라서 군에서 책임을 맡고 있는 간부는 실전적 전투 능력을 배양할 수 있도록 실전 상황에 보다 근접한 훈련 방법을 찾기 위해 지속적으로 고민해야 한다. 새로운 훈련 기법을 개발하는 것은 개인 및 부대에 요구되는 능력을 상시 갖출 수 있도록 독려하고 점검하기 위함이며, 이 같은 노력은 끊임없이 계속되어야 하는 것이다.

7. '현대전은 군수전쟁': 군수지원 개념의 재설정

군수 기능은 기본적으로 군을 운영하고 유지하기 위한 것이다. 원활한 군수지원이 되지 않으면 평소 군을 유지하고 유사시 전투력을 발휘하는 것은 물론, 전투임무를 지속성 있게 수행할 수 없다. 우리의 참모 기능 중에서 많은 변화와 혁신을 도모해야 할 분야 중 하나가 군수 기능이다. 우리 군의 군수 기능은 1980년대에 들어서면서 병과별 지원체제에서 기능화 지원체제로 변화·발전되어왔다. 지금은 기능화 지원체제가 유지되고 있으나, 기술 발전과 운용 개념의 변화 등 종합적 관점에서 보다 정밀한 유기적 연계와 변화가 필요한 시점이다.

1980년대에 들어 반도체 기술과 소프트웨어 분야의 획기적인 발전이 이루어지면서 무기체계의 설계 개념도 변화했고, 새로운 전쟁 수행 개념이 등장했다. 이에 따라 군수지원 개념도 변화하지 않으면 안 되게 되었다. 세계 각국은 군사 분야에 새로운 기술과 개념을 경쟁적으로 도입하고 있다. 이에 따라 서방 측은 5계단 정비 개념에서 3계단 정비 개념으로 변경하고 있고, 사전예측 보급 개념의 도입과 추진 보급의 확대, 수송 및 적재 개념의 변화 등 혁신적 변화를 추진하고 있음은 앞서 언급한 바 있다. 이와 더불어, 민간에서 적용하고 있는 물류 개념과 민간 분야의 능력을 군수에 접목하기 위한 시도도 활발히 진행하고 있다.

미래의 군은 첨단 기술이 접목된 우수한 장비로 무장하고 보다 전문성 있는 군으로 발전할 것이다. 우수한 무기로 무장된 규모가 큰 군을 편성·유지하려면 막대한 예산이 필요하며, 날로 발전하는 기술을 도입·적용·유지하기도 어렵다. 또한, 미래의 전쟁은 과거의 전쟁에 비해 비교적 짧은 기간 내에 승패가 결정될 것이기 때문에 군수 기능은 이러한 변화에 발맞추어 상시 지원을 보장할 수 있는 태세를 갖추어야 한다. 그러려면 발전하고 있는 기술을 적극 수용하여 지원·피지원부대의 자산 가시화可視化 등을 통해 재보급 시기와 위치, 지원해야 할 품목과 수량 등 자원 운용 상황과 고갈 시점 등을 예측할 수 있어야 한다. 이러한 접근은 위치식별체계와 센서 기술, 근거리 통신 기술 등을 조합하면 충분히 가능하다. 따라서 군수지원 개념이 기술적 진보에 맞춰 변화·발전하지 않으면 미래에 첨단화되고 높은 전문성을 갖게 될 군을 효율적으로 지원할 수 없을 것이다.

8. 전시 작동 가능한 동원체제로의 전환

국가적 위기에 대처하기 위한 전비태세를 제대로 갖추기 위해서는 상비전력 못지않게 예비전력의 중요성을 인식해야 하고, 예비전력의 규모와 수준, 자원 지정 방안, 훈련 방법, 향후 전쟁에서의 운용 등을 면밀히 검토해야 한다. 상비전력으로 모든 상황에 대비할 수 있다면 위기 대처는 보다 용이할 것이다. 그러나 세계 어느 나라도 전시에 대비하기 위한 상비전력을 평시부터 유지할 수는 없다. 설혹 가능하다고 하더라도 평시부터 전시에 필요한 상비전력을 유지하는 것은 국가 자원을 올바르게 사용하는 것이 아니다. 정치지도자들은 가용 자원을 적절히 배분하여 국가의 균형 발전을 이끌어나가야 하므로 평시에 국가가 재정적으로 감당할 수 있는 적정 수준의 상비전력을 유지하고, 전시에 필요로 하는 부족한 부분은 예비전력으로 보완하는 것이 올바른 접근이다.

동원 기능은 유사시 국가의 기능 유지와 생존을 위해 대단히 중요하다. 어느 국가나 평소 대규모 군을 유지할 수 없기 때문에 평시에 유지할 수 있는 군사적 역량과 유사시 필요로 하는 군사적 역량과의 차이를 해소하기 위해 전시동원에 의존하는 것이다. 유사시 국가동원은 11% 이상을 넘으면 전후戰後 많은 후유증에 시달린다고 한다. 11%라는 근거가 무엇인지는 입증하기 어려우나, 과거 국가 총력전 시대에 나온 분석결과가 아닌가 생각된다. 참고로 이스라엘의 전시동원 계획은 총인구 대비 6~7% 정도 수준이며, 전시물자와 장비, 자원 지정, 훈련 수준 등은 평시부터 완벽하게 준비되어 있다. 전시 예비전력 운용의 성공 여부는 평시 준비 상태와 운용 능력의 보유 수준에 따라 결정된다. 국가가 전시에 필요한 만큼의 상비군 규모를 유지할 수 없는 경우, 예비군의 중요성은 더욱 높아진다. 그럴 경우, 예비군은 상비군 수준으로 무장되고 훈련되어야 하며, 유사시 동원에 의해 짧은 시간 내에 전투에 투입할 수 있도록 준비되어야 한다.

근대에 들어서면서 국가 총력전 개념이 정립되자, 세계 각국은 자국의 실정에 맞는 전시동원체제를 갖추게 되었다. 국가 자원의 운용 측면에서도 전쟁에 대비한 대규모 군을 평시부터 유지하는 것은 비효율적이므로 평시에는 적정 규모의 군을 편성하여 운용하고, 추가로 필요한 부분은 전시동원에 의존하는 것이 합리적이다. 그렇기 때문에 국가가 평시 유지하는 상비전력은 전시에 필요한 규모보다 필연적으로 적을 수밖에 없는 것이다. 그러나 평시에는 적정 규모의 군을 유지한다 하더라도 전시로 돌입하게 되면 상황은 전혀 달라진다. 전쟁이 발발하면 국가의 생존을 스스로 지키기 위해서 전쟁 수행에 필요한 인력과 자원을 동원해서 신속하게 보완하고 대응할 수 있어야 한다. 그러므로 전시동원체제는 반드시 유효有效한 것이어야 하고, 항시 작동 가능하도록 점검하고 관리해야 한다. 동맹은 항상 가변적인 것이므로 동맹에 전적으로 의존하는 것은 바람직하지 않다. 동맹은 자국의 능력에 더해 부가적으로 지원되는 세력일 뿐이다.

그런데 전시동원은 전쟁이 끝나고 나서 국가 경제에 커다란 부담으로 작용한다. 산업 활동에 투입되어야 할 인적·물적 자원이 전쟁에 동원됨에 따라 많은 손실과 더불어 국가 운영 전반에 커다란 악영향을 미치기 때문이다. 그래서 각국은 가급적 동원을 최소화最小化하고, 동원 시기時期를 늦추려 노력한다. 세계 각국이 다양한 방식의 동원체제를 운영하고 있으나, 전시가 닥쳤을 때 유효하게 작동할 것으로 예상되는 동원체제는 그리 많지 않다. 대부분 책상 위의 서류로 존재하는 경우가 많고, 준비 과정에서 디테일이 부족하기 때문이다. 지금까지 알려진 예비군동원체제 중에서 가장 효과적인 것은 미국과 이스라엘의 동원체제로 알려져 있다. 우리의 동원체제도 다듬어야 할 부분이 한두 군데가 아니므로 가급적 빠른 시일 내에 유효한 체제가 될 수 있도록 정비해야 한다.

제4차 중동전쟁 전사戰史를 읽다가 초기 전투에서 나타나는 이스라엘 예비군에 대한 부분이 잘 이해가 되지 않았다. 개전 초기 이스라엘 상비군은 대부분 큰 피해를 입어 반격의 여력餘力을 상실했으나, 동원된 예비전력에 의한 성공적인 반격으로 전세를 역전시키고 전쟁을 승리로 이끌 수 있었다. 어떻게 이것이 가능했을까? 2010년 3월 이스라엘 출장을 통해 관계자들을 만나 대화를 나누고 예비군을 위해 준비된 장비와 시설 등을 직접 확인해본 결과, 비로소 이해할 수 있었다. 이스라엘 예비군의 준비 상태와 훈련 수준 등 임전태세는 가히 상비군에 필적할 만한 수준이었다. 그들은 그만큼 철저히 준비했기 때문에 짧은 시간 내에 동원을 완료하고 효과적으로 대응함으로써 전쟁에서 승리할 수 있었던 것이다. 편제에 근거한 완벽한 준비, 지속적인 장비의 성능 개량, 효율적인 예비군 지정, 높은 훈련 수준, 주기적 점검 및 보완, 관리 등 어느 것 하나 부족함이 없었다. 이스라엘 예비군은 완벽한 준비 상태와 효율적인 지정제도, 체계적인 훈련과 실질적인 보상체계 등이 잘 어우러진 결과물이다. 그렇기 때문에 그들은 국운國運을 건 전쟁에서 승리할 수 있었던 것이다. 지금은 주변 국가에서 아무도 이스라엘을 넘보지 못한다. 그것은 그들의 처절한 노력의 결과이지, 거저 얻어진 것이 아니다.

우리는 국방개혁의 일환으로 예비군 동원 규모의 감축減縮을 추진하고 있다. 북한의 전시동원은 우리에 비해 훨씬 더 큰 규모라고 알려져 있다. 그러나 현대전은 과거에 비해 짧은 시간 내에 승패가 결정되므로 동원에 과도하게 의존하는 전시체제는 효율성 측면에서 그리 좋은 선택이 아니다. 전시에 동원할 수 있는 대규모 예비군을 보유하고 있다는 것 또한 장점이 될 수 없다. 그것보다는 오히려 짜임새 있게 잘 준비되고 훈련된 적정 규모의 예비전력이 훨씬 더 유효하다.

동원체제의 효율성을 높이고 전시에 유용한 예비전력을 확보하기 위해서는 규모를 줄이고 상비군과 유사한 수준의 정예화를 추진할 필요가 있다. 즉, 효율성이 낮은 대규모 예비군보다는 동원 즉시 전장에 투입할 수 있는 잘 준비된 적정 규모의 정예화精銳化된 예비전력이 훨씬 더 유용하다는 것이다. 예비군의 정예화는 예비군 지정제도의 효율화와 더불어 상비군 수준으로의 군비 개선, 훈련의 내실화, 실질적인 보상체계 도입 등 내실 있는 체계를 구축해야만 가능하다. 그럴 경우 행정 업무도 간편해지며, 보다 충실하고 준비된 정예 예비전력을 갖출 수 있을 것이다.

예비전력을 상비전력 수준으로 개선하려면 규모를 키우려 하기보다는 평소 양질의 예비전력을 확보하려는 노력이 필요하다. 예비전력의 질은 자원 지정 방식과 보상제도, 예비군 장비·물자의 준비 상태, 훈련 수준 등에 직접적으로 영향을 받는다. 우리도 규모가 큰 예비전력보다는 규모가 작지만 충실하게 준비되고 잘 훈련된 예비전력을 확보하기 위해 노력해야 한다. 그러기 위해서는 발상의 전환이 필요하다. 우리도 전시에 필요한 군의 규모를 판단하고 이것과 평소 유지 가능한 상비군의 차이를 예비전력으로 메울 수 있도록 준비해야 한다. 예비전력이 유용하려면 짧은 시간 내에 동원이 가능해야 하고, 동원 즉시 전투에 투입할 수 있도록 훈련과 장비 및 물자 등이 충실하게 준비되어 있어야 한다.

정예화된 예비군을 양성하려면 지정제도와 훈련 방법, 훈련 시간, 훈련 주기, 보상체계 등을 함께 검토해야 한다. 예비군 자원의 지정은 군 생활을 통해 습득된 능력과 피지정자의 생활 근거지, 종사하는 생업의 환경과 보수報酬 등을 함께 연계해 고려해야 동기부여는 물론, 호응도를 높일 수 있다. 아울러 동질감同質感을 높일 수 있는 방안도 함께 고려해야 한다. 예비군 지정이 군 생활에서 체득한 능력과 무관하게 이루어지면 새로운 능력을 다시 습득하기 위해 더 오랜 시간과 노력이 소요될 수밖에 없다. 그러므로 예비군 직능의 지정은 군 생활에서 체득한 능력을 직접 활용할 수 있는 직군으로 지정하는 것이 보다 효율적이다. 훈련 주기와 시간도 예비군의 전투준비태세 수준을 결정하는 중요한 요소이다. 지금처럼 짧은 시간 동안 이루어지는 형식적인 훈련은 훈련 참여 이상의 의미가 없다. 예비군 훈련은 최소한 군 생활에서 습득한 능력을 되살려 재현再現할 수 있는 정도의 교육이 이루어져야 성과를 기대할 수 있다. 또한, 훈련 방식도 바뀌어야 한다. 과거부터 시행해오던 구태의연한 방식에서 벗어나 보다 과학화되고 흥미를 유발할 수 있어야 하며, 개인의 노력이 성과로 나타나고 그 성과를 측정할 수 있는 방식으로 전환할 필요가 있다. 최근 발전하고 있는 가상현실이나 증강현실 기법의 적용과 과학화 기재 등의 활용을 확대해나간다면 보다 유용한 방법을 찾을 수 있을 것이다.

예비군 부대는 현역現役이 지휘할 수도 있겠지만, 현역보다는 전시 동원 가능한 간부들로 구성되는 예비역豫備役 지휘관과 참모가 지휘하는 것을 적극적으로 검토할 필요가 있다. 왜냐하면, 현역의 평시 인력 운영 수준도 그리 여유 있는 수준이 아니며, 전시에는 지속적인 손실의 발생과 더불어 숙련된 간부의 소요가 폭증할 것이기 때문이다. 군의 간부는 하루 이틀에 양성되는 것이 아니며, 외부에서 영입할 방법도 없다. 그러므로 예비역을 활용하는 방법을 진지하게 검토할 필요가 있다. 만약 독일군이 됭케르케Dunkerque에 고립되었던 연합군 간부들을 포로로 삼았더라면 연합군은 유능한 중견간부 양성을 위해 많은 시간을 보냈어야 했었을 것이고, 전세 회복은 훨씬 지연되었을 것이다.

예비역 인력을 활용할 경우, 전시 소집되는 지휘부는 반복적인 지휘 및 참모 훈련을 통해 지휘 능력을 꾸준히 끌어올려 현역의 수준에 버금가는 수준을 유지해야 한다. 이를 위해 전투지휘훈련BCTP은 훌륭한 도구가 될 것이다. 예비군 지휘관과 참모 요원은 예비군 부대 구성원들보다 더 많은 시간을 할애해 훈련하여 지휘 능력을 충분히 끌어올려야 하며, 항상 최상의 컨디션으로 준비되어 있어야 한다. 지휘 요원뿐만 아니라 숙련된 예비역 간부 인력은 전시 손실 보충이나 원만한 전쟁 수행을 위해 증원할 수 있도록 충분히 확보해둘 필요가 있다. 나이가 주요 고려사항은 아니며, 능력 있는 사람들을 많이 확보하는 것이 관건이다. 직업군인은 국가를 위해 평생 헌신하겠다고 국가와 계약한 사람들이다. 그러므로 직업군인은 전역 후에도 자신이 다시 쓰임받을 수 있도록 항상 준비하고 있어야 하며, 국가는 유사시 양성된 자원을 적절히 활용할 수 있어야 한다.

CHAPTER 7

미래 안보 역량 강화를 위한 제언

1. 통일을 준비하는 군

우리에게 통일은 민족적 염원이다. 통일은 우리에게 밝은 미래를 열어 줄 수 있는 미래의 창이기도 하지만, 통일의 과정은 매우 험난할 것이며, 많은 준비를 해야만 한다. 또한, 우리에게 많은 인내와 고통, 갈등을 안겨줌과 동시에 아울러 희망도 갖게 할 것이다. 통일 과정에서 군은 어떤 역할을 해야 할 것인가?

가장 중요한 것은 무엇보다도 견고한 내부적 안정을 유지하는 것이다. 남과 북은 70년 이상을 서로 다른 체제 속에서 살아왔으며, 그 결과 생활수준과 더불어 사고思考, 즉 가치 기준에서 큰 차이를 보이고 있다. 생활수준의 차이는 시간이 지나면 서로의 노력으로 극복할 수 있겠지만, 가치 기준의 차이는 그리 쉽게 극복할 수 있는 문제가 아니다. 독일이 통일 과정에서 겪은 가장 어려운 문제 또한, 가치 기준의 차이였다고 한다. 가치 기준의 차이는 우리의 일상 곳곳에서 나타날 것이며, 많은 갈등을 유발하게 될 것이다. 갈등은 다양한 형태의 충돌로 발전할 수 있으며, 그것이 만에 하나 무력충돌로 발전한다면 민족화합과 온전한 통일을 이루는 데 커다란 걸림돌이 될 것이다.

우리나라에는 내부적으로 많은 사회적 갈등 구조와 이질적 사고를 가지고 있는 다양한 집단들이 존재한다. 북한 또한 맹목적이고 광신적인 집단적 사고에 깊이 빠져 있다. 그러한 특성은 통일 과정에서 정교한 대비책을 마련하지 않으면 치유하기 어렵다. 국가가 이처럼 복잡하고 미묘한 환경 속에서 통일로 나아가려면 군이 내부적 안정을 유지하고 외부의 영향을 차단하는 역할을 주도적으로 수행하지 않으면 안 된다.

우리 군은 통일에 대비하기 위해서 우수한 군사적 능력뿐만 아니라 대다수 선량한 북한 주민들을 보듬어 안아줄 수 있는 수준 높은 민사작전 능력을 갖추어야 한다. 북한 사람들은 자존심自尊心이 대단히 강하다. 군이 민사작전을 수행하는 과정에서 갈등을 최소화하고 그들과 함께 미래를 향해 가려면 북한 주민에 대한 존중과 배려의 마음으로 다가가지 않으면 안 될 것이다. 민사작전은 물질적인 지원도 중요하지만, 피부색과 언어, 행동 양태를 가장 잘 이해하는 동족, 달리 표현하면 정서적으로 가장 유사한 집단이 수행하는 것이 가장 바람직하다. 그 이유는 동족만이 그들의 마음을 진정으로 이해하고 다가갈 수 있기 때문이다. 그러나 통일 과정에서는 많은 자원과 노력을 필요로 할 것이므로 비정부기구NGO, Non-Governmental Organization, 정부 간 국제기구IGO, Inter Governmental Organization 등 모든 국제적 지원을 적극적으로 수용할 필요가 있다. 그러나 그 과정에서도 노력을 통합하되 절제된 선택을 해야 한다. 대외지원은 대가가 따르게 마련이고, 후유증이 생길 수 있기 때문이다.

통일 과정에서 두 번째로 연구해야 할 것은 북한 지역에 산재해 있는 무기의 확보 및 관리이다. 이라크의 경우, 초기 무장해제에 이은 무기 통제에 실패하여 오랫동안 내전으로 이어지는 결과를 초래했다. 초기 단계에서 무기에 대한 효과적인 통제가 이루어져야만 내부 통합 과정에서 위험을 줄일 수 있다. 통일에 반대하는 세력들은 저항 수단을 확보하려는 시도를 끊임없이 할 것이며, 주로 소화기, 로켓 발사기와 같은 소형 무기가 그 대상이 될 것이다. 이러한 무기들은 넓은 지역에 걸쳐 소규모 단위로 분산되어 있어 통제하기 어려울 뿐만 아니라, 일단

통제에서 벗어나면 색출하기는 더 어렵다. 따라서 이와 같은 소형 무기에 대한 통제 대책을 사전에 세밀하게 수립해야 하며, 동시에 관리·통제를 벗어난 무기의 조기 회수를 위한 보상책 등 다양한 방안도 함께 마련해야 한다.

세 번째로 우리가 연구해야 할 것은 통일 이후의 적정 군사력 규모를 어떻게 설정하고 어떻게 다듬어나갈 것인가 하는 것이다. 통일 이후 우리가 유지해야 하는 적정 군사력의 규모에 대해서는 이미 여러 차례 연구한 결과물들이 있다. 그러나 통일 이후의 군사력 규모는 미래 동북아 전략 환경과도 깊은 연관이 있으며, 우리의 생존과 추구해야 할 군사전략과도 관계가 있으므로 면밀한 검토가 필요하다. 통일 한국의 우리 군은 '기본이 튼튼하고 싸워 이길 수 있는 능력 있는 군'이어야 하며, 그 규모는 미래 불확실한 외부 위협에 대해 '거부적 억제'를 달성할 수 있는 적정 수준이 되어야 한다. '거부적 억제'란 침략 또는 군사적 강압에 의해 얻을 수 있는 것보다 흘려야 할 피가 더 많을 수 있음을 느끼게 하는 수준의 군사적 능력 현시顯示를 통해 달성하는 억제를 말한다. 통일 이후 적정 군사력 규모에 대한 연구에는 우리나라의 전문연구기관뿐만 아니라 전략적 이해관계를 갖는 주변국의 전문연구기관도 포함시키는 것이 좋다. 왜냐하면, 주변국이 어떤 형태로든 우리의 통일에 영향을 미칠 것이고, 주변국 전문연구기관의 연구를 통해 해당 국가의 의도를 파악하고 설득 논리를 개발하기 위해서 필요하기 때문이다. 이해관계가 있는 주변국의 연구기관들이 연구하여 제시하는 자료 중에서 우리의 이해와 합치하지 않으면 활용하지 않고 참고하는 것만으로 족하다. 그러나 우리의 이해와 합치되는 연구 결과를 제시하는 외국의 전문연구기관에게는 지속적으로 과제를 부여하여 우리 논리의 타당성을 보완하는 도구로 활용하면 되는 것이다. 그런 연구는 예산이 그리 많이 소요되지 않는다.

네 번째로 연구해야 할 사항은 남북한 군사통합이다. 통일 과정에서 군사통합은 대단히 어려운 과제이다. 상이한 관념체제 속에서 운영되어온 2개의 군과 이질적인 개념에 의해 설계되고 운영체제가 다른 무기체계를 하나의 군사제도에 담아내는 것은 그리 쉬운 일이 아니다. 독일은 통일 과정에서 발생한 인력과 많은 잉여장비를 선별하여 지혜롭게 처리했다. 인적 자원의 경우, 전역시켜야 할 인원과 재교육을 통해 활용해야 할 자원으로 구분했다. 그리고 전역시켜야 할 인원에 대한 대책과 재활용해야 할 자원에 대한 대책을 철저하게 준비했으며, 통합을 추진하는 과정에서도 지속적인 보완을 통해 부작용을 최소화하는 노력을 함께 기울였다. 독일이 추진했던 계획들은 충분히 참고할 만한 가치가 있다. 그러나 그것은 어디까지나 서독 중심의 흡수통일이었기에 가능했던 방안이었다. 그러므로 우리의 경우에는 통일이 어떠한 형식으로 이루어지느냐에 따라 우리의 실정과 커다란 차이가 있을 수 있으며, 독일의 방식을 그대로 적용할 수 없는 현실적 한계가 있다. 따라서 독일의 사례는 참고로 하되, 우리의 실정에 맞는 계획을 수립해서 운영해야 할 것이다. 그러기 위해서는 우리의 현실에 대해 정확히 이해하는 것이 전제되어야 하며, 우리의 실정에 맞게 어떻게 적용할 것인가에 대한 세밀한 검토가 이루어져야만 한다.

독일은 군사통합 과정에서 동독군이 보유했던 수많은 무기 중에서 Mi-24 공격헬기 일부와 소수의 MiG-29 전투기만을 선별하여 제한적으로 운용하다가 도태시켰다. 나머지 장비는 부분적인 성능 개량을 통해 부가가치를 높여서 탄약과 함께 패키지로 제3국에 이양함으로써 국내에서 폐기 처리해야 하는 노력과 비용 부담을 크게 줄였다. 북한과 남한에는 소화기와 전차, 장갑차를 비롯하여 노후 함선과 항공기, 화학무기 등 수많은 장비와 물자들이 산재해 있다. 통일 이후 유지해야 할 군사력의 성격과 규모에 대한 심도 있는 연구와 정책적 선택이 이루어진 후에 폐기해야 할 장비를 분류하고 처리 계획을 수립해야 한다. 또한, 잉여장비를 처리하기 위해서는 막대한 비용과 많은 시간 그리고 노력이 필요하기 때문에 어떻게 처리하는 것이 현명할 것인지에 대해 사전 연구를 실시해야 한다. 그 많은 잉여장비를 오랜 기간 쌓아놓고 방치한다면 환경 문제 등 새로운 문제들이 발생하게 될 것이기 때문이다.

따라서 통합 과정에서 북한군 장비는 선별해서 성능 개량 등을 통해 지속적으로 활용하거나 유사 장비를 운용하는 국가에 적정 비용을 받은 후에 탄약과 함께 양도하고, 나머지는 폐기 처분함으로써 처리 노력과 비용 부담을 줄이는 등 다각적인 대책을 강구해야 할 것이다. 특히, 핵, 미사일, 화학무기 등의 폐기 및 처리는 매우 민감하고 어려운 과제이므로 국제적 공조를 통한 협력 방안을 적극 고려해야 할 것이다.

마지막으로 연구해야 할 것은 국방과학기술에 대한 부분이다. 북한에는 제2자연과학원 산하에 60여 개의 연구소가 있는 것으로 알려져 있다. 이 중에서 일부는 명칭과 기능이 파악되었으나, 일부는 기능이 파악되지 않고 명칭만 식별되었거나 명칭과 기능조차 파악되지 않은 곳도 있다. 통일 과정에서 국방과학기술 분야에서 우선적으로 고려해야 할 과제는 북한의 핵심 과학자를 식별하고 신병을 확보하는 일이다. 그들은 통일 이후에도 활용할 수 있는 소중한 국가 자산이다. 지난 기간 동안 그들이 어떤 연구를 했고, 어떤 실적을 거두어왔는지 아는 것은 북한의 국방과학기술 발전 전반을 파악하는 데 매우 중요하다. 그뿐만 아니라 우수한 인적 자원을 식별하여 우리 체제 내에서 효과적으로 통합할 수 있다면 군사적으로나 경제적으로나 커다란 시너지 효과를 거둘 수 있을 것이다. 지난 70년 이상 남과 북이 독자적으로 발전시켜온 과학기술 자산을 효과적으로 통합하고 능력을 키워나가는 것은 미래를 위해서도 매우 중요한 일이다. 제2차 세계대전이 종료되는 시점에서 미국과 소련이 독일과 일본의 과학자와 연구 자료를 확보하기 위해 혈안이 되었던 것을 상기해보면 그 중요성의 단면을 들여다볼 수 있다.[55]

이외에도 우리가 찾아내서 검토·발전시켜야 할 과제는 많이 있다. 사회간접자본 분야와 과학기술 분야 등 국가 운영 차원의 표준화도 그 중 한 부분이다. 일례를 들면 남과 북이 사용하는 전기와 통신 등 여러 분야에서 기술 표준이 다르다. 통일되기 이전에 남북이 합의하여 서로 다르게 사용하고 있는 표준을 통일하기만 해도 통일비용의 10% 이상을 줄일 수 있다는 연구도 이미 나와 있다. 통일을 위한 준비는 치밀하게 해야 통일 과정에서의 혼란을 최소화할 수 있으며, 비용도 줄일 수 있다. 더욱이 군사 분야에서는 세심한 고려와 준비를 해야 할 부분이 많다. 완전한 통일에 이루는 데 드는 시간과 비용, 노력을 줄일 수 있는 방법은 철저한 사전 준비뿐이다. 지금부터라도 북한을 설득해서 공동

---

55 이 분야에 대해 좀 더 깊은 지식을 얻고 싶다면 애니 제이콥슨이 쓰고 이동훈이 번역하여 2016년에 출간한 'Operation Paper clip'을 일독할 것을 권한다.

의 표준 제정 등 제도 정비를 추진해나가는 것도 바람직한 접근방법이라고 할 수 있을 것이다.

2. 국제안보에 대한 기여

국가이익 증진의 목표가 국가의 '생존'과 '번영'에 있다면 국가안보의 중추인 군은 두 가지 목표를 공히 지향해야 한다. 미국과 서유럽을 비롯한 주요 선진국의 군사력은 국가의 생존과 번영이라는 두 가지 목표를 동시 병렬적으로 추구해왔다. 그중에서도 국가의 '번영'이라는 목표 달성에 군사적 수단을 집중할 수 있었던 국가는 시장과 자원을 장악하면서 세계를 지배해왔다. 그런 측면에서 볼 때, 한국군은 국력의 한계와 군사적 역량의 부족으로 인해 지난 60년 동안 오로지 국가와 민족의 '생존'을 위해 하루하루를 위태롭게 전력투구해온 것이 사실이다. 국가를 수호하려는 의지는 무엇보다 중요하다. 의지가 굳건하다면 방법은 찾으면 되는 것이다. 도둑으로부터 집을 지키려면 울타리를 치고, 경비견을 키우며, 도난방지시설을 설치하는 등 스스로 집을 지키려는 방안을 강구해야 한다. 남에게 자신의 집을 지켜달라고 하는 것은 일시적으로 부탁할 수는 있으나, 오래 지속되면 안 되는 것이다. 주한 미군의 철수나 전환 배치가 안 된다고 주장하는 것도 이와 다르지 않다. 우리는 왜 스스로 지켜내려는 의지가 부족하고 말뿐인 자주국방을 앞세우는가? 그리고 언제까지 남에게 의존할 것인가? 우리 조상의 정신문화 유산 중의 하나인 상무정신이 못내 그립다. 미래의 대한민국은 기존의 비틀어진 의식의 틀에서 벗어나야 하며, 우리 군의 역할과 활동 영역도 달라져야 한다.

우리나라는 지정학적인 측면뿐만 아니라 지경학적 측면에서도 대외 의존도가 매우 높다. 그렇기 때문에 동맹국 및 우방국과의 선린우호관계를 유지하고 평화와 안정을 도모하는 것은 우리나라의 생존과 번영을 위해 절대적으로 필요하다. 그렇기 때문에 우리에게 우호적인 국제환경을 조성하는 것은 평시는 물론, 한반도에 위기가 발생할 경우에도 대단히 중요하다.

오늘날 국제사회는 무한경쟁시대를 맞고 있다. 특히, 세계가 하나로 연결되고 국제 협력이 긴요한 지금과 같은 시대에는 다국적군 작전이나 유엔 평화유지 활동 등을 통해 국제분쟁 해결에 기여하는 정도에 따라 국제사회에서의 영향력이 결정되기도 한다. 적지 않은 국가들이 분쟁이 발발한 지역에서 더 많은 재건사업의 몫을 차지하기 위해 다국적군이나 유엔 평화유지군이라는 명목으로 병력을 투사하고 있다. 미국을 선두로 영국, 이탈리아, 스페인, 네덜란드, 호주, 일본은 물론, 최근에는 중국까지도 그 대열에 참여하고 있다. 이들 국가의 군대는 자국 영토 방위에만 매달리는 것이 아니라 사막을 넘고 대양을 건너 새로운 국익을 창출하기 위해 전위대前衛隊로서 적극적으로 나서고 있는 것이다. 물론 이러한 역할의 수행은 국가 차원에서 정책으로 기획하고, 국회의 동의를 얻어 행동으로 옮겨질 수 있을 때에나 가능한 것이다.

우리 군의 일차적인 임무가 국가를 수호하는 데 있음은 재론의 여지가 없다. 그러나 우리 군이 국가방위에만 국한된 역할을 수행하는 소극적인 군대로 머물러 있어서는 안 될 것이다. 국제 활동에 적극적으로 참여함으로써 국익을 창출하고 국가 위상을 높이는 역할을 함께 수행해야 한다. 이런 과정을 통해 습득한 다양한 경험은 향후 국가방위에도 소중한 자산이 될 것이다. 이러한 활동을 통해 군이 국가 위상을 높이고 재난구조와 국제평화유지활동 등 다양한 분야로 활동 영역을 넓혀 국익을 창출해나간다면 막대한 예산을 소비만 하는 비생산적인 집단이라는 잘못된 인식도 점진적으로 개선해나갈 수 있을 것이다. 특히, 국제평화유지를 위한 능동적인 참여는 국익 창출은 물론, 국가의 위상을 드높이는 중요한 역할을 한다.

국가는 국가의 가용한 역량을 국민 복리 증진과 인류의 보편적 가치 확대를 위해 적극적으로 활용해야 한다. 국가 이미지를 제고하고 국제사회에서의 기여도를 높이기 위한 다양한 노력은 부수적으로 국가의 안전보장에도 커다란 도움이 된다. 국제사회에서의 역할 분담은 우리나라에 대한 긍정적인 이미지를 확산시킬 뿐 아니라 우리나라의 안전보장을 위한 우호 세력을 확보하는 등의 반대급부를 함께 얻을 수 있게 해준다. 그것은 한반도와 동북아에서 예측하지 못한 분쟁이 일어날 경우, 우리 스스로의 힘만으로 모든 것을 해결할 수 없기 때문에 필요한 것이기도 하다. 남이 어려울 때 돕지 않고 내가 어려울 때 도움만을 받으려 한다면 누가 도움을 주겠는가?

국가의 이익에 따라 오늘의 동맹이 내일의 적이 될 수 있으며, 오늘의 적이 내일의 동맹이 될 수도 있다. 국제사회에서는 오로지 국가이익에 기반을 둔 힘의 논리만이 작용한다. 국제사회에서 나타나는 여러 가지 현상 중에서 동맹은 국가 간의 이익관계를 나타내는 한 가지 형태일 뿐이다. 유엔에서조차 강대국의 한 표와 약소국의 한 표의 효과와 그 영향은 다르다. 국제사회에서 발언권을 가지고 원하는 역할을 하려면 그에 걸맞은 기여를 하지 않으면 안 된다. 기여한다고 하더라도 더 많은 위험을 감수하고 더 많은 역할을 감내하는 국가가 더 큰 목소리를 낼 수 있고, 더 많은 이익을 취하는 것이 냉엄한 현실이다. 많은 국가들이 다국적 작전에 참여하고 공동의 가치에 대응하기 위해 협력하는 것은 오로지 자국自國의 이익을 위한 것이다.

국제사회에서 더 많은 책임과 위험을 감당해내려면 국민으로부터 동의와 공감을 얻지 않으면 안 된다. 이는 국가 지도자들이 국민을 설득할 수 있고, 자신들에게 다가올지도 모를 정치적 위험을 감내해낼 수 있을 때 비로소 가능하다. 우리는 쿠웨이트, 이라크, 아프가니스탄 파병 과정에서 이것을 충분히 경험했다. 국제사회에서 더 많은 책임과 위험을 감당해낼 수 있느냐의 여부는 국민에게 공감을 얻어낼 수 있는가, 즉 만일에 있을지도 모를 위험과 희생에 대해 국민이 이해하고 용납할 수 있는가의 여부에 달려 있다. 정치권이 국민을 설득할 수 없다면 국제활동 도중 발생하는 위험과 희생을 감내할 수 없게 된다. 정치지도자들은 국가이익을 위한 활동 과정에서 불가피하게 발생할 수 있는 희생에 대해 국민에게 희생자의 헌신이 명예롭고 값어치 있는 것임을 진지하게 설득하고 이해시킬 수 있어야 한다. 국민이 국가이익을 위한 활동 과정에서 불가피하게 발생하는 희생이 헛된 희생이 아니라는 공통된 인식을 가질 때 국민의 동의와 공감을 기대할 수 있는 것이다.

2015년 프랑스군이 아프가니스탄에서 평화유지작전PKO, Peace Keeping Operation 수행 도중 6명의 희생자가 발생한 적이 있었다. 이들을 추모하기 위해 프랑스는 나폴레옹의 무덤이 있는 앵발리드 광장Esplanade des

Invalides에서 엄숙하고 장중한 분위기 속에서 대통령이 희생자 개개인에게 헌화하고 훈장을 수여했으며, 유가족들을 위로했다. 프랑스군 최고 통수권자인 대통령이 주관한 이 행사는 전사자의 헌신과 희생을 추모하고, 유가족들을 위로하는 소중한 자리가 되었다.

우리는 지난 2002년 6월 제2차 연평해전 당시, 희생당한 희생자와 유가족을 홀대했던 아픈 기억을 갖고 있다. 국가가 조국을 위한 헌신이 가치 있는 것임을 인정해주지 않으면서 어찌 국민들에게 국가를 위해 헌신하고 희생하라고 요구할 수 있는가? 국가가 유사시 국가를 위해 헌신하는 사람들의 희생이 진정으로 소중하고 값어치 있는 것임을 인정해줄 때만이 그러한 인식이 국민에게 각인되어 국가를 위한 헌신과 희생을 기꺼이 받아들일 수 있는 것이다. 그래야만 국가에 대한 충성심도, 조국에 대한 헌신과 희생도 기대할 수 있다. 국민 마음속에 그런 정신이 자리 잡지 않으면 나라를 지켜낼 수가 없다.

외교는 힘에 의해 뒷받침되어야 한다. 국제사회에서도 힘이 없는 정의는 정의로 인정받지 못한다. 국외에서 활동하는 국민을 보호하고 국가이익을 지켜내려면 그에 상응하는 역할을 감당할 수 있어야 하고, 국제사회를 위한 헌신을 인정받아야만 국제사회의 협력과 지원을 기대할 수 있는 것이다. 국제 활동에서 위험을 감수하지 않고 금전적 부담으로 대신하거나 안일한 과업만을 수행하려 한다면 발언권도 약해지고 입지도 좁아질 수밖에 없다.

국제사회의 활동에는 국익과 합치될 때 참여하는 것이다. 그러나 만약 국익이 아닌 인도적 지원의 필요성 등 다른 이유로 참여할 수밖에 없는 상황이라면 최대의 이익과 효과를 거둘 수 있는 방안을 찾는 노력을 해야 한다. 어떤 일이든 명분과 실리를 모두 얻을 수 있으면 가장 바람직하지만, 그렇지 못할 경우 명분이 약하면 실리를 취할 수 있어야 하며, 실리를 취할 수 없으면 설득력 있는 명분이라도 있어야 한다. 그래야만 국민을 설득하기도 쉽고 참여한 국민들도 보람을 얻을 수 있으며, 국가이익에도 보탬이 될 것이다. 우리가 국제사회에서 어려운 역할을 감당하려면 강한 군을 육성하고 철저한 준비를 해야 한다. 그것만이 국가이익을 위해 국제사회에서 위험한 역할을 감당해내고 만약에 있을지도 모를 희생을 최소화할 수 있는 유일한 방법이다.

국제평화유지활동의 참여는 국제사회의 일원으로서 인류 보편적 가치를 지향하는 국제사회의 인도적 노력에 동참하는 것이며, 아울러 국제사회에서 자국의 이익을 확대하기 위한 적극적인 의사표현이다. 그러나 국제사회에서 평화유지활동은 인도주의를 표면에 내세우고 있지만, 그 이면에는 각국의 이익과 전략이 첨예하게 대립하고 있다. 그 과정에서 어렵고 지저분하고 위험한 일은 누구나 하고 싶지 않지만, 그러한 일을 감당해내는 국가일수록 국제사회에서 그만큼 발언권이 강하고 입지가 공고해진다. 오늘날 미국이 국제사회에서 어려운 일을 담당하고 감내하기 때문에 주도적 역할을 할 수 있는 것이다. 어느 국가나 자국의 이익과 합치될 때만 국제사회에서 이루어지는 각종 활동에 참여하기 마련이며, 복구 과정에서도 더 큰 결실을 얻기 위해 위험한 역할을 감수하는 등 다양한 노력을 기울인다.

국제사회에서 참여를 요구하는 평화유지활동이나 인도적 지원 등에는 많은 위험이 따를 수 있다. 따라서 철저한 사전 준비와 훈련 과정을 거쳐 참여 인력의 안전을 보장해야 하고, 그들의 헌신에 대한 인정과 적절한 보상이 함께 뒤따라야만 한다. 참여 인력의 헌신과 희생은 값어치 있는 것임을 인정하고 존중하는 풍토와 국민적 공감대가 형성될 때 국민적 동의와 지지가 넓고 깊어질 수 있는 것이다. 그렇게 되면 정치적으로도 국민의 동의와 지지를 얻어내기가 보다 용이해진다. 국민에게 희생자만 억울하고 힘들게 일한 사람만 손해 본다는 인식을 심어준다면 국민의 참여를 이끌어낼 수 없을 뿐만 아니라 국가를 위한 희생 또한, 기대할 수 없다. 미국은 국가를 위해 헌신하고 희생한 사람들을 각별히 예우한다. 국가를 위해 헌신하고 희생하는 사람들이 긍지와 자부심을 가질 수 있도록 국가와 국민이 이들을 진지하게 예우하는 사회적 분위기가 오늘날의 미국을 강국으로 만든 또 한 가지 요인임을 알아야 한다.

3. 군의 바른 위상과 정체성 회복

(1) 군에 대한 부정적 인식과 폐해

군은 강해야 한다. 오늘날의 군은 전쟁을 수행하기 위해 존재하는 것이라기보다는 전쟁을 억제하기 위해 존재하는 것이다. 만약 억제에 실패하여 전쟁이 발발하면 무조건 승리해야 한다. 전쟁의 목표는 승리를 통해 살아남는 것이다. 군에게는 승리 이외에 차선이란 없다. 군의 존재 목적이 국가를 수호하고 국가의 이익을 지키며, 국가 간의 무력대결에서 정치지도자가 제시하는 목표를 적에게 관철貫徹시키는 것이기 때문이다. 그것이 무력대치로 끝나든, 전쟁으로 이어지든 마찬가지이다.

그렇다면 '강군强軍'란 무엇일까? 규모가 큰 군이 강한 걸까? 아니면 우수한 무기로 무장된 군일까? 강군이란 짜임새 있게 편성되고 적절히 무장되어야 하며, 실전에서 유능하게 대처할 수 있도록 잘 훈련된 군을 말한다. 강한 군대는 규모나 무기보다도 유능한 간부집단이 운용하고 관리해야만 달성할 수 있는 지난至難한 목표이다. 군은 어떠한 상황에서도 국가를 지켜낼 수 있어야 한다. 그러려면 적절히 무장되고 높은 수준으로 훈련되지 않으면 안 된다. 강군을 육성하려면 창의적이고 유연한 군사사상, 짜임새 있는 군 구조, 능력 극대화를 지향하는 합리적인 군 운영, 목표지향적인 안보 기반 등이 뒷받침되어야 한다. 그럴듯한 포장이나 말잔치로 이룰 수 있는 것이 아니다. 그리고 정치적 의도에 따라 군을 이끄는 집단과 계층이 수시로 바뀐다면 그러한 군은 유능한 군이 될 수 없다. 군은 정치지도층의 성향이나 교체와 관계없이 각 계층과 집단 내에서 가장 유능한 인재들이 지속성을 갖고 운영해야만 강군이 될 수 있다. 군을 이끄는 집단과 계층이 정치적 성향에 따라 수시로 바뀐다면 군은 정치권을 바라보게 되고, 그러한 군은 결코 강군이 될 수 없다. 다시 말하면 강군이 되려면 존경받는 유능한 인재가 군을 지도하고 이끌어야 하며, 국가 지도층의 정치적 성향에 따라 국가안보에 대한 관념이 조변석개朝變夕改해서는 안 된다.

군의 규모는 국가의 능력에 따라 결정된다. 국가 역량을 넘어서는 큰 규모의 군은 유지하기 벅차고, 국가 역량에 비해 작은 규모의 군이라면 군이 수호해야 할 가치나 국가이익을 지켜낼 수 없다. 군은 국력에 부합하는 적정 규모이어야 하고, 시대적 흐름에 맞는 적절한 무기체계로 무장해야 하며, 체계적이고 실전적인 훈련을 통해 단련되어야 한다. 또한, 유능한 간부들이 지휘함으로써 상하 일치단결된 군으로 육성해야 한다. 상급자와 하급자가 단결되지 않으면 위기가 닥쳤을 때 가지고 있는 역량을 제대로 발휘할 수도, 전쟁에서 승리할 수도 없다. 그뿐만 아니라 군은 국민에게 신뢰信賴를 받을 수 있어야 한다. 군이 국민에게 신뢰를 받는 가장 좋은 방법은 평화 시 부여된 임무를 완수하고 단합된 모습을 보여주는 것이며, 전쟁이 발발했을 경우에는 오로지 승리하는 것뿐이다.

전쟁을 치르지 않는 평화 시에는 군이 국민의 신뢰를 얻기란 참으로 어려운 일이다. 군은 제복을 입은 국민으로 구성된 조직이며, 국가로부터 부여받은 목표와 가치를 지켜낼 수 있어야 한다. 평화 시에 군이 국민에게 신뢰를 받는 첫걸음은 군이 건전하고도 합목적적으로 운영되고, 국민과 함께 동화同和되는 것이다. 국민으로부터 유리遊離된 군은 존재할 가치가 없기 때문이다. 그러려면 우선 군 내부적으로 상하가 단결된 집단으로 거듭나지 않으면 안 된다. 군이 국가의 일부이고, 스스로 국민임을 자각하지 못한다면 많은 문제가 야기될 수밖에 없다. 오늘날 군에 입대하는 젊은이들은 아들이 하나 또는 둘인 집안에서 성장한 경우가 대부분이다. 따라서 부모들은 당연히 자식의 군 생활에 대해 지대한 관심을 가질 수밖에 없고, 입대한 자식들이 군에서 느끼는 감정은 대부분 부모에게 그대로 전달된다. 그러므로 군 생활은 가정과 직접 연결되어 있다고 할 수 있다. 군을 지휘하고 관리하는 간부들은 군 구성원들이 군 생활을 통해 군에 대한 신뢰를 느낄 수 있도록 최선을 다해야 한다. 그렇게 된다면 각 가정의 부모들은 물론, 모든 국민이 군을 신뢰하게 될 것이다.

군에 대한 각 개인의 의견을 들어보면 개인의 성향과 경험에 따라 군에 대한 이해와 인식에 큰 차이가 있음을 쉽게 발견할 수 있다. 정치지도자는 단순히 개인의 편견에 의해 군을 재단하거나 군의 역할을 왜곡해서는 안 되며, 특정 개인의 일탈을 군의 일반적인 현상과 문제로 몰아붙이거나 모욕을 해서는 안 된다. 모욕을 당하는 군은 전쟁에서 승리할 수 없다. 질책과 모욕은 확연히 다른 것이다. 군을 통솔하는 통수권자부터 사회 각 계층, 당사자인 군인, 그리고 일반 국민에 이르기까지 군에 대한 인식이 같을 수는 없지만, 군에 대한 역할과 기능에 대해서는 공동의 인식을 가져야 한다. 거듭 강조하지만 군이 정치에 관여해서는 안 되고, 정치지도자들도 군이 정치권을 바라보게 해서는 안 된다. 군의 절대적 가치는 오로지 국가안위와 국가이익을 수호하고 국민의 생명과 재산을 보호하는 것에 초점을 맞춰야 한다.

국군통수권자는 국가안보의 개념을 제대로 이해하고 정치적으로 군을 어떻게 관리하고 운용할 것인지에 대한 분명한 인식이 있어야 한다. 국군통수권자가 군을 격려하는 덕담이나 위문 등의 형식으로 일회성 행사를 했다고 해서 군의 사기가 진작될 것이라고 착각해서는 안 된다. 국군통수권자가 "군을 신뢰한다"고 말했다고 해서 군의 사기가 오르거나 신뢰가 형성되지 않는다. 많은 정치지도자나 군 지도층은 자신의 격려성 말 한마디 또는 일회성 행사만으로도 군의 사기가 오르고 기강을 세울 수 있다고 착각한다. 사기는 그렇게 오르는 것이 아니다. 사기는 임무 완수를 통해 자기 만족감을 느끼고 다른 사람들로부터 인정과 존중을 받고 있다고 생각할 때 진작되는 것이다. 사기는 어려운 임무의 완수를 통해 성취감과 만족감을 느낄 때 가장 크게 고양된다.

예로부터 국가통치의 기본은 부국강병富國强兵이다. 부국 없이 강병 없고, 강병 없이 부국이 있을 수 없는 것이다. 경제와 국방은 국가를 유지·발전시키는 두 개의 기둥이다. 그 위에 사회가 안정되고 과학기술과 문화가 꽃피우는 것이다. 국제사회에서의 발언권도 국력, 즉 경제력과 군사력에 바탕을 두고 있다. 국군통수권자가 군을 정확히 이해하지 못한다면 군을 올바르게 운용할 수 없다. 국군통수권자는 군을 운용해야 하는 상황이 도래했을 때, 명확한 통수지침을 내릴 수 있어야 한다. 국군통수권자가 섣부른 제약이나 모호한 지침을 부여하게 되면 의도대로 운용할 수 없음은 물론, 많은 혼란과 부작용을 일으키고, 불필요한 피해와 부정적인 결과를 유발하게 된다. "전장戰場에서 장수는 군주의 명령에 따르지 않을 수 있다"라는 전래傳來의 격언도 모두 이유가 있는 것이다.

근본적으로 국군통수권자가 군을 올바르게 이해하지 못하고 운용할 줄 모른다는 것은 국민에게는 재앙이다. 국군통수권자가 막연하고도 원론적인 인식만을 가지고 군을 통수한다면 그 군은 절대로 강군이 될 수 없으며, 유사시에 제 임무를 수행할 수도 없다. 국군통수권자뿐만 아니라 정치지도자들, 나아가 정치권 모두가 군에 대한 깊은 이해와 안보에 대한 올바른 인식을 가져야 한다. 군사력은 정치의 수단이기 때문에 정치하는 사람들이 군을 올바르게 이해하지 못하고 운용할 줄 모른다면 목수가 연장을 제대로 다루지 못하는 것과 다르지 않다.

그만큼 군에 대한 이해와 인식은 중요하다. 우리나라의 경우, 군에 대한 인식은 편향되고 왜곡되어 있다. 그 원인은 우리의 역사, 특히 근현대를 거치면서 쌓인 부정적인 자기 경험에 기초하고 있다. 과거 우리 군은 1948년 정부 수립 이후, 근대와 현대를 거쳐오면서 질곡의 과정을 겪어왔다. 창군 당시부터 다양한 구성으로 이루어져 정체성의 혼란을 겪었으며, 국가 스스로 군을 운영할 능력이 없어서 1970년대 후반까지도 외국의 원조에 의존해야만 했다. 근대화 과정에서는 군이 정치적으로 이용되기도 했지만, 베트남전 참전과 국민교육 등에 크게 이바지한 긍정적인 측면도 함께 공존한다. 그러나 많은 국민의 뇌리腦裏 속에는 군 생활에서 겪었던 부정적 경험과 인식에 대한 기억이 강하게 자리하고 있다.

안타까운 사실은 현재에도 많은 사람이 언론 등 열린 사회공간에서 전문가인 양 편향된 시각의 사사로운 의견들을 공론화하고 국민을 오도하는 경우가 많다는 것이다. 군사 문제에 대해 잘 아는 것처럼 이야기하는 많은 사람 중에는 기본적인 이해조차 부족한 경우가 많다. 일부는 어느 한 가지 현상이나 단면만을 알고 있음에도 불구하고 마치 전체를 잘 알고 있는 것처럼 혹은 전문가인 양 부풀림으로써 본질을 왜곡하기도 한다. 특히, 부정적인 측면은 많은 사람들이 자신의 경험이 가장 힘들고 어려웠음을 강조하기 위해 더 부풀리고 확대 재생산하는 경향이 있다. 현역 군인이나 예비역 군인들이 언론 매체에 나와 진실을 이야기하더라도 국민은 그다지 신뢰하지 않는 경향이 있으며, 그저 당국자의 해명이나 이해 관련자들의 자기변명 정도로 인식하는 경향이 있다.

군은 국민적 관심사가 된 특정 사안에 대해서도 정확한 사실을 공개적으로 설명하거나 언론 매체를 통해 알리는 노력을 기피하는 경향이 있다. 이 같은 군의 성향은 업무 수행과 관련하여 나타날 수 있는 부정적 영향을 차단하기 위한 것이기도 하지만, 군 고유의 특성인 비밀주의와 전문성의 부재에서 비롯된 측면도 있음을 부정하기 어렵다. 군의 업무 중에는 분명히 공개해서는 안 되는 부분이 존재한다. 그러나 보호해야 할 부분과 공개할 수 있는 부분에 대해서 군 스스로 잘 구분할 줄 알아야 한다. 공개하는 사안에 대해서도 절제된 가운데 전문성을 가지고 설득력 있게 설명할 줄 알아야 한다. 그래야만 군의 업무도 보호하고, 국민에게 진심으로 다가갈 수 있다. 군에서 발표한 내용과 뒤늦게 밝혀진 진실이 다른 상황이 반복되면 국민은 군을 신뢰하지 않는다. 군이 밝혀야 할 것과 밝히지 말아야 할 것을 분명하게 구분할 줄 알고, 밝혀야 할 사항에 대해 사실에 기초하여 진심으로 국민에게 다가가려 노력할 때 군에 대한 신뢰가 형성되는 것이다.

(2) 사드 배치와 국가안보

한동안 치열한 논란을 불러왔던 사드THAAD, Terminal High Altitude Area Defense(고고도高高度미사일방어체계) 배치는 우리의 안보인식을 적나라하게 드러내는 계기가 되었다. 많은 사람이 북한 핵 문제의 본질과 전자파의 특성, 사드 체계의 기능과 용도 등에 대해 제대로 알지 못한 채 너도나도 경쟁적으로 전문가인 양 목소리를 높였다. 심지어는 "북한의 핵과 미사일은 우리가 아니라 미군을 겨냥하는 수단이다"라고 황당한 주장을 하는 사람도 있었다. 많은 사람이 논리적 근거를 가지고 상대방을 이해시키려고 노력하기보다는 다른 사람의 의견은 들으려 하지도 않고 혼자만의 생각을 경쟁적으로 확대·재생산하는 모습은 우리 자신의 자화상이다. 그러한 모습이 문제의 본질에 대한 잘못된 이해나 막연히 상대의 의도가 그럴 것이라는 지레짐작 또는 자신의 이익을 침해받는다는 염려에서 비롯된 것이라면 차라리 순진하다고 할 수 있을지도 모른다. 그러나 그것이 특정 이해집단이나 불순세력에 의해 의도되었거나 어떤 악의적인 목적에서 비롯된 것이라면 매우 심각한 문제이다. 우리는 역사를 통해 수많은 고초를 무방비 상태에서 겪어왔다. 적의 선의善意에 자신의 안위를 기대하거나, 아무런 대책도 없이 풍요로운 생활만을 누리려 한다면 적대 세력에게는 당장 먹기 좋은 먹이에 불과할 뿐이다. 만약 그렇다면 우리 조상들이 겪어야 했던 비극의 역사가 또다시 되풀이될 것이다.

걸프전 이후 공중위협의 양상이 바뀌었다. 과거에는 주로 고정익항공기가 공중위협 요소이었지만, 기술이 발전한 오늘날에는 고정익항공기뿐만 아니라 탄도미사일, 순항미사일, 회전익항공기, 무인기 등으로 공중위협 요소가 더욱 다양화되고 있다. 이에 따라 가장 높은 수준의 성능과 운용 능력이 요구되는 탄도미사일 방어에 관한 관심이 급증하고 있다. 근래 관련 기술의 급속한 발전에 힘입어 탄도미사일을 요격할 수 있는 다양한 수단들이 개발되고 있다. 사드는 미사일방어체계를 구성하는 하나의 수단일 뿐이다. 미군의 미사일방어체계는 고도 40km를 기준으로 하층방어와 상층방어로 구분하고 있다. 패트리어트Patriot 체계는 점진적인 성능 개량Performance Improvement[56]을 통해 하층방어 수단으로 발전했으며, 1976년부터 개발되어 운용되고 있는 패트리어트를 대체하기 위해 새로운 중거리방공체계MEADS, Medium Extended Air Defense System, 지상발사 미사일 요격체GBI, Ground Based Intercepter가 개발되고 있다. 상층방어

56 성능 개량이란 운용 중이거나 개발 중인 무기체계에 대해 일부 성능이나 기능의 변경, 품질 개선 등을 통해 체계의 능력을 향상시킴으로써 체계의 신뢰성과 가용성을 증가시키는 것을 말한다.

는 사드 체계와 SM-3, 지상발사 미사일 요격체GBI가 담당하고 있다. 상층방어체계인 사드는 종말 단계에서 육상에 배치되어 운용되는 체계이며, GBI는 육상에 배치되어 탄도미사일의 중간비행 단계Mid-course Phase에서 요격하기 위한 수단이다. SM-3는 해상에서 고고도 탄도미사일 방어를 위한 요격 수단으로서, 외기권外氣圈에서 중간비행 단계와 종말 단계의 탄도미사일을 요격할 수 있는 능력을 보유하고 있다. SM-3는 90km 이하의 고도인 내기권內氣圈에서는 탄도미사일을 요격할 수 없다.

정치지도자들은 탄도미사일 방어 수단이 있느냐 없느냐의 차이가 갖는 군사적 함의 못지않게 정치적 함의 역시 매우 중요하다는 것을 명확히 인식해야 한다. 탄도미사일을 방어할 수 있는 수단을 가지고 있느냐, 없느냐 혹은 적의 공격으로 인해 자국민의 피해가 발생하느냐, 하지 않느냐의 여부에 따라 정치지도층이 선택할 수 있는 전략적 대응의 폭이 달라지기 때문이다. 만약 적의 공격으로 인해 우리 국민 다수가 피해를 보게 된다면 필연적으로 군사적인 보복 또는 전쟁이라고 하는 극단적인 선택으로 이어질 수밖에 없는 것이다. 반면에 우리 국민이 피해를 보지 않거나 감수할 수 있을 만큼 적은 피해를 보는 것으로 그친다면 정치적으로 선택의 폭이 넓어지고 시간적 여유를 가질 수 있다. 공중공간을 중첩해서 방어할 수 있는 탄도미사일 방어 수단을 보유할 수 있다면 그만큼 유사시 적 탄도미사일에 의한 피해를 줄일 수 있는 확률이 높아지는 것이다. 그러므로 군사적 측면에서 사드THAAD는 유사시 인명, 물자, 시설 등 직접적 피해를 줄이고 우리의 전략적 선택의 폭을 넓히는 데 필요한 것이다.

사드 배치는 북한의 탄도미사일이라고 하는 당면한 위협에 대처하기 위해 추진하는 것이다. 사드는 한반도를 방위하기 위한 한미상호방위조약에 근거하여 한미연합방위력증강계획의 하나로 한미 양국의 협의에 따라 배치하는 군사자산이다. 지난 60여 년 동안 한미상호방위조약에 근거하여 이미 수십 차례에 걸쳐 이루어져온 연합자산 배치의 하나인 것이다. 그런데도 유독 사드에 대해서만 문제가 있는 것처럼 왜곡하고 개인의 잘못된 편견이나 주장을 사실인 양 부풀리면서 어떠한 설명도 들으려 하지 않는 것은 분명 문제가 있다. 물론, 이러한 행위들은 최근의 사회 분위기와 밀접한 연관이 있다. 그만큼 우리 사회가 분열되고 갈등이 심화되었음을 반증하는 것이기도 하다. 이제는 이미 감정적으로 흘러버렸기 때문에 사실 여부는 중요하지도 않게 되어버렸다. 합리적 판단과 이해는 뒷전으로 밀려버렸고, 정체 모를 집단의 이익에 휩쓸려 감정을 고조시키는 주장들이 난무하다. 거기에 세계 전략 차원에서 자신들의 전략적 이익을 앞세워 상대를 이간질하려는 주변국의 주권 침해적 간섭까지 겹쳐지면서 국론 분열이 가중되어 극심한 혼란을 겪어왔고, 지금도 그 연장선에 있다.

결국 사드 배치는 국가의 안전을 강화하기 위한 것이었으나, 국가 자존심이 달린 문제로까지 비화되었다. 정치권이 사드 배치의 의미도 제대로 이해하지 못하고 정치적 이해에 따라 분열하는 모습은 분명 잘못된 것이다. 군 또한 공개 여부와 공개 범위를 구분하여 선제적으로 정치권을 설득하고 국민에게 다가가면서 이해시키기 위한 노력이 부족했던 것은 아닌지 되돌아볼 필요가 있다. 사드 배치가 공식화된 이후부터는 관련 사실만을 가지고 이해를 구하고 설득하기에는 부족한 점이 많았다. 사실에 근거하지 않은 여러 가지 의혹과 가설들이 난무했고,

그것들이 일파만파 큰 파장을 불러왔다. 국민에게 알릴 것인지 말 것인지, 알린다면 누가 언제 어떻게 얼마만큼 알릴 것이며, 분야별 전문가와 고위직 또는 실무자, 운용자 등 계층별 설명과 발표 수준은 어느 정도로 할 것인지 등 보다 정교한 전략 커뮤니케이션[57] 계획을 초기 단계부터 수립하여 적극적인 설명을 했어야 하지 않았을까? 또 중국 등 주변국에 대해서도 사드 배치가 주권적이고 자위적인 군사적 조치임을 명확히 알리고, 단호하게 대응했어야 했다. 이미 논리적 설득 단계를 넘어 감정에 따라 흘러가버린 상태에서 뒤늦게 수습에 나서는 모습은 못내 아쉽다. 문제 해결은 늦어지면 늦어질수록 더 많은 노력이 필요하고, 풀어내기도 어려운 법이다.

사드 배치라고 하는 주권적·자위권적 조치가 주변국이나 특정 집단의 의도에 따라 흔들린다면 과연 정상적인 나라라고 할 수 있을까? 자국의 안보는 스스로 감당해낼 수 있어야 하며, 국가방위 수단은 전략적 판단과 군사적 전문성에 기초하여 필요한 시기에, 필요한 위치에, 필요한 만큼 배치할 수 있어야 하는 것이다. 군사 현안을 다룰 때는 군사적 필요성과 적합성 등에 대해 군 내부적으로도 충분히 검토해야 한다. 만약 사회적 합의나 논의가 필요한 경우에는 공개 여부와 공개 범위를 명확하게 설정하여 논의 과정을 거치는 등 적극적으로 대처해나가야 한다. 아울러 배치 지역의 주민이 의구심을 가지거나 불안해하면

57 전략 커뮤니케이션은 여러 자료에서 다양하게 정의하고 있다. 참고로 한국전략문제연구소에서는 전략 커뮤니케이션을 "국가 이익과 정책 목표 달성에 유리한 전략 환경을 조성·강화·지속하기 위해 국력의 제 요소를 통합하고 상호 협조된 프로그램, 계획, 주제, 메시지와 산물 등을 활용하여 주요 대상에게 영향을 미침으로써 상황을 유리하게 변화시키는 절차"라고 정의하고 있다.

관련 사항에 관한 정확한 설명을 통해 이해시키고 설득하려는 노력을 병행해야 한다. 왜곡된 의도 또는 사실과 다르거나 합당하지 않은 이유를 가지고 문제에 접근하는 집단에 대해서는 공권력으로 단호하게 대처해야만 한다. 그래야만 나라다운 나라를 만들 수 있는 것이다. 이 나라는 반대 목소리를 높이는 일부 사람들만 사는 나라가 아니다. 이 나라가 오래도록 지속 발전 가능한 나라가 되려면 합리적이고 이성적인 판단이 통하는 나라이어야 한다. 실제로는 있지도 않은 전자파 피해를 과장·확대하여 군사장비의 능력과 운용 목적을 공개하게 만드는 것은 군사기밀을 노출시키는 위험천만한 일이다. 국가안보와 관련된 모든 군사 문제를 사전 협의해야 한다고 일방적으로 주장하는 것 역시 적을 이롭게 하는 이적행위와 다르지 않다. 군사장비의 배치는 사전에 국민에게 설명과 설득이 필요한 경우도 있지만, 국가안보와 군사적 목적을 달성하기 위해서는 사전 협의를 하지 않음은 물론, 철저히 보안을 유지해야 할 경우도 있음을 알아야 한다.

미사일 방어는 방어 확률을 높이기 위해서 다층 방어체계를 구축하는 것이 바람직하다. 단일 방어체계만으로 전혀 방어할 수 없는 것은 아니지만, 방어 확률이 현저히 낮다. 시뮬레이션 결과를 보면, 단일 방어체계로 20발의 적 탄도미사일을 방어하기 위해서는 50여 발의 방어 미사일이 필요하나, 이중二重 방어체계를 구축하면 절반 수준인 30여 발로도 유사한 방어 효과를 거둘 수 있다. 또한, 상층방어체계인 사드 배치를 포기한다면 상층방어로 거둘 수 있는 지상 피해 최소화 효과를 포기해야 한다. 이외에도 미사일 방어에는 '배척고도排斥高度'라는 개념이 있다. 즉, 지상 피해를 배제하기 위해 요격해야 할 최소한의 고도가 있다는 것이다. 탄도미사일에 탑재되는 탄두의 종류에 따라 배척고도가 다르지만, 어떤 탄두가 탑재되든 간에 하층방어체계만 가지고는 지상 피해를 최소화할 수 없다.

일부 중국 전문가들이 거론하는 아이언돔Iron-Dome은 저고도를 비행하는 무유도 로켓을 방어하기 위한 체계이지, 탄도미사일을 방어하기 위한 체계가 아니다. 중국 측이 아이언돔을 배치하라고 하는 것은 우리에 대한 비아냥거림 그 이상도 그 이하도 아니다. 아이언돔은 가자 지구Gaza Strip에서 활동하는 하마스Hamas와 남부 레바논Lebanon 지역에서 활동하는 헤즈볼라Hezbollah가 이스라엘의 주거 지역과 주요 시설을 무차별 공격하기 위해 제작한 저가低價 수제手製 로켓에 대응하기 위해 이스라엘이 개발한 체계이다. 따라서 북한의 탄도미사일을 방어하기 위한 목적으로 아이언돔을 운용하는 것은 부적절하다. 다만, 2010년 11월 23일 북한이 도발한 연평도 포격과 같은 무유도 로켓 공격에 대응하기 위해 아이언돔을 운용할 수는 있겠으나, 수십 또는 수백 발의 대량 사격에 대응하기에는 역부족이다. 더욱이 우리가 북한의 위협에 어떻게 대응할 것인가는 중국이 왈가왈부曰可曰否할 사항이 아니며, 언급한다는 것 자체가 국제적 금기를 넘어선 내정간섭이다.

(3) 강군의 기초는 내부 결속에서부터

우리는 앞에서 강군의 조건을 다룬 바 있다. 강군의 조건에는 여러 가지가 있지만, 군이 강한 조직이 되려면 무엇보다 내부적 단결이 이루어지지 않으면 안 된다. 어느 조직이든 내부적으로 단결되지 않은 집단은 밖에 나가서도 자신의 역량을 제대로 발휘할 수가 없다. 군 역시 마찬가지이다. 논리적이고 체계를 잘 갖춘 교리, 우수한 무기, 실전적 훈련, 탁월한 능력을 갖춘 간부 등의 모든 요소를 갖추었다 하더라도 내부적으로 결속되어 있지 않으면 가지고 있는 역량을 발휘하기 어렵다. 군이 단결된 유능한 조직이 되려면 상하·동료 간에 상호 존중하고 배려하는 분위기가 조성되어야 한다. 내가 다른 사람을 귀하게 여기고 존중하지 않으면서 다른 사람이 나를 존중해줄 것으로 기대하는 것은 어리석은 일이다. 구성원들이 서로를 명예롭게 만들어주는 분위기를 조성하고 행동으로 실천할 때 그 집단은 단결된 유능한 집단이 될 수 있는 것이다.

그런데 군은 수행하는 임무의 특성상 상명하복上命下服을 지향할 수밖에 없으며, 조직 구성 또한 수직적 계층구조로 형성된다. 그렇기 때문에 명령이나 지시의 합리성을 따지기보다는 철저한 이행이 우선 강조되며, 서열의식 또한 강하게 작용한다. 그로 인해 군 조직은 서열과 집단의식이 강하며, 군 계층 및 상하 간의 벽은 높고, 무조건적인 복종을 요구하는 분위기가 형성되는 것이다. 군의 수직적 문화는 분명히 필요한 것이기는 하지만, 수직·수평적 신뢰와 결속, 열린 토의 문화 등을 통해 중지衆智를 모아나가는 노력이 적절히 융합되지 않으면 강군이 될 수 없다. 일방적인 지시나 강요를 통한 복종은 수행해야 할 과업에 대한 이해와 공감을 형성하기 어렵고, 각 개인의 자발적인 책임의식을 고양하는 것 역시 쉽지 않다. 구성원들이 과업을 수행하기 위한 계획 발전 과정에 동참하게 되면 과업에 대한 이해도와 책임성을 크게 높일 수 있다.

영국의 경제학자인 메러디스 벨빈Meredith R. Belbin이 『팀 경영의 성공과 실패Management teams: why they succeed or fail』라는 그의 저서에서 '아폴로 신드롬Apollo Syndrome'이라는 용어를 처음으로 사용했다. 아폴로 신드롬이란 아폴로 우주선을 만드는 것처럼 복잡하고 어려운 일일수록 인재를 필요로 하지만, 인재가 모인 집단의 성과는 그다지 크지 않다는 것이다. 그 이유는 우수한 집단일수록 서로 자신의 의견만을 내세우고 다른 이들의 주장을 반박하기 위한 논쟁에 시간과 노력을 낭비한 나머지 팀 전체의 성과는 기대 이하라는 것이다.[58] 따라서 탁월한 인재들로 구성된 조직보다는 내부적으로 단결되고 협동심이 높은 조직이 더 탁월한 성과를 낼 수 있다는 것이다. 즉, 100마리의 사자로 구성된 부대를 한 마리의 양이 지휘하는 것보다 100마리의 양으로 구성된 부대를 한 마리의 사자가 지휘하는 것이 더 좋은 성과를 낼 수 있다는 것이다.

우리 국민 개개인은 대단히 우수하다. 그러나 대부분의 집단에서는 최고책임자 이외에는 자신의 소신과 의견을 잘 발표하지 않는 경향이 있다. 그로 인해 집단 내에서 충분한 토의를 통해 다양한 의견을 취합聚合하여 바람직한 결과를 도출하기가 쉽지 않다. 여기에는 상급자의 주관적이고도 강압적인 태도, "가만히 있으면 중간은 간다"는 잘못된 사고방식, 책임을 기꺼이 감당하지 않고 회피하려는 사회적 분위기 등이 암묵적으로 작용하고 있다. 과거 일본의 초급장교들은 일본 청주 한 잔과 단무지를 안주按酒로 놓고 밤새도록 열띤 토의를 했다고 한다. 일본과 이스라엘의 토의 문화의 장점은 치열하고 격의 없이 토의하되, 의견을 점차 다듬어가는 노력을 통해 수렴된 결론에 대해서는 일사불란一絲不亂하게 힘을 모아 실천한다는 것이다. 자신과 생각이 다르다고 하더라

---

58 Meredith R. Belbin, *Management Teams: Why they succeed or fail* (London: Elsevier, 2010), pp.13~23.

도 합의된 타당한 의견이라면 존중하고 따를 줄 알아야 한다. 우리에게 가장 필요한 것 중 하나가 건전한 토의 문화이다.

군은 국가로부터 부여된 임무를 수행하기 위한 공적인 공동체이다. 공적인 공동체는 공익을 위해 운영되어야 하며, 함께 지혜와 노력을 모아가면서 주어진 목표를 달성해야 한다. 군 조직에서 가장 중요한 가치 중 하나는 동료의식이고, 동료 상호 간의 신뢰이다. 신뢰는 계층과 동료 간의 건강한 상호관계에서부터 시작된다. 생명을 담보로 임무를 수행하는 군 조직은 장교, 부사관, 병사 등 계층 간 일방적인 상명하달식의 수직적 관계만으로는 신뢰를 형성하기에 한계가 있다. 만약 상급자가 하급자를 종從 부리듯 하려 한다면 면종복배面從腹背 현상이 다반사로 일어날 것이다. 제2차 세계대전 당시 일본군은 대본영大本營으로부터 "옥쇄玉碎하라"는 명령이 하달되면 하극상이 빈번하게 발생했다고 한다. 동료 간의 신뢰는 어디서부터 어떻게 형성되는 것일까? 그것은 평소 병영 생활에서 반복적으로 이루어지는 아주 사소한 일상적인 일에서부터 싹트는 것이다. 신뢰는 평소에 쌓아야 하고, 공동의 목적을 위해 오랫동안 쌓아 올릴수록 공고해진다. 그러나 신뢰가 무너지는 것은 아주 사소한 일에서부터 시작된다.

2인용 개인호에 들어가 있는 병사 2명에게 사수하라는 임무를 부여했을 때 병사들이 그 임무를 완수完遂할 수 있는 조건은 무엇일까? 내가 적의 총에 맞아 부상을 입었을 때 나머지 한 명이 나를 치료받을 수 있는 곳으로 데리고 가서 함께해줄 수 있는 동료인가, 그리고 유사시 내가 죽음을 맞았을 때 그가 나의 죽음에 대해 슬퍼하고 가족에게 전해줄 수 있는 믿음직한 동료인가, 아니면 내가 죽어갈 때 저 혼자 살겠다고 도망치는 믿지 못할 동료인가의 여부에 따라 임무 수행 결과는 크게 달라질 것이다. 자신의 동료가 전자前者라는 믿음이 있으면 끝까지 남아서 함께 싸울 것이고, 후자後者라고 생각한다면 동료보다 먼저 도망가려 할 것이다. 동료관계뿐만 아니라 상급지휘관과 하급지휘관의 관계도 마찬가지이다. 상급지휘관이 끝까지 포기하지 않고 자신이 지휘하는 부대와 부하들을 위해 최선을 다할 것이라는 믿음이 있으면 하급지휘관들은 병사들과 함께 끝까지 버티고 싸울 것이다. 그렇지 않으면 하급지휘관들은 쉽게 포기하고 적에 투항할 것이다. 그러한 예는 전쟁사를 통해서 얼마든지 찾아볼 수 있다. 대표적인 사례는 제2차 세계대전 당시 스탈린그라드 포위전에서 독일군 6군을 지휘했던 파울루스Friedrich Wilhelm Ernst Paulus 대장과 히틀러Adolf Hitler의 관계가 아닐까? 군 조직의 상급자와 동료, 하급자는 국가로부터 부여된 임무를 공동으로 수행하는 동반자同伴者임을 마음 깊이 새겨야 한다.

제2차 세계대전 중에 미군 병사들을 대상으로 실시된 경험적 분석연구empirical analysis는 주어진 한 단위부대가 전투에 임했을 때, 그 부대 전체의 전투력은 부대원 간에 형성된 결속력에 주로 의존한다는 사실을 단적端的으로 보여주고 있다. 당시, 임무를 부여받은 마셜S. L. A. Marshall[59]은 일단의 장교들과 함께 군에서 사회학적 실험을 하기 위해 태평양 전선으로 파견되었다. 그의 임무는 당시 전투가 치열했던 태평양 지역에 배치

---

59 마셜(S. L. A Marshall, 1900~1977)은 1900년에 태어나 제1차 세계대전 당시 병사의 신분으로 참전했으며, 그후 장교로 임관하여 제2차 세계대전과 한국전쟁 당시에는 미 육군의 전투사학자(Combat Historian)로 활동했다. 그는 『Armies in Wheel』, 『Men Against Fire』 등 많은 저서를 남겼으며, 1960년에 준장으로 전역했다.

된 병사들을 대상으로 전투심리에 대한 사회학적 실험을 하는 것이었다. 마셜은 전투에 투입된 대대 병력과 90여 일을 함께 생활하면서 계속해서 실전實戰에 임하는 병사들의 심리상태를 관찰한 결과, 두 가지 결론을 내렸다.[60] 첫째, 현대전에서 대단히 빈번한 산개전散開戰에 임하는 병사들은 항상 동료들로부터 신체적으로 떨어져 있다. 이와 같은 신체적 고립상태는 심리적 고립마저도 극대화한다. 그리하여 죽음이라는 위험에 직면하게 되면 그들은 조국이나 가족, 심지어 군사적 임무에 따르는 책임마저 모두 잊게 되며, 오로지 자신의 생존 문제만을 생각하게 된다. 둘째, 이러한 상황에서 병사들은 서로가 서로를 위해 죽을 준비가 되어 있는 집단의 일원이라는 인식, 동료를 위해서라면 자신을 기꺼이 희생할 수 있다고 믿는 집단에 속해 있다는 인식이 있을 때만 개개인의 고립감을 극복하고 비로소 주어진 전투행위에 임할 수 있었다. 병사들은 가장 기본적인 전투행위, 예컨대 머리를 들고 참호에서 튀어나오면서 사격을 시작했어야 했던 시점을 회상하면서 사병 중 4분의 3은 겁에 질려 도저히 적을 향해서 총을 겨눌 수 없었다고 고백했다. 즉시 사격을 시작할 수 있었던 나머지 병사들은 그 이유에 대해 이구동성으로 "내 동료들을 돕기 위해서였다"라고 진술했다고 한다. 이러한 군 사회학적 실험은 전투력 극대화를 위해 병사들 간의 결속結束을 해칠 수 있는 요인들은 모두 제거해야 한다는 사실을 명확하게 보여주고 있다.

우리 군이 계층 간 신뢰를 쌓아가고 내부적으로 단결된 군이 되려

---

60 마셜이 실시한 제2차 세계대전 참전 보병의 전투 효과에 대한 설문조사 연구 결과는 전후 발간된 그의 저서인 『Men Against Fire』(New York: Peter Brown, 1947)에 잘 요약되어 있다. 이 연구 결과는 전후 많은 논란을 불러일으켰다.

면 어떠한 노력을 해야 할까? 우선적으로 노력해야 할 것은 평소 병영 생활에서 존중과 인정, 배려의 덕목을 충실하게 실천하는 것이다. 내가 다른 사람을 존중하지 않으면 나 역시 존중받을 수 없고, 내가 다른 사람을 인정하지 않으면 나 역시 인정받을 수 없으며, 내가 다른 사람을 배려하지 않으면 다른 사람 역시 나를 배려하지 않을 것이다. 다른 사람에 대한 존중과 인정, 배려는 상대적인 것이며, 내가 다른 사람을 받아들이려면 그 사람의 단점 또한 수용하지 않으면 안 된다.

1990년 말 중국군의 병영 내부 방침 중에서 중국군 고위간부가 중요하게 생각하는 것에 대한 이야기를 전해들은 적이 있다. 그들이 내부적으로 강조하고 또 강조하는 것은 다음의 세 가지라고 했다. 첫째는 중국 인민해방군이 근·현대사에서 어떠한 역할을 했으며, 앞으로 무엇을 위해 헌신해야 하는지에 대해 지속적으로 교육하는 것이고, 둘째는 간부와 병사들이 동고동락同苦同樂할 것을 끊임없이 강조하고 실천하는 것이며, 셋째는 간부들이 병사들에게 항상 최선을 다하는 모습을 보여주기 위해 병영생활 속에서 끊임없이 노력하는 것이라고 한다. 우리는 어떻게 하고 있는가? 이 세 가지는 우리에게 시사하는 바가 크다.

간부는 여기에 더해서 계급에 상응하는 능력과 경험을 쌓아야 한다. "무능한 상급자는 적보다 무섭다"라는 말이 있다. 상급자는 하급자에게 군림하려고 해서는 안 되며, 부하를 위해 위험을 기꺼이 감수할 수 있어야 한다. 동료 간에도 서로를 존중하고 소중하게 대하지 않으면 본인 자신 역시 존중받을 수가 없다. 그러려면 상급자일수록 철저한 자기 훈련과 수양이 필요하다. 통상 장교는 병사들보다 세 배 이상 강한 훈련을 거쳐야 한다고 한다. 장교가 부여된 임무를 수행하는 과정에서 기꺼이 불편과 위험을 감수하고 솔선수범하지 않는다면, 부하들로부터 상급자로서의 대우를 기대해서는 안 된다. 어느 조직에서든 윗사람으로서 대우를 받으려면 그에 걸맞은 헌신과 기여를 하지 않으면 안 되는 것이다. 장교가 윗사람으로서 헌신과 기여를 제대로 하려면 '직장인'이 아닌 '전문성을 갖춘 직업군인'으로 거듭나지 않으면 안 된다. 장교는 '암기하는 공부'가 아닌 '생각하는 공부, 생각할 줄 아는 공부'를 해야만 한다. 암기하는 것은 단순한 노력만으로 할 수 있는 것이지만, 생각하는 것은 폭넓은 지식과 자기 생각을 만들어내는 훈련을 거쳐야만 할 수 있는 것이다. 군은 부하들의 용기가 아니라 간부들의 능력에 따라 그 수준이 결정되며, 간부들의 전문지식과 자기 생각을 만들어낼 줄 아는 능력이 축적될수록 더욱 강해지는 것이다. 만약 간부의 무능을 부하의 용기로 메우려 한다면 많은 희생을 치러야 할 것이다.

■ 마치는 글

우리는 일상생활에서 지식知識, 지혜知慧, 智慧, 지성知性이라는 단어를 흔히 사용하면서도 이것들을 명확하게 구분하기란 쉽지 않다. 구글Google이나 국어사전에서 이 단어들의 정의를 찾아보면 다음과 같이 정리할 수 있다. 지식은 "교육, 학습, 훈련을 통해 사람이 재활용할 수 있는 정보와 기술을 포괄하는 것으로서, 배우거나 실천하여 알게 된 명확한 인식이나 이해"를 말한다. 지혜는 "이치를 빨리 깨우치고 사물을 정확하게 처리하는 정신적 능력 또는 사리를 분별하여 적절히 처리하는 능력"을 말한다. 지식과 지혜는 무관하지 않으며, 정확한 지식 없이는 참다운 지혜가 있을 수 없으나, 지식이 곧 지혜는 아니다. 지혜는 지각과 지식, 경험을 통합하여 사물의 도리나 이치를 잘 분별함으로써 원하는 결과를 얻는 능력이다. 지성知性은 "감각을 통해 얻은 소재들을 정리하여 새로운 인식을 형성해내는 정신작용을 말한다.

새로운 인식을 형성하는 능력은 인간 사회의 지속적 발전을 추구하는 원동력이 된다. 사회가 발전하려면 지식이나 지혜가 많은 사람보다는 지성인이 많아야 한다. 지성은 지식과 지혜를 더욱 성숙하게 하고,

올바른 활용으로 이끄는 견인차와 같기 때문이다. 많은 사람들이 어울려 살아가야 하는 현대 사회에서 지성인이 많아야 함께 살아가는 데 필요한 건전한 사상과 생각들이 성장할 수 있다. 국가안보라는 난제難題를 다룸에 있어서도 지성인이 많아야 한다. 군사전문가는 몇 권의 책을 읽거나 전공 과정을 이수하고 관련 부서에서 일을 했다고 해서 길러지지 않는다. 지성인과 군사전문가는 암기하는 공부가 아닌 생각하는 공부, 생각할 줄 아는 공부를 통해서만 길러지는 것이다. 군사 문제에 대해 누구나 쉽게 이야기하지만, 현실에 부합되고 실천 가능한 해결 방안을 만들어내고 실행하는 것은 많은 훈련과 노력을 필요로 하는 지난至難한 일이다.

국가는 군사력과 경제력을 기반으로 하여 국가의 생존과 번영을 위한 추구하기 위한 국가전략을 실현해나가는 사회 공동체이며, 군은 국가 안위를 보장하기 위해 국민으로 구성되고 국가가 운용하는 무력조직이다. 국가전략은 국가 이익에 기초하여 수립된다. 국가는 이해 당사국에게 목표하는 가치에 부합하는 대가를 지불하거나, 힘을 바탕으로 한 당근과 채찍을 사용하거나, 함께 했을 경우 얻을 수 있는 이익을 공유하는 등 유인과 설득에 의해 자국의 이익에 부합하도록 전략을 실현해나간다. 그 실천을 이끄는 동력이 곧 군사력이다.

우리 인류는 유사 이래 끊임없이 전쟁 수행 방식의 변화를 추구해왔으며, 군대 또한 임무와 편성, 기능 측면에서 많은 변화의 과정을 거쳐왔다. 우리의 역사에서 군은 어떠한 모습으로 자리매김을 해왔으며, 어떠한 역할을 수행해왔을까? 삼국시대에는 상무尙武 정신이 존중되었고, 그 정신은 고려시대까지도 이어져왔다. 그런 가운데 군은 국가안보의 주역으로서 외침에 대응하고, 국가를 수호하는 역할을 해왔다.

그러나 우리의 역사를 돌아보면서 '군이 국민 모두가 공감하는 군 본연의 역할을 수행했던 적이 언제이었던가?' 하는 자조적인 생각이 들 때가 있다. 임진왜란 당시 유성룡은 선조에게 "오늘날 장수 된 사람들은 한 사람도 속오법束伍法을 모릅니다"라고 진언했다는 기록이 남아 있다. 여기서 속오법이란 군의 구성을 결정하는 편제를 의미하는데, 편제를 모른다는 것은 군대의 구성은 물론, 운용 자체를 몰랐다는 것이다. 조선시대 이후에는 국가가 존망의 위기에 처할 때마다 관군의 역할보다는 의병의 역할이 더 큰 비중을 차지했던 적이 여러 차례 있었다. 임진왜란과 병자호란, 구한말 시대가 그랬다. 왜 이런 일이 생겼을까? 오늘날 우리는 '유비무환有備無患', '십년양병 일일용병十年養兵 一日用兵', '천하수안 망전필위天下雖安 忘戰必危' 등 국방의 중요성을 강조하는 교훈적 의미가 담긴 많은 용어들을 흔히 접하며 살아가고 있다. 그러나 이처럼 좋은 교훈이 담긴 말들을 자주 듣고 마음속에 새기는 것과 그것을 실천하는 것은 별개의 문제이다.

군은 국민적 지지와 성원을 받을 수 있을 때 진정한 강군으로 거듭날 수 있다. 군이 국민의 신뢰와 지지를 받는 것은 알량한 홍보 따위를 통해 얻어지는 것이 아니다. 군이 위기의 상황에서 자신의 희생과 위험을 기꺼이 감수하면서 국가이익을 수호하고 국민을 보호할 수 있을 때 신뢰가 생겨나는 것이다. 그러나 그러한 상황은 어느 날 갑자기 우리에게 다가오는 것이므로 항상 준비되어 있지 않으면 안 된다. 미래는 항상 준비하고 깨어 있는 자의 몫이다.

국방체제의 중심이 되는 군은 다양한 요소들의 결합으로 이루어진다. 군은 사람과 장비, 물자, 시설 등 유형적 요소와 운용교리와 리더십, 교육훈련 등 무형적 요소로 이루어진다. 그럼에도 군의 임무 수행을 위해 가장 우선시해야 할 덕목은 국가의 근본적 가치를 지켜내고자 하는 의지와 사명감 그리고 애국심이다. 애국심은 일방적으로 요구한다고 해서 저절로 생기는 것이 아니며, 임무 수행에 대한 긍지와 보람, 인정 등으로부터 유발되고 촉진된다. 우리 군이 강군이 되고 국가로부터 부름을 받았을 때 임무를 제대로 수행하기 위해 군이 어떻게 변화하고 준비해야 하는지에 대해 논의하는 것은 매우 가치 있는 일이다.

우리 군이 국민에게 신뢰를 받고, 군 본연의 역할을 제대로 수행하기 위해서는 우리 군이 어떤 모습이어야 하고, 어떻게 변화하는 것이 바람직할 것인가에 대해 진지한 논의와 고민이 필요하다. 군은 홀로 존재하는 조직이 아니다. 독일은 군인을 제복을 입은 시민이라고 규정하고, 국가 구성원의 한 사람으로서 존중하고 있다. 군인 역시 국민인 것이다.

군은 공기나 보험과 같은 존재이다. 평온할 때는 없어도 되는 존재처럼 여겨질 수도 있다. 군이 하는 모든 일이나 군에 대한 투자도 비생산적이고 낭비적인 것으로 생각될 수도 있다. 그러나 군이라는 조직이 없다면 국가를 구성하고 있는 국민과 영토를 보존할 수 없을 뿐만 아니라 국가를 지속 발전시켜나가기도 어렵고, 국가가 이룬 성과를 지킬 수도 없다. 자원이 많고 부유하지만 국방력이 약한 나라는 야욕을 가진 다른 국가에게 그저 좋은 먹잇감에 지나지 않는다. 군은 항상 최악의 상황에 대비할 수 있는 능력과 태세를 갖추고 있어야 한다.

11~12세기경 지구상에서 가장 발달된 문명을 이룩한 중국의 송宋나

라는 오로지 왕권 유지 목적의 허약한 국방체제를 유지하여 주위 유목 민족의 빈번한 침략을 받았다. 결국은 조공과 정략결혼 등으로 생존을 유지해야만 하는 처량한 신세가 되어 쇠락衰落의 길로 접어들게 되었다. 이러한 역사적 사례는 제대로 된 국방체제를 갖추는 것이 얼마나 중요한 일인가를 다시금 일깨워준다. 국방은 생존의 문제이며, 하루 이틀 만에 급조해서 만들 수 있는 것이 아니다. 또한, 다른 국가에 의탁하거나 적국敵國의 선의에 맡길 수 있는 것은 더더욱 아니다.

1990년 초, 냉전체제가 붕괴되면서 국제 관계에는 커다란 변화가 일어났다. 특히, 군사 분야에서는 급격히 빨라지고 있는 과학기술 발전의 영향으로 군사 전반에 걸친 폭넓은 혁신이 요구되고 있다. 세계 각국은 1990년대 중반부터 군을 혁신하기 위한 노력을 경주해왔으며, 우리 역시 그런 노력과 계획을 추진해왔다고는 하나, 여태껏 공감할 수 있는 가시적인 성과를 도출해내지 못하고 있다.

하지만 누군가가 군에 대한 애정을 갖고 자신이 평생 공부하고 헌신한 군사 분야에 대한 자신의 지식과 경험을 정리해준다면 우리 군이 그 지난한 일을 훨씬 더 수월하게 수행하고 좀 더 바람직한 방향으로 나아갈 수 있을 것이다. 평소 필자는 선배들이 군 생활을 하면서 쌓은 다양한 지식과 경험을 정리해서 한 권의 책으로 남겨준다면 후배들에게 좋은 참고가 되지 않을까 하는 생각을 가지고 있었다. 후배들이 업무 수행 과정에서 어려운 상황에 봉착하거나 중요한 결심을 하게 될 경우에 선배들의 경험과 생각이 담긴 책은 좋은 멘토Mentor가 되어줄 것이며, 후배들에게 큰 자산이 될 것이라고 믿어 의심치 않는다.

군 생활을 마치고 전역하면서 군 생활의 경험과 군사 분야의 전문 지식을 많은 사람들과 공유하고자 책을 집필하고 싶었다. 국가로부터 야전부대와 정책부서를 아우르는 쉽게 접할 수 없는 경험의 기회를 부여받았으며, 20여 년을 기획 분야에서 근무하면서 군사 문제에 대한 깊은 고민의 기회도 가졌다. 한정된 지면에 모두 담아낼 수는 없지만, 필자의 경험과 고민들을 다른 사람과 공유하고 싶다는 생각이 들었던 것이다. 그러나 시간이 지나면서 글을 써야 할지 말아야 할지 주저하면서 쉽게 결정을 내리지 못했다. 내가 쓴 글이 과연 다른 사람에게 가치가 있을까 하는 생각에 사로잡혀 자신감이 부족했던 것이 첫 번째 이유였다. 그리고 두 번째 이유는 책을 내는 것이 혹여나 나 자신의 사사로운 욕심 때문은 아닐까 하는 일말의 의구심으로 인해 스스로를 돌아보는 시간이 필요했기 때문이다. 세 번째 이유는 개인에게 닥쳐온 예상치 못한 어려움 때문에 모든 것을 내려놓고 잊고 싶은 생각에 절반 정도 진행된 상태에서 오랫동안 글을 쓰지 않고 중단했기 때문이다.

그동안 나의 글쓰기에 대해 조금이나마 알고 있는 사람들로부터 왜 기록을 남겨야 하는지에 대한 이유를 여러 차례 들어야 했다. 어떤 분은 자신의 전문성을 잘 드러낼 수 있는 글을 쓰는 것이 좋겠다고 조언을 해주기도 했다. 하지만 그것은 글을 쓰는 본래의 목적과 달랐기 때문에 내가 경험하고 생각했던 것들에 대해 그저 담담하게 담아내는 것이 좋겠다는 생각에서 용기를 내서 다시 시작하게 되었다.

이 글을 쓰는 목적은 나의 경험과 생각을 공유하는 것, 그 이상도 그 이하도 아니다. 혹자或者는 이 책에 담긴 내용에 대해 구체적인 제안이 부족하지 않느냐는 의문을 제기할 수도 있다. 구체적인 제안을 담는 것은 어렵지 않다. 그러나 외국의 제도를 벤치마킹하는 우리의 사례를 보면 제도의 본뜻과 그 속에 내포되어 있는 함의를 깊이 이해하고 우리의 환경에 맞게 적용하려 하기보다는 피상적인 모방에 그치는 것을 많이 보아왔다. 그런 식의 벤치마킹은 아무런 의미가 없다. 여기에서 구체적인 제안을 담는 것 역시 그와 다르지 않을 것으로 생각하기 때문에 그럴 필요를 느끼지 못한 것이다. 필요하다면 관계자들과 함께 논의를 통해 중지를 모으고 보다 정제되고 완성도가 높은 방안을 만들면 되는 것이다. 그런 논의의 자리에 참여를 요청한다면 기꺼이 응할 것이다.

이 책에서는 40여 년의 군 생활을 하면서 겪은 다양한 참모부서의 경험과 전략·전력기획·협상·방위산업·연구개발 관련 문제들, 그리고 군에 대한 나의 생각을 담았다. 지면의 한계상 나의 모든 경험과 생각을 담지는 못했다. 가급적 민감한 사항은 다루지 않으려 노력했으나, 의도와 달리 일부 민감한 내용이 들어 있거나 다소 과격한 표현이 담겨 있을 수 있다. 또 자세한 설명이 부족한 부분도 있을 것이다. 그런 점에 대해서는 독자의 양해를 구하고 싶다. 이 책에서 잘못된 부분이 있다면 그것은 오로지 저자의 책임이다. 이 책의 내용과 관련하여 추가적인 설명이나 논의, 혹은 조언을 할 수 있는 기회가 마련된다면 기꺼이 응할 것이다. 이 책을 통해 국가안보와 우리 군에 대한 필자의 생각에 독자들이 공감할 수 있다면 그것만으로도 충분하다고 생각한다. 이 책이 우리 안보의 지평을 넓히고 군이 미래를 준비하는 데 참고가 될 수 있다면 더 이상 바랄 나위가 없다.

현재 우리 군이 지니고 있는 군더더기를 걷어내고 보다 효율적이고 능률을 지향하는 강한 군으로 거듭나기 위해서는 많은 사람들의 노력과 공감이 필요하다. 군의 혁신은 몇 가지 아이디어를 가지고 있다고 해서 가능한 것이 아니다. 군에 대한 깊은 애정과 헌신하고자 하는 사심 없는 각오를 가진 사람만이 군을 올바른 혁신으로 이끌어낼 수 있는 것이다. 우리 군이 앞으로 수행해야 할 것으로 예상되는 임무는 매우 복잡하고 난해한 것들이다. 시간은 우리에게만 유리하게 작용하지 않는다. 군의 구성과 운용이 워낙 복잡하기 때문에 한두 사람이 모든 것을 다 알 수는 없지만, 군의 혁신은 함께 논의하고 지혜를 모아나간다면 불가능한 것이 아니다. 현시점에서 우리에게는 그런 논의와 합의를 이루어나가는 지혜와 이를 이끌어나갈 수 있는 컨텐츠를 가진 군사 리더십이 절실히 필요한 시점이다. 치열한 논의와 우리 모두의 지혜를 모아나가는 과정을 통해 강군으로 거듭나는 군의 미래 모습을 보고 싶다. 이것이 우리 모두의 공통된 바람이 아닐까?

한국국방안보포럼(KODEF)은 21세기 국방정론을 발전시키고 국가안보에 대한 미래 전략적 대안을 제시하기 위해 뜻있는 군·정치·언론·법조·경제·문화 마니아 집단이 만든 사단법인입니다. 온·오프라인을 통해 국방정책을 논의하고, 국방정책에 관한 조사·연구·자문·지원 활동을 하고 있으며, 국방 관련 단체 및 기관과 공조하여 국방 교육 자료를 개발하고 안보의식을 고양하는 사업을 하고 있습니다. http://www.kodef.net

우리의 국방,
무엇을 어떻게 해야하나

초판 1쇄 발행 | 2018년 12월 20일
초판 2쇄 발행 | 2019년 4월 15일

지은이 | 정홍용
펴낸이 | 김세영

펴낸곳 | 도서출판 플래닛미디어
주소 | 04029 서울시 마포구 잔다리로 71 아내뜨빌딩 502호
전화 | 02-3143-3366
팩스 | 02-3143-3360
블로그 | http://blog.naver.com/planetmedia7
이메일 | webmaster@planetmedia.co.kr
출판등록 | 2005년 9월 12일 제313-2005-000197호

ISBN | 979-11-87822-28-8 03390